貉高效养殖新技术

刘晓颖　李光玉　主编

中国农业出版社

编 写 人 员

主　　编　刘晓颖　李光玉

参编人员　王凯英　冯二凯　曹　阅

汪孙杰　常忠娟　苌群红

陈立志　赵家平　刘佰阳

前 言

貉是珍贵的毛皮动物，其毛皮色泽丰富、轻柔飘逸，是服装装饰的上等裘皮。目前我国貉的饲养量达1 600万只，主要分布在河北、山东、辽宁、吉林、黑龙江、内蒙古、山西等地。随着我国经济的发展和人们对高档裘皮服装需求的日益增加，貉的养殖发展非常迅速，部分地区貉生产已成为当地经济发展的主要来源，带动了当地农牧业经济发展，成为农民致富的支柱产业。貉养殖属于特种养殖行业，经济效益高，但由于貉的驯化时间短，产业养殖技术粗放，饲养标准缺乏，环境污染较重，动物福利得不到切实有效的保障，从而导致貉平均养殖水平较低，严重地阻碍了貉养殖业的健康良性发展。

本书针对目前我国养貉的现状，总结了我国最新科研成果与技术，同时参考了国内外有关毛皮动物养殖成功的技术及经验，结合我国貉饲养方式及生产实际进行了阐述，内容涵盖了貉的生活特性、场址的选择与建设、饲养与管理、繁育、饲料与营养、日粮配制、皮张加工、疾病防治及动物福利与高效生产等多个方面。本书科学、实用、通俗易懂，适合现代家庭及规模貉饲养场的技术人员、大中专经济动物专业的学生使用。

本书编写过程中参考引用了有关貉的最新研究报告及论述，在此对原作者表示诚挚的谢意。因编者水平有限，加之时间仓促，如有不当之处，敬请读者批评指正。

编　者

2010 年 9 月

目　录

第一章　貉的养殖现状及成本分析

第一节　我国貉养殖现状和特点

一、我国貉养殖现状

貉的养殖直接受其皮张的市场价格的影响，2000年以来，貉的养殖数量在市场的起伏中逐渐增加；到2007年，全国貉的养殖数量达到1 800万只，增至历史最高水平。但2007年由于貉皮市场有较大的下滑，皮张的价格背离了生产成本，远远低于成本，导致2008年养殖数量急剧下降，一些有经济实力的养殖户不得不把皮张冷藏起来，等待市场的回暖。到2009年，很多小型的养貉户及企业放弃了貉的饲养，导致貉的养殖规模下降了约60%。2009年冬皮上市时，由于市场需求的增加，貉皮平均价格回升到300元/张，大型优质貉皮的价格甚至达到500元/张，但市场皮张数量有限，部分养殖户看到了行业回升的机会，加大了留种数量，导致市场皮张更少。由于貉的繁殖周期为一年，养殖数量的增加还需要一个过程。根据貉产业发展的规律预计，每一个上行周期需经历2～4年，所以在一定时期内，我国貉的养殖和发展将呈现优良态势。随着我国毛皮动物养殖行业协会的成立和规范，适当控制养殖数量，建立长久高效的养殖发展模式，是我国貉养殖稳定、高效、健康发展的必由之路。

二、当前我国貉养殖业的特点

（一）貉养殖规模、数量和分布特点　目前我国貉的饲养量达1 600万只左右，主要分布在河北、山东、辽宁、吉林、黑龙江、天津、内蒙古、山西等地，其中河北、山东和辽宁养殖数量占全国饲养数量的80%左右，比较集中的地区有河北的乐亭、昌黎、滦南、肃宁，山东的威海、潍坊、聊城，辽宁的葫芦岛、黑山、盘锦、锦州、大连，吉林的大安、白城、磐石、汪清，黑龙江的大庆、绥化、佳木斯等地。目前吉林、黑龙江貉养殖业发展非常迅速，利用我国东北地区气候寒冷的资源优势，生产优质貉产品具有明显的市场竞争力。

（二）养殖水平及形式　貉养殖属于特种养殖，由于貉的驯化时间短，具有部分野性，饲养技术要求较高。貉的一些生产性能指标与常规畜禽养殖业相比处于较低水平，而与其他特种毛皮动物狐、貂的养殖相比，饲养难度较小。貉为杂食性动物，对饲料的要求不高，只要坚持科学饲养、规范管理，养殖难度并不大。

目前我国貉养殖主要以家庭小规模饲养为主，与那些拥有专业技术人才、具有一定经验和技术优势的大型养殖企业相比，家庭小规模养殖户一般没有固定的专业技术人员，饲养者既当饲养员、技术员，又当饲料购销员、兽医等，专业分工差，技术薄弱，难以解决在生产中出现的所有问题，抗风险的能力较弱，而且市场信息不灵通，在直接面对市场时往往处于被动地位。对于小规模的个体养殖户，建议他们形成行业协会，以便于开展技术辅导，联合进行产品销售，有利于保护中小养殖户的利益。

（三）养殖的科技支撑　强大的科技支撑是养貉业获得效益的关键。从培养优良品种的育种工作、重大疾病的预防监控、饲养技术的进步，到动物行为管理水平的提高，无不影响着貉养殖业的经济效益。我国以中国农业科学院特产研究所等科研单位为代表的科技人员，经几十年的科学研究与努力，研制出毛皮动物犬瘟热、细小病毒性肠炎、脑炎等疾病的疫苗，有效地控制了威胁貉健康的几类广泛流行的传染病，为貉的稳定生产打下了基础。

目前，貉营养调控技术的应用较为薄弱，不同地区貉饲料供应的营养状况差别很大。由于营养调控技术的复杂性，人们很难把握貉适宜的营养水平，致使貉的生产性能难以充分发挥，从而影响了貉养殖的经济效益。开展不同生态区的貉饲料代谢水平基础数据的研究，以及不同生态区优质皮张的生产技术研究，有利于推进产业的技术进步和高效生产。

（四）养殖的市场氛围 我国貉养殖直接面对市场，市场氛围对家庭养貉的影响非常大。市场貉皮价格的变化影响着养殖者的生产效益、投入、饲养水平、新技术应用等各个方面。由于我国目前没有较为规范的毛皮拍卖行，广大养殖户及厂家皮张的出售均通过中间商买卖，利益很难得到应有的保护。根据利益最大化原则，中间商在收购皮张时会进行压价，卖出时又会尽可能获得最大利益，分流了养殖户的生产利润。

（五）经济形势对我国貉养殖行业发展的影响 养貉业的快速发展是在我国经济快速发展的大环境下呈现的。目前，随着我国经济的发展及人民生活水平的提高，我国对裘皮的需求日益增加，这使得支撑裘皮工业发展的貉养殖业迅速发展，同时也具有相对较高的利润。

貉皮属于高档裘皮产品，当国家或世界经济形势发生变化的时候，高档裘皮市场首先受到冲击，而中、低档裘皮（如羊皮、兔皮等）市场却可能继续保持活跃。我国经济持续快速地增长为我国乃至世界毛皮动物产业的发展提供了强大动力，保证了毛皮动物养殖业的较高利润，使得许多投资转移到这一高利润行业，促进了产业的快速增长，同时也满足了我国人民生活水平提高带来的物质需求。貉养殖人员也要时刻关注国家乃至世界经济的发展，适时调整产业规模和应对策略，实现利润最大化。

第二节　貉的经济价值及养殖前景

一、貉的经济价值

貉皮为大毛细皮，保温性能好，坚韧耐磨，轻柔暖和，属高级裘皮之列。其耐磨度 65（水獭为 100），仅次于猞猁、东北虎、豹和水貂的皮。

拔掉针毛的貉绒，美观大方，御寒力强，是制作皮大衣、皮领、皮帽、皮褥的高级原料。针毛粗长，富有弹性，是制作高级画笔和胡刷的原料。

貉毛绒也是一项待开发的资源。每年 4～6 月是貉脱落绒毛的时节。一只中等大小的貉可脱下 0.25kg 左右的毛绒。貉的毛绒可做上等棉衣、棉裤、褥子的内容物，其保温性能远远超过驼绒，价值很高。

貉肉质细嫩，味道鲜美，营养丰富，不仅是家馔的珍馐，也是野餐馆难于寻觅的正宗野味，而且还可以入药。据《本草纲目》记载：貉肉甘温、无毒，食之可治五脏虚劳及女子虚弱，是治疗妇女寒症的特效药，治疗肠胃病和小儿痫症，貉睾丸可治中风等症。

貉的脂肪质软，易被人体吸收，是优良的化妆品原料。貉粪含有丰富的蛋白质是极好的有机肥料。

貉所以能成为野生毛皮动物中的佼佼者，在于这种无所不食的杂食动物比肉食动物狐狸、貂更易饲养，比草食动物鹿、兔经济效益高。

二、貉的养殖前景

在国内，随着经济的发展，生活水平的不断提高，人们的追求正从仿裘皮逐渐转向货真价实的高级裘皮上来，这个潜在的市场非常广阔。貉皮飘逸美丽、色彩丰富，主要用于服装装饰，其主要市场在国内，是我国服装行业的优选装饰材料之一。

养貉业属于特种养殖行业，与传统的畜牧业相比，饲养的经济回报较高。当然，伴随高效益的同时，貉养殖的风险也较大，貉的养殖皮张市场直接与国际市场接轨，国际市场需求的变化对貉皮的价格有较大的影响。经济的发展、人们收入的增加、生活水平的提高将推动高档消费品的需求，从而在一定程度上稳定了产业的发展。

养貉的主要经济收入是出售貉皮、部分种貉和一些副产品的收入（貉肉、油脂、胆、睾丸、粪便等）。其中貉皮的质量和数量是影响经济收入的主要因素。在保证貉皮数量的前提下，貉皮的质量对经济收入的影响尤为重要。不同等级、类别、性别、尺码、颜色的貉皮出售的价格是不一样的。一级皮和等外皮的价格可相差 100 多元，但是它们的饲养成本几乎相等。所以，在成本不变的情况下，多生产质量好的毛皮有利于提高养貉经济效益。

按 2009 年貉皮的平均价格 300 元/张来计算，投资进入稳定期后，每饲养一只生产貉的效益在 120～150 元，其主要成本来自饲料、防疫及治疗、人工等方面；饲养 100 只种母貉的养殖户平均每只的成本在 150 元左右，加上种貉的饲养成本、仔貉中间损失、固定资产折旧等，饲养一只貉的平均利润在 120 元左右。正常生产的貉养殖场投资回报率能达到 40％左右，但是高利润回报的同时也隐含着高的风险，作为有一定规模的饲养场，还需要预留风险资金来应对国际国内市场的变化，长期投资貉养殖产业的单位能保证平均利润在 20％左右。

第三节　养貉成本分析

貉养殖既是自然再生产过程，又是经济再生产过程。养貉受自然条件约束较大，产品生产周期长，且季节性明显，从成本投入到产品产出期间，所有费用都表现为最终的毛皮等产品特点。

养殖貉的目的是为了获得优质的貉皮和优良种兽，降低饲养成本，获得较高经济效益。在获得相同产品的同时，经营管理的重点就是成本控制，节约钱也就是多赚钱。

一、养貉生产成本分析的重要性

（一）成本是补偿生产耗费的尺度 养殖者为了保证再生产的不断进行，必须对生产耗费，即资金耗费进行补偿。养殖者是自负盈亏的商品生产者和经营者，其生产耗费须用自身的生产成果，即销售收入来补偿，以保证养殖者能够按原有的规模进行再生产，而成本就是衡量这一补偿份额大小的尺度。

（二）成本是计算养殖者盈亏的依据 养殖者只有当收入超出支出时，才有盈利。成本也是划分生产经营耗费和养殖者纯收入的依据。因为成本规定了产品出售价格的最低经济界限，在一定的销售收入中，成本所占比例越低，养殖者的纯收入就越多。

（三）成本是综合反映养殖者工作业绩的重要指标 养殖者经营管理中各方面工作的业绩，如饲养管理好坏、毛皮质量高低、繁殖能力高低、成活率高低，以及各生产环节的工作衔接协调状况等都可以直接或间接地在成本上反映出来。所以，可以通过对成本的预测、计划、控制、核算、分析和考核等来促使养殖者加强经济核算，努力改善管理，不断降低成本，提高经济效益。

二、养貉成本分析

成本是获得收入和利润的前提条件，收入和利润是成本在生产经营中转化的结果，没有一定的成本，就不可能获得一定的收益。成本是在满足貉正常生长、繁殖及获得优质毛皮的前提下确定的，如果追求低成本而忽略了毛皮质量和产量，也将降低收入和利润。这就要求在生产中确定一个成本和利润的平衡点，也就是既能获得优质的毛皮，又能获利最大。

（一）成本构成要素　一般养貉的成本包括饲料原料费、饲料加工费、固定资产折旧费、人工费、疫苗兽药费、笼舍费、加工设备费、场地费和维修费用及水电费等等。

（二）成本预算　成本预算是养殖户针对整个养貉过程涉及的各个成本构成要素所需成本计算出一个大致的总成本投入值。成本预算可以控制成本，对养殖生产中影响成本的各种因素加以管理，发现与预定的目标成本之间的差异，及时采取一定的措施加以纠正。

（三）通过成本核算，得出准确的成本分析　成本核算是成本管理工作的重要组成部分，它是将养殖户在毛皮动物生产经营过程中发生的各种耗费按照一定的对象进行分配和归集，以计算总成本和单位成本。

成本核算得正确与否，直接影响养殖户的成本预测、计划、分析、考核和改进等控制工作，同时也对养殖户的成本决策和经营决策的正确与否产生重大影响。

做好成本核算工作，要建立健全原始记录；建立并严格执行材料的计量、检验、领发料、盘点、退库等制度；建立完善的原材料、燃料、动力、工时等消耗定额标准；严格遵守各项制度规定，并根据具体情况确定成本核算的组织方式。

通过成本核算，可以检查、监督和考核预算和成本计划的执行情况，反映成本水平，对成本控制的绩效及成本管理水平进行检查和测量，评价成本管理体系的有效性，研究在何处可以降低成本，进行持续改进。成本核算与预算成本相比较，提出今后养貉生产的改进措施。

针对养貉的各个成本要素，进行成本核算的实际成本和预算成本的比较分析，重点分析产生差异的原因，针对由于饲养技术或效率产生的不利差异，提出改进的措施和行动计划。

三、降低成本的主要措施

（一）科学饲养管理 通过科学的饲养管理，一是能充分发挥貉的生长繁殖潜力，提高产仔数量和仔貉的成活率，确保养貉效益；二是增强貉抵御外界不良因素和病原微生物侵袭的能力，保证健康生长，减少疾病和死亡带来的经济损失。

（二）合理配制饲料 配制的饲料要多样化，保证营养平衡，这样能显著地提高饲料利用率、毛皮质量和繁殖性能，从而减少饲料浪费，提高经济效益。

在满足貉正常生长的情况下，充分利用畜禽的副产品。畜禽的副产品包括头、蹄、骨架、内脏和血液等，它们已经广泛地应用到貉生产当中，用量占貉日粮动物性饲料的40%～50%，对种貉的繁殖性能、幼貉生长发育及毛皮质量无不良影响，而且价格较低，适当地应用畜禽副产品可以降低养殖成本。

（三）应用国内外先进养貉技术

1. 褪黑激素 褪黑激素是毛皮动物自身分泌的一种激素，它随着光照时间的季节性变化分泌量不同，调节动物机体的生长、毛皮成熟等生理过程。外源埋植褪黑激素，让其缓慢释放到动物机体中能明显促进毛绒提前生长和成熟，褪黑激素同时还具有抗氧化作用和强化免疫应答反应作用，因此，被广泛地应用到毛皮动物生产。对于非留种、用于取皮的貉埋植褪黑激素，可使貉生长迅速，采食量增大，从而缩短生长期，节约部分饲料费用，减少人工和笼舍的占用，同时可以使毛皮尽早上市，占据市场主动权，对提高饲养效益有较好的作用。

2. 人工授精技术 人工授精技术的优点是提高良种利用率，减少种公貉的饲养量，从而减少养貉成本；克服体格大小的差别，充分利用杂种优势；有效控制生殖系统疾病的传播；节省人力、物力、财力，提高经济效益。因此，貉人工授精是进行科学养貉、实现养貉生产现代化的重要手段之一。

第四节　养貉投资实例分析

投资貉的养殖首先要看准市场趋势，一般在市场相对低潮期投资较好，因为当年投资很难获得盈利，多在投资的第二或第三年，养殖的种群趋于稳定，市场也正好回暖，可以实现投资的较大回报。初始投资貉养殖除去固定资产投入外，在市场相对低潮时种兽价格相对较低，引种的压力较小。貉养殖要盈利还需要通过引种后产仔养殖来实现。稳定生产后群体的大小，也会影响投资回报的速度，如果把人工成本计入投资回报，提高人平均养殖貉的数量，也会影响投资的回报率。下面以小型投资养殖来分析貉养殖的成本及回报情况，也可供大型养殖场参考。

一、投资规模

以投资每年稳产 100 只貉皮的规模计算，在建场及投资方面需要的投入和准备。

第一年需要引种 25 只，其中 5 只公貉，20 只母貉。公母比为 1∶4 有利于配种产仔。第二年配种产仔分窝成活 108 只（按每只母貉产仔成活 6 只，配种率 90%计算），到年底除去死亡外打皮 100 只、留种 25 只，达到每年稳产 100 只貉皮的规模。

二、投资资金预算

引种：25 只×300 元/只＝7 500 元；

笼舍用具：80 元/只×130 个＝10 400 元（按最多 130 只貉计算）；

饲料费用：种貉 25 只×200 元/只＋皮貉 100 只×120 元/只＝17 000 元；

防疫及兽药：130 只×10 元/只＝1 300 元；

先期投入总计：36 200 元；

第二年貉皮收入：100 只×300 元/只＝30 000 元；

第三年后无引种、笼舍、用具等投入，可以实现收回成本和盈利。

如果再加上开发利用一些副产品或是出售部分种貉时，其利润会更大。所以，养貉是一项投资较小，收益大，很有发展的致富项目。

第二章　貉的生物学特性

第一节　貉的种类及分布

貉俗称狸、土狗等，属哺乳纲、食肉目、犬科、貉属，为杂食性毛皮动物。原产于西伯利亚东部，主要分布在中国、俄罗斯、朝鲜、日本、芬兰、丹麦等国，北美洲的部分地区也有零星分布。

貉在我国分布很广，通常根据产地，以长江为界分为北貉和南貉。分布在黑龙江省的黑河、抚远、虎林、北安、泰康、海林、穆棱、尚志、五常等地，以及内蒙古自治区北部的北貉，体形大，绒毛长而密，光泽油亮，呈青灰色或灰黄色，尾短、尾毛紧密，皮毛品质居全国之首；而分布于吉林、辽宁、河北、山西等省及西北地区的北貉，体形略小、针毛细而尖，绒毛色泽光润，被毛灰黄，有黑色毛尖。南貉主要分布于江苏、浙江、安徽、湖北、湖南、江西、河南、四川、贵州、云南、陕西、福建等省、自治区，其体形要小于北貉，毛色鲜艳美观、差异较大，但其针毛短、底绒松薄。北貉的毛皮质量明显优于南貉，但南貉毛皮的色泽光润艳丽，肉味鲜美为南方人所喜食，具有一定的经济价值。目前，人工养殖的貉绝大多数为北貉，其中黑龙江的乌苏里貉为最多。

据《中国动物志》（1987），我国貉可分为三个亚种，即指名亚种、东北亚种和西南亚种：

1. 指名亚种　分布于江苏、浙江、安徽、江西、湖南、湖北、福建、广西、广东等省、自治区，体长50～53cm，被毛短，底绒呈棕黄色，针毛的黑色毛尖较少，背部黑色纵纹亦不明显。

2. 东北亚种　分布于黑龙江、吉林、辽宁等省，本亚种的体形显著大于指名亚种和西南亚种，体长 56～90cm，毛长绒厚，背部黑色，纵纹明显，整个背部的黑色毛尖多而明显，基本毛色近青灰，底绒青黄或灰黄。

3. 西南亚种　分布于云南、贵州、四川等省，体形显著小于东北亚种，与指名亚种接近，底绒空疏，呈青灰色，针毛很短，多为黑灰色毛尖。

人工饲养的貉在经过多年的繁育后产生了一些新品种，新品种主要特征在毛色上。中国农业科学院特产研究所发现了白貉，在对它的遗传性状进行深入研究的基础上，成功地培育出了貉新品种——吉林白貉。由特产研究所选育的白貉有两种类型：一种是全身毛绒呈均匀一致的纯白色，针、绒毛从尖部至根部亦为纯白色，眼有棕黄色或淡蓝色，或呈一黄一绿的鸳鸯眼；另一种是鼻尖、眼圈、耳缘、四爪和尾尖呈普通貉的颜色，而身体的其余地方针绒毛均呈白色、眼多为褐色。两种类型的白貉体形和毛绒品质均与普通貉相似，但其毛色美观明亮，可染成人们所喜爱的任何毛色，因此经济价值较普通色貉皮更高一些。

貉虽然可以细分为不同的亚种，但其基本形态特征、饲养管理和疫病防治等方面相似。本书以养殖数量最大的乌苏里貉为例，向读者介绍关于貉养殖的相关内容。

第二节　貉的形态特征

一、貉的体形外貌

貉体形肥胖、短粗，外貌似狐，吻短尖，被毛长而蓬松，四肢短而细，前足 5 趾，第 1 趾短，行走时 4 趾触地，短趾悬空。后肢狭长，后足具 4 趾，爪短粗，不能伸缩。牙齿有 44 枚，上颌门齿排成弧形，第 1 对门齿左右均有小叶，第 2、3 对门齿齿尖内侧有一小叶。

通常被毛呈青灰或青黄色，面颊横生有淡色长毛。由眼周至下颌生有黑褐色被毛，构成明显的八字形，并经由喉部、前胸连至前肢，沿脊背中央针毛多具黑色毛尖，形成一条界限不清的黑色纵纹，向后延伸至尾的背面，尾末端黑色加重。背部毛色较深，一般呈青灰色；靠近腹部的体侧被毛，呈灰黄或棕黄色；腹部的毛色最浅，呈黄白或灰白色；四肢的毛色较深，呈黑色或黑褐色。

二、貉的体重和体尺

成年公貉体重一般为 6～10kg，体长 59～65cm，胸围 45～55cm，尾长 15～23cm；母貉体重 4.5～8.5kg，体长 45～65cm，胸围 40～52cm，尾长 15～20cm。我国南方各省的貉体长和体重都较北貉小。

三、貉的色型

貉的毛色因种类不同而表现不同，同一亚种的毛色变异范围也很大，即使同一饲养场，饲养管理水平相同的条件下，毛色也不相同，这在目前很少进行育种工作的各大、小养貉场普遍存在。

（一）乌苏里貉的色型　颈背部针毛尖呈黑色，主体部分呈黄白色或略带橘黄色，底绒呈灰色。两耳后侧及背中央掺杂较多的黑色针毛尖，由头顶伸延到尾尖，有的形成明显的黑色纵带。体侧毛色较浅，两颊横生淡色长毛，眼睛周围呈黑色，长毛突出于头的两侧，形成明显的八字形黑纹。

（二）其他色型　黑十字形：从颈背开始，沿脊背呈现一条明显的黑色毛带，一直延伸到尾部，前肢、两肩也呈现明显的黑色毛带，与脊背黑带相交，构成鲜明的黑十字。这种毛皮颇受欢迎。

黑八字形：体躯上部覆盖的黑毛尖，呈现八字形。

黑色型：除下腹部毛呈灰色外，其余全呈黑色，这种色型极少。

白色型：全身呈白色，或稍有微红色，这种貉是貉的白化型，也有人认为是突变。

（三）乌苏里貉家养条件下的变异 在数万张的貉皮分级中发现家养乌苏里貉皮的毛色变异十分惊人，大体可归纳为如下几种类型：

1. 黑毛尖、灰底绒 黑色毛尖的针毛覆盖面大，整个背部及两侧呈现灰黑色或黑色，底绒呈现灰色、深灰色、浅灰色或红灰色。其毛皮价值较高，在国际裘皮市场备受欢迎。

2. 红毛尖、白底绒 针毛多呈现红毛尖，覆盖面大，外表多呈现红褐色，严重者类似草狐皮或浅色赤狐皮，吹开或拨开针毛，可见到白色、黄白色或黄褐色底绒。

3. 白毛尖 白色毛尖十分明显，覆盖分布面很大，与黑毛尖和黄毛尖相混杂，其整体趋向白色，底绒呈现灰色、浅灰色或白色。

第三节 貉的生态和习性

一、自然生存环境

貉常栖息于山野、森林、河川和湖泊附近的荒地草原、灌木丛及土堤或海岸，有时居住于草堆里。喜穴居，常居于弃洞、树洞和石隙，独栖或5～6只成群。

貉没有固定的洞穴栖息，一年中于不同季节选择不同类型的洞穴栖息。繁殖期选用浅穴产仔哺乳；夏季天气热，则利用岩洞或凉爽的洞穴栖息；在严寒的冬季，便选择具有保温性能的深洞居住。在同季节也不固定栖息地，而是根据食物条件、气候变化及哺育仔兽和安全的需要，经常变换栖息场所。

家养貉则为笼养或圈养，早期家养貉公母貉笼和圈中备有窝室，模拟野生貉生活习性。现代家庭养殖皮貉一般只设笼舍，不设窝箱，繁殖母貉为了产仔才设有窝箱。

二、生活习性

（一）群居性 野貉通常成对穴居，一穴一公一母，也有一公多母或一母多公者，邻穴的双亲和仔貉通常在一起玩耍嬉戏，母貉有时也不分彼此相互代哺。在家养条件下，可利用这一特性，将断奶后仔貉按10～20只一群，集群圈养。

（二）貉有夜行性、喜凉怕热 貉在野生状态下具有夜行性，夜间和清晨活动比较频繁，这样借助夜幕的掩护有利于其逃避敌害；貉的汗腺很不发达，被毛厚密，毛长绒厚，所以貉十分怕热，但比较耐寒。在家养情况下，根据貉的这一习性，喂饲时间应尽量选择在凉爽时间进行；此外，貉的配种放对时间也要选择在早晚进行，特别在下着小雪的天气进行效果更好，尽量避免中午放对。建设貉场时，场址要选择在通风良好、遮阴的环境。

（三）貉听觉不灵敏，胆小怕惊 貉听觉不灵敏，视觉虽然不错，但由于受头部长毛的干扰也受到一定影响，因此貉的胆子很小。在野生状态下，不到万不得已决不轻易离开洞穴，即使由于不能忍受饥饿而外出觅食，也常常在洞穴外犹豫不决地来回行走，进行直线往返运动，一有风吹草动便慌忙逃回洞穴。母貉胆小怕惊的特性在产仔哺乳期表现尤为明显，因此在产仔哺乳期要特别注意保持环境的安静，外界的惊扰容易引起貉“惊恐症”的发生，导致母貉食仔；对仔貉进行检查，尽量在喂饲时进行，以分散母貉的注意力，减少对母貉的应激刺激。

（四）食性 貉属杂食动物，野生状态下以鱼、蛙、鼠、鸟及野兽和家畜的尸体等为食，另外也采食浆果，植物子实、根、茎、叶等。家养貉的主要食物有杂鱼、肉、蛋、乳、动物血及其他屠宰下脚料、谷物类、糠类、饼粕等，同时适量补充蔬菜、食盐、维生素等，按一定比例配合成营养全价的日粮饲喂。

（五）定点排粪 无论野生貉或家养貉，绝大多数貉均有定点排粪的习惯。野生貉多在洞口附近排泄粪便，日久积累成堆。家养貉多将粪便排在笼舍的某一角落。但有极个别的貉往食盆、水盆或窝箱中便溺。一旦发现有这样的貉，要及时采取措施；否则，习惯形成之后较难改正，增加了饲养管理的工作量，并可能影响后代的便溺习惯。对有随意便溺的貉最好不留做种用。

（六）冬眠和半冬眠 在野生条件下，貉为了躲避冬季的严寒和耐过饲料的缺少时期，常深居于巢穴中，新陈代谢速度减缓，靠消耗体内蓄积的皮下脂肪，以维持其较低水平的生命活动，形成其独有的、非持续性的冬眠特征，主要表现为少食、活动减少，呈昏睡状态，所以称为半冬眠或冬休。在家养条件下，由于人为干扰和充足的饲料，冬眠不十分明显，但大都活动减少，食欲减退。在东北地区家养貉过冬时，可由其他季节的 1 天喂 2 次减少到 1 天喂 1 次或 2～3 天喂 1 次。

（七）寿命 貉的寿命为 8～16 年，可利用年限为 7～10 年。实践证明，1～4 年的公貉身体健壮，性欲旺盛，达成交配可能性大，是公貉的适宜繁殖年龄。2～4 岁母貉繁殖力最高，因此种貉群应由上述貉组成，每年再补充 25%左右的幼貉，最多不得超过 50%。种母貉的可利用年限为 4～5 年。在生产中，虽然种貉未到寿命或者利用年限，但其繁殖性能和生产性能下降，应该适时淘汰，要结合实际情况和成本核算减少种貉的使用年限。

（八）生理常数 貉的体温 38.1～40.2℃，平均 39.3℃；脉搏 70～146 次/min；呼吸 23～43 次/min，红细胞 584 万个/mm^3，白细胞 12.052 万个/mm^3。

三、换毛和繁殖特点

（一）换毛 貉的换毛具有明显的季节性，每年换毛两次。

成年貉夏毛一般在 9～10 月脱落，脱落顺序是从尾部至头部。冬毛生长在 9～11 月进行，在 11～12 月完成。当毛生长停止后，皮肤颜色由灰黑转成黄白色。冬毛一直持续到次年 3 月末，而实际上冬毛的脱落从 3 月初就开始了。在浓密的冬毛脱落时，稀疏的夏毛从头至尾生长，在 6 月中旬，夏毛代替了冬毛。被毛中，针毛的脱落比较特殊，大部分针毛在 7 月初才脱落。

幼貉的胎毛在 4～5 周龄脱落，夏毛在 6 月份开始生长，其针毛较成年貉的软，绒毛很细却相对稀疏，继续生长换毛顺序逐渐与成年貉相同。

貉的换毛受光周期控制，日照时间和强度的年周期变化，引起其被毛的季节性更换。所以通过控制光照时间和强度，能使冬毛提前生长和提前性成熟；另外，据实验证明，适时适量使用褪黑激素也可起到相同的作用。

（二）繁殖特点　貉是自发排卵的动物，季节性一次发情，每年的 2～4 月份是貉的发情配种季节，发情期 10～12d，但发情旺期只有 2～4d。个别貉可在 1 月和 4 月份发情配种。妊娠期为 55～65d，以 60d 者为多。4～5 月产仔，每胎平均 8～9 只，少的 3～5 只，多的可达 19 只。

第三章 场址的选择和建设

场址选择应符合国家相关法律法规的规定，符合各地区农牧业生产发展规划、土地利用发展规划、城乡建设规划的要求。建场前应根据养貉的生产需要和建场后可能引起的一些问题，进行可行性分析，认真调查论证后，科学规划、合理选场。

第一节 场址的选择

场址的各种条件都要适应貉的生物学特性，使貉在人工饲养管理条件下，能正常地生长发育、繁殖和生产毛皮产品。同时，还应考虑规模扩大后长远的发展规划问题。

一、养貉的地理环境

养殖貉主要目的是获得优质毛皮，在北方高纬度地区毛皮生长丰厚、致密，比南方地区的毛皮质量好，市场价格高，能很好地利用北方寒冷的资源优势。一般皮用貉的饲养应以地理纬度不低于北纬 30°为宜，黄河以北直至黑龙江北部均适合貉的养殖，黄河以南则不适宜生产优质毛皮，而适宜养南貉作为美味食用兼产皮用。

除了地理纬度之外，海拔高度、光照强度、温湿度等都对貉有一定影响，在建场时也要考虑这些因素。

二、建场的社会环境条件

场址应选在公路、铁路或水路运输方便的地方，但又不能离运输主干线太近，应远离学校和大工厂，以保持安静的生产环境。为搞好卫生防疫及避免不必要的扰民法律诉讼，饲养场应与畜牧场、养禽场和居民区保持 500～1 000m 的距离。拟投入大量资金的养殖户还应多规划出一定的预留用地。资金有限的个体养殖者更应充分利用已有条件，如利用房前屋后的空地搞庭院养殖，但同样要避免环境的喧闹，离畜禽棚舍要远，场地应保证夏季阴凉、冬季背风防寒，如有邻居则应及时打扫清理污物、粪便，以免不良气味影响他人。

同时选择场址时还要考虑当地政府的态度，如果当地政府支持貉产业发展，会在政策、资金、场地等方面给予一定的支持，对建场和今后的发展会有很大的帮助。

三、饲料条件

饲料来源是建场需要考虑的因素之一。饲料来源广泛、价格便宜的地区养貉比较好，如果不能就近解决饲料来源，势必会增加运输成本，甚至会影响正常生产。当然随着我国貉营养研究的进步，商业貉全价饲料也是很好的选择，所以鲜动物性饲料不丰富的地方也可以养貉，只是饲养成本可能比较高。建场地点在饲料来源广、主要饲料来源稳定、价格便宜且容易获得及运输方便的地方，可以获得更大的收益。如渔业区、畜牧业区，靠近肉类、鱼类加工厂等地方。内地应建在畜禽屠宰加工厂或大型畜禽饲养场附近，以便利用这些单位的副产品。如养貉规模较大，又不具备邻近动物性饲料来源的条件，可以建一个冷库，用以贮存大量动物性饲料。目前随着科学技术的进步，貉的干粉饲料基本可以替代价格日益上升的海鱼、肉类等传统的貉饲料，成为当今貉养殖业新的支撑。貉干粉或颗粒饲料饲养可以减少生产设备如加工厂、冷库的投入，而且解决了目前我国海鱼资源日益减少对养貉业的威胁问题。

第二节　建场的准备工作

一、市场调查

投资貉养殖前，必须做好充分的市场调查。即市场上貉皮如何分等，不同的等级价格如何，貉皮主要消费市场在哪里，貉皮消费市场对貉皮的需求是什么趋势，貉的最低耗料量是多少，皮兽养殖成本是多少，销售貉皮多长时间可收回成本。信息的来源及可信度要凭投资者自身判断，既不可坐失良机，也不可贸然跟风。养貉业目前在我国发展很快，特别是河北、山东、黑龙江、吉林和辽宁省，饲养数量多，规模大。只有对貉市场进行周密考察，全面了解行业的发展前景及发展趋势，才能决定养多少只貉，以及以后如何发展。

二、选择场址

（一）地形地势　家庭貉场应选在高燥、向阳、背风、易于排水的地方。低洼、沼泽地带，地面泥泞、湿度较大、排水不利、云雾弥漫、风沙严重侵袭的地区均不宜建场。

（二）利于防疫　场址不应靠近畜禽饲养场，距居民区至少有 500m，以避免同源疾病的相互传染。凡是流行过传染病的地区，经检查符合卫生防疫要求后方可建场。环境污染严重的地区不宜建场。

（三）水电充足　饲养场的用水量很大，冲洗饲料，刷洗食盆、水槽及动物饮用都需要大量用水，水源必须充足、洁净，绝不可用臭水或被病原菌、农药污染的不洁水，或含矿物质过多的硬水及含有害矿物质的水，饲养场用水应符合人用水标准。建场时还必须考虑稳定的电力供应，除民用电外，还应考虑动力电，以便安装大型设备及冷库用电。

（四）交通便利　场址应选择在交通便利的地方，以便运输原料及买卖毛皮动物。但不可距公路太近，公路上的噪音对毛皮动物有一定影响，特别是在繁殖期，强烈的噪音干扰会严重影响繁殖，因此饲养场应距主干道500m左右。

（五）远离居民区　养貉场尽量要避免建在人多的村庄内，除非这个村庄家家都进行貉的养殖。因为貉的养殖粪尿臭味较大，对人居住环境会造成一定的影响，降低人们的生活质量，即使进行粪污的无害化处理，也很难减少臭味对人的影响。

三、饲料准备

在引种之前要确定饲料来源，一般谷物性饲料和干粉配合饲料比较容易得到，重点准备新鲜动物性饲料，为了保存鲜饲料，规模较大的养貉场可以建冷库或者租用冷库，小场可以使用冰柜。在引种动物到达前2～3d要备好饲料，以免动物到场后再准备造成被动。附近没有稳定饲料来源的场必须考虑从外地调运，应提前准备，同时保证场里有一定库存。

四、资金准备

貉饲养场的资金投入主要包括建场、种貉、饲料、防疫及饲养管理等费用。场地建设的费用主要包括围墙、房屋和动物笼舍，其中动物笼舍费用所占比重较大，每个笼舍大约需要100元。一般种貉的费用与近期皮张的最高价相当。当场地建设完成、种貉引进之后必须预留足够的资金，以保证饲料及管理等方面的费用，主要是饲料费用，大约占整个饲养管理费用的80%左右，其他费用主要有人工费、水电费、运输费和动物药品费等。

五、技术准备

相对于资金和物质准备而言，技术准备同样重要，特别是第一次从事貉养殖的养殖户，没有一定的经验和技术知识，在刚开始饲养过程中经常会遇到问题。大场的技术准备包括培养技术员和培训饲养员。技术员必须掌握貉的饲养管理要点和常见疾病的防治措施，并能全面安排饲养场一年的生产计划，并组织生产。饲养员必须了解貉的生活习性和各时期的饲养管理要点，还要会观察貉的日常变化，比如采食情况、精神状况和其他异常情况。通过系统的培训或学习，可以有效减少生产损失。

六、种貉引进前的准备工作

种貉引进前需要做好考察与引进准备工作，貉和其他动物一样，品种对生产性能的影响非常大，好的品种体形大，皮张长，毛绒质量好，遗传性能稳定，效益高；而不好的品种正好相反。

引种前首先要考察厂家的养殖情况，包括养殖历史、规模、效益等情况，尽量选择那些规模较大、养殖时间较长的厂家，因为这样的厂家一般经验比较丰富，管理比较到位，而且在规模大的场选择的余地也比较大。其次要重点考察该场的养殖现状，仔细观察种貉的生长发育情况，观察其是否健壮，体形和品种特征是否符合种用标准，采食和排便情况是否正常，询问疫苗注射情况，要求在引种之前注射完常用疫苗。最后是考虑运输路线、运输时间、准备运输设备。引种时应尽量减少运输距离，并避免在高温烈日下运输，尽量选择在早晚比较凉爽时运输。如果不能避免在高温烈日下运输，应该准备好遮阴设备，并保证运输笼通风。运输笼应该是专用的，可以临时组装，尽量缩小体积，两笼之间要留有一定空隙，或用隔板隔开，防止种貉互相咬伤。

先期如不做好种貉的考察，选准兽群大、质量好、有信誉的厂家，待到养殖场已建好再考察种貉，时间很紧，若盲目引进种貉则风险较大。如一时找不到合适的引种厂家，则建好的养殖场将白白闲置，损失也很大。另外，虽然种貉也可通过对野貉的捕捉驯养来获得，但涉及野生动物资源保护和捕到的野貉运输过程要求高，易死亡，同时野貉生产性能没有家养驯化的好，在家养条件下存活、繁殖困难，一次性捕捉难以满足大规模种源需求，所以并不是目前可靠的种兽来源。

其他的建场准备包括设计建设场地及笼舍，做好引貉前养殖场消毒等工作。

第三节 貉场的建筑与设备

一、场区规划布局

貉场的建设要进行合理的规划布局，特别是较大型的貉场，应根据貉场经营的发展规划，结合场地的风向、地形、地势和饲养卫生要求，进行规划布局，既可保证动物的健康，又便于饲养管理。

（一）貉饲养场的分区 貉饲养场分为生活管理区、生产区和隔离区三个主要功能区。

1. 生活管理区 设在场区上风向及地势较高处，主要包括生活设施、办公设施、饲料贮存室、饲料加工室等与外界接触密切的生产辅助设施。入口处设消毒池，其规格 5m×3m×0.1m（长×宽×深），进出两端有适度坡度，便于车辆通行。

2. 生产区 设在管理区的下风向，主要建筑为貉棚舍。生产区占地总面积按每只 $1.5 \sim 2.0 m^2$ 计算。

3. 隔离区 设在生产区下风向或侧风向及地势较低处，主要包括兽医室、隔离室、病貉治疗舍、毛皮初加工室、无害化处理场等。

各功能区之间应修建隔离墙，分界明显，设有专用通道，出入口设消毒池；生产区入口设密闭消毒间，安装紫外线灯，设置消毒手盆，地面铺浸有消毒液的踏垫。人员在消毒间消毒，更换工作服后进入生产区。貉饲养场与外界有专用道路相连通，场内道路分净道和污道。

（二）貉场的分区应遵循下列几个基本原则

1. 从人、貉保健的角度出发，宜建立最佳生产联系和卫生防疫条件，以防止相互交叉传染和废弃物的污染。

2. 在满足生产要求的前提下，做到节约用地，尽量少占或不占耕地，建筑物之间的距离在考虑防疫、通风、光照、排水、防火要求前提下，尽量布置紧凑、整齐。

3. 因地制宜地解决生产中遇到的实际问题，如冬季的防风和采光，夏季的通风、遮阴、排水等。还要尽可能利用原有道路、供水、通信、供电线路和建筑物等，以减少投资。

4. 应考虑以后的发展，为今后的发展留有余地　生产区设在管理区下风向较低处，但要高于病貉管理区，并在其上风向。这可使生产区和病貉管理区产生的不良气味、噪声、粪尿和污水不因风向和地面径流污染居民区和出现传染病迅速蔓延，同时可防止闲杂人员乱窜影响卫生防疫工作。各区的建筑物之间的位置在联系方便、节约用地的基础上，应该保持一定的距离，并防止管理区的生活污水和地面径流流入生产区，道路主干道要直达管理区，尽量避免经过生产区。

生产区是养貉场的核心，要位于全场的中心地段，其地势比管理区略低，并在管理区的下风向和病貉管理区的上风向。貉舍是生产区的主体建筑，要根据地势、地形、气候、风向、采光和作业间联系等因素综合考虑，确定位置。

总之，场内各功能区合理布置建筑，可以改善环境和卫生防疫，有利于生产和降低基本建设投资。根据建场的任务和要求，确定饲养管理方式和机械化水平，并结合当地的实际制订最佳方案。

二、棚　　舍

貉棚的主要作用是遮挡雨雪和防止夏季烈日暴晒，一般为开放式建筑，要求坚固耐用、便于饲养管理。棚舍建筑要求通风采光、避雨雪，在棚舍设计、建造和改造的过程中，应考虑光照条件、空气质量、地理位置、水源条件等各种环境因素，创造适合毛皮动物生理特点的生活环境。棚舍建设应该根据场地实际情况，在确保采光和通风的条件下，自行确定走向和长度。棚脊高2.6～2.8m，棚檐高1.4～1.6m，棚宽3.5～4.0m，棚间距3.5～4.0m。

双排笼舍的貉棚两侧放置貉笼，中间设1.2m宽的作业道。棚内地面要求平坦不滑，高出棚外地面20～30cm。笼下或笼后设排污沟，棚舍两侧设雨水排放沟，与排污沟并行、分开，地面坡度1.0%～1.5%。家庭养殖一般可以采用简易棚舍，用砖石筑起离地面30～50cm的地基，在上面安放笼舍，在笼舍上面安放好石棉瓦等，这种棚舍建造比较简单，投入也较少。缺点是遮挡风雨和防晒效果不好，在炎热的夏季必须在石棉瓦上加盖棉被、草帘等，防止太阳将石棉瓦晒得过热而使笼内温度过高，也可以加盖双层石棉瓦，并让两层石棉瓦中间有一定缝隙。

貉棚朝向根据地理位置、地形地势综合考虑，多采取南北朝向（图3-1、图3-2、图3-3）。

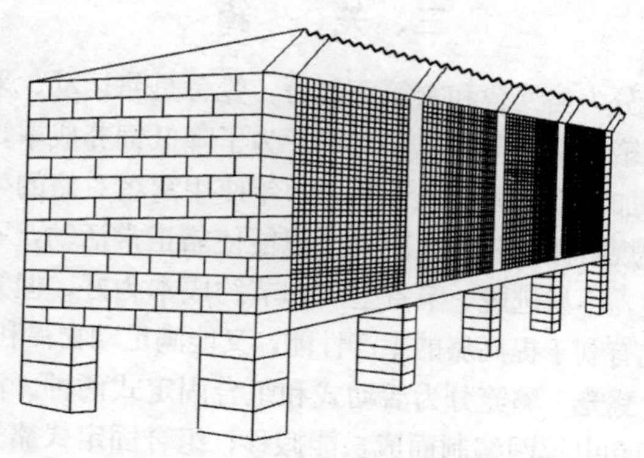

图3-1　砖制一面坡形棚舍（不带窝箱）

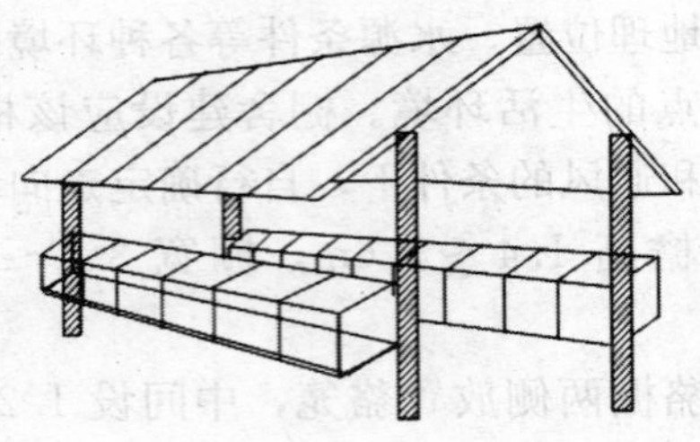

图 3-2 人字形棚舍

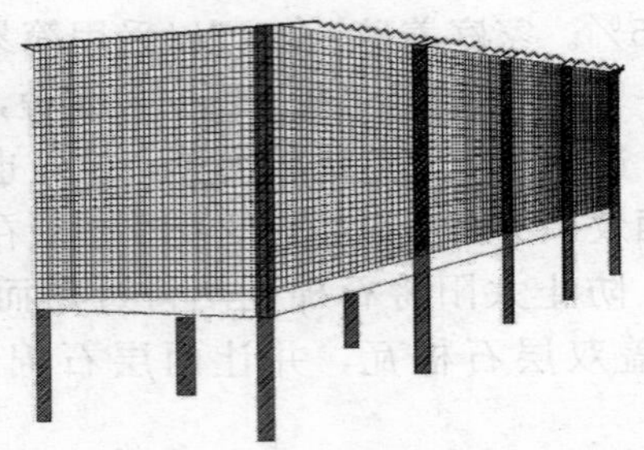

图 3-3 简易棚舍（不带窝箱）

三、笼　箱

貉笼箱分为貉笼舍和窝箱两部分：笼舍是貉运动、采食、排泄的场所；窝箱供貉休息和产仔之用。为了降低饲养成本，皮用貉和种公貉都不加窝箱，但实践证明，常年使用窝箱对貉的生长十分有利。笼舍的规格样式较多，原则上以能使貉正常活动，不影响生长发育、繁殖，不易逃脱，节省空间和节约成本为好，但笼舍要尽量大一些，既有利于提高貉的生产性能，又能满足动物福利的要求。

（一）貉笼 貉笼分为活动式和组合固定式两种。活动式貉笼由金属支架和电焊网编制而成，能搬移；组合固定式貉笼由砖石垒砌或水泥板与金属网组合而成。笼底和四周可用 14 号丝电焊网，网眼不大于 3cm×3cm。在笼正面设规格 30cm×40cm 笼门；在贴近笼

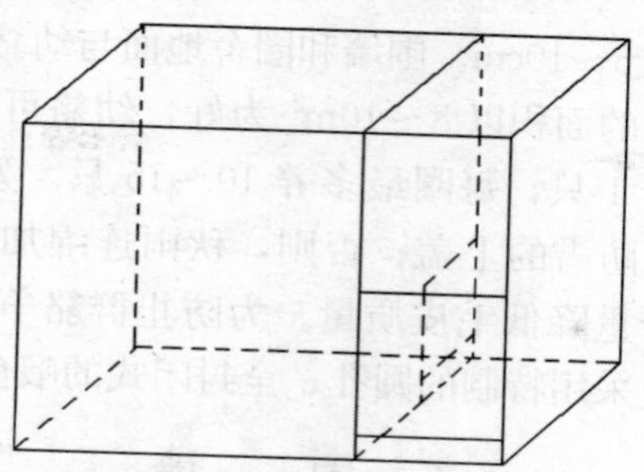

图 3－4 带走廊的窝箱示意图

底网的一角设食盆取送口。在笼背面留直径 25cm 的洞口，通向小室。

（二）小室 小室多用砖砌墙或水泥板与笼网组合而成，和貉笼连为一体。规格与貉笼相同，底部为电焊网，其上铺设木板和草帘，气温高时撤去木板和草帘。顶部设置活动箱盖。

小室正面留直径 25cm 的出入口（下沿高出小室底部 5cm），与貉笼相通；出入口设置活动插门（表 3－1）。

表 3－1 貉笼舍规格

单位：cm

	笼（长×宽×高）	小室（长×宽×高）	网眼大小	笼网型号（电焊网）
种貉	90×70×70	60×50×45	3.0×3.0	14号
皮貉	90×60×70	40×40×35	3.0×3.0	14号

四、圈　　舍

貉可以圈养，圈舍地面用砖或水泥铺成，以利清扫和冲洗；四壁可用砖石砌成，也可用铁皮或光滑的竹子围成，高 1.2～1.5m，做到不跑貉为准，圈内设置小室、饮水盆、食盆等。

种貉圈舍，面积以 3～5m^2 养 1 只为好，圈舍中要备有产仔箱（与笼养的产仔箱相同），安放在圈舍里面，也可放在圈舍外面，要求要高出地面5～10cm。围墙和圈舍地面与幼貉和成貉的相同。

幼貉和皮貉的面积以8～10m^2为好，幼貉可集群圈养，饲养密度为每平方米1只，每圈最多养10～15只。为保证毛皮质量，必须加盖防雨、防雪的上盖；否则，秋雨连绵加上粪尿污染，造成毛绒缠结，严重降低毛皮质量。为防止群貉争食、浪费饲料和污染毛绒，还应采用特制的圆孔、全封闭式的喂食器盛食饲喂。

五、围　墙

为防止逃貉及有利于加强卫生防疫和安全工作，要在距貉棚3～5m处修建围墙，高度1.7～1.9m。墙基牢固光滑，无孔洞，可用砖石、光滑的竹板或铁皮围成，墙基排水沟处设铁丝拦截网。选择适合当地生长的花草树木进行场区绿化。

六、饲料加工室

饲料加工室是清洗、蒸煮和调制饲料的地方，家庭小规模养殖可以不用单独建设。规模养殖时饲料加工室内应备有清洗池、水管、熟制器具、绞碎设备、搅拌设备等，还应有上下水。室内地面水泥抹光或粘贴瓷砖，便于清洗和排出污水。饲料加工室不宜长时间存放饲料，进入加工室的饲料应尽量当天用完，剩余饲料要及时送回储存室。每次加工完饲料都要彻底打扫，不留下杂物。饲料加工室应有专人负责，除工作人员外，禁止其他人进入。工作人员进入饲料加工室也要更换工作服，尤其更换干净的靴子，防止将污染源带入。

七、饲料储存室

饲料储存室包括干饲料贮藏室和鲜饲料贮藏室（冷库）。干饲料室要求阴凉、干燥、通风、无鼠虫危害，主要用来储存谷物和其他干粉饲料；冷库主要用来保存新鲜动物性饲料和一些容易氧化变质的干粉动物性饲料，如鱼粉、肉骨粉等，还可以用来保存皮张。小型饲养场和个体饲养户可使用大容量冰柜代替冷库。饲料储存室要离饲料加工室近一些，以便于搬运饲料。

八、综合技术室

综合技术室可以分为兽医防疫室和分析化验室，主要承担全场的卫生防疫、疾病诊断和饲料检验等工作，饲养场可以根据需要选择建设，但常用的器械消毒、药品保存和配制、常规检查等功能必不可少，还必须准备手术器械、注射器、常用药物等，其他设施可以根据需要相应增加。综合技术室应有专人负责，一般由技术员担任，药品的数量和使用情况必须详细登记。

兽医室和隔离舍应设在场区下风向相对偏僻一角，且不应与种貉舍、幼貉舍在同一主风向轴线上，以减少污染，防止疫病传播。兽医室应配备防疫、诊疗、采样、化验等器械设备，备有常用的预防和治疗用药品。

九、毛皮初加工室

毛皮初加工室是剥取毛皮兽皮张和进行初加工的场所，应根据本场饲养量和生产要求设置毛皮初加工室，配备必需的设施与设备，应满足貉处死、取皮、刮油、洗皮、上楦、干燥、储存等操作的需要。毛皮初加工室要求干燥、通风，无鼠虫危害。

十、无害化处理设备设施

无害化处理设备应远离生产区，建在地势最低的下风处，主要对貉场粪便、污水、病死貉尸体等废弃污染物进行生物安全处理，应根据貉饲养场粪便污染排放量确定无害化处理设施建设规模。对于中小型的规模养貉场，可采取多级沉井处理污水的方法，在貉舍内设立排污管道的基础上，舍端设置沉井（小沉井），舍外设置排污管道，在场外下风头建立两个较大的污水沉井（大小根据污水排放量确定），近端为一级沉井，沉降污物和发酵污水、污物，远端为污水发酵井，两井间隔 1m 左右即可。

对大型的养殖场，采取水冲粪便的方法，在排污管道终端建立沼气池，处理彻底，效果好，又可产生新的能源。

在远离场区的下风处建立与饲养规模相适应的粪便堆积发酵场，保证所有粪便按要求彻底发酵，消灭其中的病原体。

配置病死畜禽无害化处理焚尸炉，对病尸实行焚烧处理，这是彻底消灭病尸上病原体的有效方法。

十一、其他建筑和用具

其他建筑主要有供水、供电、供暖设备和警卫室等。另外，还要有捕兽笼、捕兽箱、捕兽网、喂食车、喂食桶、水盆、食碗等。

第四节　貉的引种

种貉是养殖者经营的核心，种貉品种的好坏将直接影响貉养殖的效益。优良的种貉体形大，毛皮质量好，抗病力强，产仔多，成活率高，并能将优良的生产性能遗传给仔貉，影响后代的生长和生产性能，在相同的饲养条件下获得更大的经济效益。如果把劣质品种和带有疾病的貉引种到家，则养貉场前功尽弃，损失更大。所以应特别注意貉的引种，引种貉的好坏是办好貉场的关键之一。

一、优良品种貉的外表特征

引种的公母貉外表特征好，内在品质优良。目前，我国饲养的貉绝大多数为乌苏里貉，优良乌苏里貉的特征为：

（1）针毛颜色，针毛尖端毛色应为黑色，而且全身针毛黑色越多越好，针毛要相对短些，最好是直立、蓬松、光亮，而针毛互相粘连则不好。

（2）被毛，指针毛下的绒毛，绒毛应浓而密，不应稀疏，被毛的颜色应为青灰或红棕色，其他颜色不好。

（3）背毛和腹毛的颜色应该相近，不应反差太大，因背腹毛颜色越接近利用的价值越大。

（4）面部特征，面部在眉以下到嘴应为黑色，只有眼圈是黑的不好。

（5）体形大，成年公貉应超过10kg，成年母貉应超过8kg。

（6）腿高身长。

二、种貉场的考察

要想引种，首先要对貉场进行考察，考察的内容有貉场的大小、养殖状态、查看档案等情况。

（1）貉场的大小　要选择较大规模的貉场引种，尤其是县级以上畜牧主管部门认定的有种貉售种许可证、饲养规模比较大的厂家。这些厂家的种群数量大，经多代选育，貉种会相对好一些，引种时挑选的余地较大，并且饲养管理比较正规，兽群防疫好且体质健壮，价格也比较合理。

（2）貉场的养殖状态　饲养管理好的场，貉体大，毛光亮，精神饱满；而饲养不好的个体较小，毛蓬乱如刺猬，无精神。

（3）查看档案　有无档案是评价貉场好坏的标准之一，要从有档案的貉场引种。

（4）考察貉场　是否有过传染病史，有过传染病史的貉场不能引种。

（5）货比三家　要多走几家貉场，选择最好的貉，从最好的貉场引种。

三、引种的时间和年龄

（一）引种时间　适宜的引种时间对引种工作很重要，引种时间从6月20日至7月20日最好，这是因为貉一般从4月1日到 5 月 15 日产仔，45d 分窝后再长 15～30d，就可以出售了。由于貉出生得早晚，会导致仔貉个体大小也不一样，这时引种能看出仔貉长得大小，选择 4 月 20 日以前出生且个体大的貉为种，因为 4 月 20 日以前生的到第二年能达到生理成熟和性成熟，容易发情怀孕。仔貉在 2～4 月龄生长速度最快，到 10 月份，早生的和晚生的仔貉个体差异不大，很难分辨出早生与晚生的，如引进晚生的，第二年可能不发情或空怀。

（二）引种年龄 引种尽量引仔貉，也就是 1 岁以内的貉，少引或不引成年貉，因为厂家一般不会出售优良的成年貉，即使卖，大部分是淘汰性能差的貉，所以千万不要贪便宜购买成年貉，且成年貉容易带来传染病。只有熟悉底细的，才可引进成年貉。

四、种貉运输

种貉的合理运输及运输过程中的管理是引种成功的重要因素之一。运输期间死亡原因主要是连续受到了强烈的惊恐刺激。因此，减少惊恐刺激是提高运输时期成活率的有效措施。应考虑运输路线、运输时间、准备运输设备。引种时应尽量减少运输距离，并避免在高温烈日或大雨天气下运输，尽量选择早晚比较凉爽或夜间时运输，如果不能避免在高温烈日下运输，应该准备好遮阴设备，并保证运输笼箱通风。

较长距离运输前要准备好运输所用的笼箱，不能用麻袋运输，以免貉咬破麻袋逃跑。运输笼可用木板、铁丝网、竹子笼；运笼大小要适宜，以方便搬放，坚固耐用，同时便于在笼外观察和给水、给食；另外，还要保证空气流通。其规格为 50cm×25cm×30cm 的笼，可装 1 只貉。笼子一面要留有活门，以便装貉用，还要准备途中所用的饲料，饲喂、饮水工具，捕貉、修笼用具等。

运输途中一定要用黑布或麻袋把运输笼的光线遮暗些，保持安静，避免强烈噪音刺激。途中谢绝参观，避免停留在闹市或人多的地方，以防貉受惊，同时要提供适量的饲料和充足的饮水，注意饮水时不要沾湿貉的毛绒，以防感冒；还要有专人管理和看护，注意观察，发现异常要立即采取措施。

五、选择种貉的注意事项

引种前，一定要把笼具准备好，有的初养户自己不备笼，购买貉时把貉场的旧笼买来或借来，这是很危险的，因为旧笼往往携带大量病原菌，有可能造成疾病传播。

一旦出去引种，现场要注意如下几方面的问题：首先看个头大小，毛色深浅，是否有精神，要选择个头大、毛色深、有精神的。详细检查，看眼是否有眼屎；爪是否有疥癣；肛门和阴门，不干净的则是有病的貉；毛皮是否有脱落，有脱落的有可能患体癣；鼻子是否干净，是否咳嗽，有以上毛病的不能引种。检查生理上是否有缺陷，比如是否驼背，是否肢体有缺陷，母貉生殖器是否正常，阴门歪斜的不能引种，否则配不上种；公貉生殖器是否正常，比如单睾、睾丸一大一小，隐睾、阴茎过短或阴茎脱出等等，如有以上缺陷的不能引种。

初养貉者不宜引种野生或半野生貉，除有育种目的的貉场外，老貉场也不要引种野生貉，这是因为野生貉由于未经驯化，野性不改，胆小怕人，不易发情，不发情的野貉占 50%以上，又由于野生貉和半野生貉警觉性强，即使产仔了，叼仔吃仔的也占 50%以上，有些初养貉户自己抓野生貉或购买别人活捉的野生貉养，是不可取的。

一般初养貉者大多注意选择母貉，而对公貉选择不够精细。但是参加配种的公貉，一只公貉与 3～4 只母貉交配，如果受孕成功，将把它的遗传基因传给后代的仔貉，这样就产生了巨大的影响力。所以，一定要注意选择公貉。引种公貉一定要大于母貉，且体壮、个大、色好。

引种前要对笼具和场地进行消毒处理，引回貉种后，要给貉打预防针，如果原场已打防疫针，则可打可不打，如果未打防疫针，一定在断乳后 21d 打防疫针。建立自己的档案，如不知建档的内容，可向引种貉场索要样纸或详细咨询，自己设计档案。

索要种貉档案记录，这有利于引种后种兽的合理利用。档案记录的主要内容有编号、性别、出生时间、产地、体重、体长、皮毛色泽、针绒毛特点、繁殖生产性能、健康状况及免疫注射情况、系谱等。

第四章　貉饲料的配制

第一节　貉的营养需要和饲养标准

一、貉的消化代谢特点

貉属于杂食性动物，与其他肉食性毛皮动物貂和狐相比，貉的消化机能很强，貉的牙齿构造与排列非常适宜撕碎和磨碎小块饲料，比狐多2个臼齿，咀嚼食物的能力较犬科其他动物强。貉的胃是单室胃，其相对体积较食肉兽（紫貂、水貂等）大，而又较草食兽（兔、狸獭、麝鼠等）小。貉肠道的相对长度也较食肉动物如貂和狐长些，较食草动物短些。此外，貉的肠道构造与草食动物也有相似的地方，如体积较大，大约为体长的7.5倍，故食物在消化道内的停留时间较长。此外，貉有一段长约7.5cm的盲肠，并具有一定的消化功能，盲肠内微生物区系可以消化粗纤维，食糜在盲肠内可以合成B族维生素。

貉在采食过程中对饲料的咀嚼少，多是咬碎或撕碎后吞食。胃中的食物经6～9h即可排空，食物经过整个消化道的时间为20～30h。调制貉饲料时，要尽可能绞碎或粉碎，以增加饲料与肠黏膜的接触面积，提高貉对饲料的吸收利用率。

貉不仅适应采食易消化的动物性饲料，而且也能采食和消化谷物性饲料。在进行饲料配制时，可以结合貉对食物的消化代谢特点，适当利用谷物性饲料，同时调配动物性饲料，从而提高生产性能，降低饲养成本。

二、貉的营养需要

貉维持自身生长、发育、繁殖及毛皮生长等需要获得足够的能量、蛋白质、脂肪、矿物质、维生素等营养物质，这些物质都要从饲料中获取。要实现科学高效地进行貉养殖，必须了解饲料中各种营养物质对貉生长及生产所起的作用，从而在配制饲料的过程中可以全面考虑各种因素，高效益地进行貉的生产。

（一）饲料中碳水化合物对貉的营养作用 碳水化合物是由碳、氢和氧三种元素组成，由于它所含的氢氧的比例为 2∶1，和水一样，故称为碳水化合物。

碳水化合物的主要营养功能是提供能量，剩余部分则在体内转变成脂肪贮存起来，有能量储备和冬季御寒等作用，同时可以适量减少蛋白质的分解，具有节省蛋白质作用。貉杂食性较强，对碳水化合物的利用程度较高。在貉的饲养中，如果饲料中碳水化合物供应不足，不能满足貉维持需要时，貉就开始动用体内的贮备物质，首先是糖原和体脂肪，仍有不足时，则分解蛋白质供应所需的能量。在这种情况下，貉就会出现身体消瘦，体重减轻以及生产力下降等现象；但是，日粮中碳水化合物含量过多，相对日粮中蛋白质的含量就要降低，如果低于貉生长或生产所需的量，将阻碍貉的正常生长、发育、繁殖及其他生产活动，所以要科学合理地掌握碳水化合物的数量。

（二）饲料中蛋白质对貉的营养作用 蛋白质是一种复杂的有机化合物，主要由碳、氢、氧、氮 4 种元素组成，有的也含有少量的硫、铁、铜、碘、钙、磷等元素。蛋白质的基本结构单位是氨基酸，共有 20 多种。动物对蛋白质的需要，实际上就是对 20 多种氨基酸的需要。貉的必需氨基酸一般有蛋氨酸、赖氨酸、色氨酸、苏氨酸、缬氨酸、苯丙氨酸、亮氨酸、异亮氨酸等。因为胱氨酸与毛的生长直接有关，可以认为胱氨酸也是貉的必需氨基酸。一般在以动物性蛋白质为主要蛋白质来源的貉饲料中，蛋氨酸是第一限制性氨基酸，适量添加蛋氨酸和精氨酸有利于貉毛皮的生长发育。

蛋白质在貉的营养上具有特殊的重要意义。它是构成貉机体各组织的主要成分，其作用是脂肪和碳水化合物所不能取代的。在生命活动中，各种组织需要蛋白质来修补和更新。精子和卵子的产生需要蛋白质；新陈代谢过程中所需要的酶、激素、色素和抗体等，也主要由蛋白质构成。其次，在日粮中缺乏碳水化合物和脂肪而热量不足时，体内的蛋白质也可以分解氧化产生热量。日粮中蛋白质多余时，还可以转化为脂肪贮存，以便营养不足时利用。

蛋白质的营养价值，主要取决于氨基酸，特别是必需氨基酸的数量和比例。含有全部必需氨基酸的蛋白质，营养价值高，称为全价蛋白质。绝大多数饲料中蛋白质的氨基酸是不完全的，日粮中饲料的种类单一，蛋白质的利用率不高。当两种以上饲料混合搭配时，所含的不同氨基酸就会彼此补充，使日粮中的必需氨基酸趋于完全，从而提高饲料蛋白质的利用率和营养价值，这种作用称为氨基酸互补作用。在饲养貉的实践中，可利用氨基酸的互补作用，合理搭配饲料，以提高蛋白质的利用率和营养价值。

在配制饲料时，饲料种类尽可能多样化，通过蛋白质的互补作用，增加饲料蛋白质的有效利用率。如貉主要饲料鱼类和肉类，由于鱼类色氨酸和组氨酸少而肉类多，相互搭配使用时可以弥补相互氨基酸组成的缺乏；植物性饲料中蛋氨酸含量低，而动物性饲料中蛋氨酸含量较高，相互搭配可以弥补蛋氨酸的不足，促进貉的生长和毛皮成熟。

貉对蛋白质的利用率高低，还受以下因素的影响：

1. 饲料中粗蛋白质的数量和质量　饲料中蛋白质过多，会降低貉对蛋白质的利用率。不仅浪费饲料，饲养效果也不理想。但如果不足，貉机体会出现氮的负平衡，造成机体蛋白质入不敷出，对生产也不利，貉长期缺乏蛋白质时，会造成贫血，抗病能力降低；幼貉生长期贫血，生长停滞，水肿，被毛蓬乱，消瘦；种公貉精液品质下降；母貉性周期紊乱，不易受孕，即使受孕也容易出现死胎、弱仔等现象，严重影响繁殖性能。

2. 饲料中粗蛋白质与能量的比例关系 如果日粮中脂肪、碳水化合物供给不足时，机体蛋白质分解增加，尿中排出的含氮物增多，蛋白质利用率降低。这种饲喂方法既不经济，又不合理，如果貉的日粮中蛋白质偏高，能量偏低，则貉的采食量相应增加，使饲养成本提高。

3. 饲料加工调制方法 合理调制饲料，如谷物饲料熟制或膨化后可影响貉蛋白质、氨基酸和淀粉的消化率，与未处理饲料比较，膨化处理饲料总氮和氨基酸氮消化率显著降低，半胱氨酸所受影响最大，膨化后淀粉消化率增加，但一般高于100℃处理不再增加淀粉的消化率。

（三）饲料中脂肪对貉的营养作用 脂肪是构成貉机体的必需成分，是貉体热能的主要来源，也是能量的最好贮存形式。1克脂肪在体内完全氧化可产生39kJ的热量，约是碳水化合物的2.25倍。脂肪参与机体的许多生理机能，如消化吸收、内分泌、外分泌等，脂肪还是维生素A、D、E、K等的良好溶剂，这些维生素的吸收和运输都是依靠脂肪进行的。

脂肪酸是构成脂肪的重要成分，有些脂肪酸为貉生命活动所必需，但自身不能合成或合成量少，必须从饲料中获得，这些脂肪酸称为必需脂肪酸。在貉饲料中，亚麻二烯酸、亚麻酸和二十碳四烯酸是必需脂肪酸。实践证明，在繁殖期日粮中不仅要注意蛋白质，对脂肪也不能忽视，必需脂肪酸的供给和必需氨基酸一样重要，缺乏时都会对机体造成损害，严重地影响貉的生产。

饲料脂肪极易酸败氧化，如保存时间过长的鱼、氧化变质的鸡油等，脂肪的氧化酸败是在贮存过程中所发生的复杂化学反应，其特征是脂肪颜色较正常时明显变黄、味道发苦并出现特殊的臭味，如时间放置过长的猪肉气味。酸败的脂肪和分解产物

（过氧化物、醛类、酮类、低分子脂肪酸等）对貉健康十分有害。由于它们直接作用于消化道黏膜，使整个小肠发炎，会造成严重的消化障碍。酸败的脂肪分解破坏饲料中的多种维生素，如维生素 E 等，使幼貉食欲减退，出现黄脂肪病、生长发育缓慢或停滞，严重地危害皮肤健康，出现脓肿或皮疹，降低毛皮质量，尤其貉在妊娠期对变质的酸败脂肪更为敏感，采食变质脂肪会造成死胎、烂胎、产弱仔及母兽缺乳等后果。

（四）饲料中矿物质对貉的营养作用　矿物质是指我们通常所说的钙、磷、钠、氯、铁、锰、铜、锌、硒等，在貉机体中矿物质虽然含量较少，但具有很重要的营养和生理作用。矿物质是机体细胞的组成成分，细胞的各种重要机能，如生长、发育、分泌、繁殖等，都需要矿物质参与，矿物质对维持机体各组织的机能，特别是神经和肌肉组织的正常兴奋性有重要作用。矿物质也参与食物的消化和吸收过程，还在维持水的代谢平衡、酸碱平衡、调节血液正常渗透压等方面有重要的生理作用。

1. 常量元素　适量的矿物元素营养供给是维持毛皮动物健康、生长及生产的必要条件。下面对貉容易缺乏且影响较大的几种矿物元素进行介绍。

（1）钙和磷　钙和磷是动物机体中含量最多的两种元素，它们是动物骨骼和牙齿的主要成分，也存在于血液、淋巴液及软骨组织中，对动物体特别是骨骼的生长发育有着极其重要的作用，仔貉及妊娠、哺乳母貉需要量较大。维生素 D 与钙和磷的吸收有非常密切的关系，当日粮的维生素 D 及磷含量不足，而钙的含量过量时，仔貉会行走困难、爬行，严重时会难以站立。缺乏钙、磷或维生素 D 时，貉表现后腿僵直、用脚掌行走、跗关节肿大、腿骨弯曲、产后瘫痪等症状。7～37 周龄的仔貉钙的需求量占日粮干物质的 0.5%～0.6%。钙磷比也非常重要，钙：磷在 1～1.7：1 较好，不在此范围的钙磷比，即使日粮有丰富的维生素 D，也不利于骨的生长。

人工饲养条件下，以动物性饲料为主进行貉的饲养时，一般不会造成钙磷缺乏。但在以低营养水平养貉的农村，由于价格较低的植物性饲料所占比例很大，容易引起钙磷及维生素D的缺乏。在饲料中补充钙磷含量丰富的骨粉或肉骨粉、鱼粉等饲料，同时进行维生素D的补充，可以很好地解决这一问题。一般常用的补充钙磷饲料有磷酸氢钙、碳酸钙、蛋壳粉、骨粉等。

（2）钠、钾、氯　钠、钾、氯以离子状态参与调解细胞内液和细胞外液的渗透压。

钠的主要生理作用是维持细胞与血液间渗透压平衡，维持机体内的酸碱平衡，调节心脏、肌肉活动等，维持神经肌肉的正常兴奋性，特别是维持心脏的正常功能等方面有重要作用；此外，钾还参与凝血过程。钾存在于动物的各种组织中，特别是肝脏、肌肉、血细胞及脑中含量较多。貉机体缺钠或钾时，幼貉肌肉不能充分发育，心脏机能失调，食欲减退，生长发育受阻。

氯在动物体内分布也较广，大部分存在于血液和淋巴液中，另一部分以盐酸的形式存在于胃液中，在食物消化过程中起重要作用。貉机体缺氯时，胃液中盐酸减少，食欲明显减退，甚至造成消化障碍。鱼、肉饲料中含钾丰富，一般不至于造成貉缺钾，为满足氯和钠的需要，可在貉饲料中添加少量食盐，一般食盐添加量占鲜饲料的0.5%，干饲料比例为0.8%～1.2%即可，泌乳期可以适当提高，但需要供应充足的饮水，以防食盐中毒。

（3）镁　镁主要存在于骨骼中，为骨骼正常发育所必需，在机体生命活动中起着重要的作用。大多数饲料均含有适量的镁，能满足貉对镁的需要，所以一般情况下不会发生镁缺乏症，但在有些缺镁地区也可引起镁的缺乏，镁缺乏可使动物血液中的镁含量降低，同时产生痉挛症，致使动物神经过敏、震颤、面部肌肉痉挛、步态不稳与惊厥。貉日粮中钙磷含量过高将降低镁的吸收，引起镁的缺乏。生产中一般推荐貉日粮镁浓度为450mg/kg。

（4）硫　硫是合成含硫氨基酸所必需的元素，如含硫氨基酸合成体蛋白质、被毛和许多激素；长期饲喂含蛋白质很低的饲料或日粮结构不合理时，就容易出现硫缺乏症状。硫缺乏会影响胰岛素的正常功能，导致血糖增高，使黏多糖的合成受阻，导致上皮组织干燥和过度角质化。硫严重缺乏时，动物食欲减退或丧失，掉毛，被毛粗乱、溢泪并因体质虚弱而引起死亡，严重影响毛皮品质。日粮中含硫蛋白质丰富时，貉不会发生缺硫症状。换毛季节前一个月提高日粮中含硫氨基酸的供给，每昼夜加入0.3～0.4g蛋氨酸，能够减轻自咬症和食毛症的发生，同时能促进毛绒生长和加速换毛的过程。

2. 微量元素

（1）锌　仔貉缺锌最明显的症状是食欲降低、生长受阻，缺锌会导致鼻镜干燥、口舌发炎、关节僵硬、趾部肿胀和皮肤不完全角化。日粮中含锌过量可使貉产生厌食现象，对铁、铜的吸收也不利，导致贫血和生长迟缓。锌在貉饲料中建议浓度为50mg/kg左右。

（2）铁　铁是血红蛋白、肌红蛋白及各种氧化酶的组成成分，在血液运输氧及细胞内的生物氧化过程中起着重要的作用。貉在患寄生虫病、长期腹泻及饲料中锌过量、幼貉仅吃母乳的情况下，都可能会出现缺铁性贫血。其症状是肌红蛋白和血红素减少而使肌肉的颜色变得浅淡，皮肤和黏膜苍白，精神萎靡。典型的缺铁除导致贫血外，还会致使貉棉状皮毛，绒毛色彩暗淡，毛绒粗乱，有时还伴有腹泻现象，生长受阻。如果日粮中铁不足时，可用硫酸亚铁、氯化铁等来补充。建议貉饲料浓度为50～100mg/kg较好。

（3）锰　锰的主要作用是促进体内钙、磷的代谢，骨骼的形成，生殖、胚胎发育等过程的进行。机体缺锰时，可使骨骼发育受损、骨质松脆。仔貉缺锰后因软骨组织增生而引起关节肿大，生长缓慢，性成熟推迟。母貉严重缺锰时，发情不明显，妊娠初期易流产，死胎和弱仔率增加，仔貉初生重小。过量的锰可降低食欲，影响钙、磷利用，导致貉体内铁贮存量减少，产生缺铁贫血。貉日粮中缺锰时，可补饲一定量的硫酸锰、氯化锰等。貉建议量为40～50mg/kg。

（4）硒　硒是谷胱甘肽氧化酶的活性成分，该酶具有保护肝脏和红细胞结构与功能的重要生理作用，硒的代谢与维生素E密切相关，有助于维生素E的吸收和贮存，硒与维生素E具有相似的抗氧化作用。我国东北是严重缺硒地区，硒的缺乏对貉产业的损害非常大。貉饲料中缺硒可产生白肌病，患病貉步态僵硬、行走和站立困难、弓背和全身出现麻痹症状等，硒缺乏会降低动物对疾病的抵抗力。仔貉缺硒时，表现为食欲降低、消瘦、生长停滞；母貉缺硒可引起繁殖机能紊乱，空怀或胚胎死亡。

亚硒酸钠是治疗和预防笼养貉缺硒的重要药物，但它又是剧毒药物，用药稍过量即可引起动物中毒，对饲料缺硒貉可皮下注射亚硒酸钠和维生素E，口服亚硒酸盐也很有效。在我国东北地区，在貉饲料中添加硒能很好地预防貉缺硒病的发生，减少仔貉的死亡，提高毛皮质量及母貉繁殖性能。一般饲料中硒的推荐量为0.1mg/kg。

（5）铜　铜对血红蛋白的形成具有催化作用，还与骨骼的发育、中枢神经系统的正常代谢有关，也是机体内许多酶的组成成分，对调解酶活性进而调节机体许多代谢反应有重要作用；铜为毛皮正常色素沉着所必需，也对维持正常生长及产毛有重要作用。缺铜会导致貉生长不良、腹泻、不育、被毛褪色、胃肠消化机能障碍及疾病抵抗力下降等。过量采食含铜量高的饲料，将使肝脏中铜的蓄积显著增加，大量铜转移入血液中使红细胞溶解，出现血红蛋白尿和黄疸，并使组织坏死，动物将迅速死亡。

（6）碘　碘是合成甲状腺素的必需元素，机体70%～80%的碘集中分布在甲状腺内。碘可以促进机体蛋白质的合成，保证脑垂体和生殖腺的正常机能，加速机体生长发育，维持中枢神经系统的正常结构。

缺碘可造成内分泌系统失调，母貉发情不正常或泌乳中断，发情受抑制，不育，胚胎死亡、吸收、流产或产弱小仔貉；公貉性欲减退，精液品质低劣，繁殖力低；幼貉生长发育受阻、骨短小，成兽缺碘，可导致皮肤、被毛及性腺发育不良。

貉的碘缺乏发生在地方性甲状腺肿地区，一般采取的预防措施是在饲料中添加碘，如碘化钠、碘化钾或碘酸钠等，都能取得很好的效果。貉饲料中推荐量为0.2mg/kg。

（7）钴　钴是合成维生素 B_{12} 的必需元素，当日粮中缺乏钴时，貉会产生贫血等症状。钴的缺乏影响动物的食欲，以至体重下降等，添加钴利于子宫恢复，加强雌激素循环，增加繁殖率。貉缺钴可通过添加钴盐饲料来有效地防止。

（五）饲料中维生素对貉的营养作用　维生素是维持动物机体正常生理机能所必需的物质，在机体里的含量很少，但饲料中一旦缺乏维生素，就会使机体生理机能失调，出现各种维生素缺乏症。

维生素可分为脂溶性维生素和水溶性维生素两大类。脂溶性维生素是一类能溶解在脂肪中而不溶解于水的维生素，主要有维生素A、D、E、K等，它们的吸收一般需要脂肪的参与。水溶性维生素包括维生素B族、胆碱及维生素C等，这类维生素都能溶解在水中。

1. 各种脂溶性维生素对貉机体的作用

（1）维生素A　可促进细胞的增殖和生长，保护各器官上皮组织结构的完整和健康，维持正常视力，还可促进幼貉生长，使骨骼发育正常和加强对各种传染病的抵抗力，参与性激素的形成，提高繁殖力。缺乏维生素A时，会引起幼貉生长发育减慢，表皮和黏膜上皮角质化，出现鳞片状皮肤或皮屑，严重的影响繁殖力和毛皮品质。维生素A存在于动物性饲料中，以海鱼、乳类、蛋类中含量较多。成年貉每只每天供给量800～

1 000IU，在补喂维生素 A 的同时，增加脂肪和维生素 E 会提高其利用率。

（2）维生素 D　能维持正常的钙、磷代谢平衡，缺少时不仅出现软骨症，还会严重影响繁殖性能。貉维生素 D 每只每天的供给量应不少于 100～150IU。维生素 D 长期供应不足或缺乏，可导致机体矿物质代谢紊乱。影响生长动物骨骼的正常发育，常表现为佝偻病，生长停滞；对成年貉，特别是妊娠及哺乳期貉则引起骨软症或骨质疏松症。动物肝脏、乳类、蛋类中也含有部分维生素 D。

（3）维生素 E　是一种有效的抗氧化剂，对维生素 A 具有保护作用；参与脂肪的代谢，提高繁殖性能。缺乏维生素 E 的主要症状是母兽虽能怀孕，但胎儿很快死亡并被吸收，公兽的精液品质降低，精子活力减弱，数量减少，乃至消失。此外，由于脂肪代谢障碍，出现尿湿病、黄脂肪病等。维生素 E 的供给量在幼兽生长期及种兽繁殖期最高，每只每天供给 3～5mg，其他时期可减少。植物籽实的胚油含有丰富的维生素 E，目前养殖户可以在市场上直接购买维生素 E 单体进行补充。

（4）维生素 K　又叫抗出血维生素，是维持血液正常凝固所必需的物质。貉维生素 K 缺乏症比较少见，但肠道机能紊乱或长期使用抗生素，抑制肠道中微生物活动，而使维生素 K 的合成减少时，偶尔也有发生。临床症状表现为口腔、齿龈、鼻腔出血，粪便中有黑红色血液，剖检时可见到整个胃肠道黏膜出血。貉饲料中保证供给新鲜蔬菜即可预防维生素 K 的缺乏。

2. 各种水溶性维生素对貉机体的作用

（1）维生素 B_1　又叫硫胺素，貉基本上不能合成维生素 B_1，全靠日粮供给来满足需要。当维生素 B_1 缺乏时，碳水化合物代谢强度及脂肪利用率迅速减弱，出现食欲减退、消化紊乱、后肢麻痹、强直震颤等多发性神经炎症状。貉怀孕期缺乏维生素 B_1，产出的仔兽色浅，生活力弱。糠麸类、豆粉、内脏、乳、蛋及酵

母中维生素 B_1 含量较多。

（2）维生素 B_2 又叫核黄素，貉每只每天给量 2～3mg。缺乏维生素 B_2 时，新陈代谢发生障碍，出现口腔溃烂、黏膜变性等症状。维生素 B_2 广泛存在于青绿饲料及乳、蛋、酵母中。

（3）维生素 B_3 又叫泛酸，缺乏时幼貉虽有食欲，但生长发育受阻，体质衰弱，成年貉严重影响繁殖，冬毛期会使毛绒变白。

（4）维生素 B_6 又叫吡哆醇，抗皮肤炎维生素。缺乏时表现痉挛，生长停滞，并出现贫血和皮肤炎。维生素 B_6 大量含于酵母、籽实、肝、肾及肌肉中。

（5）维生素 PP 又叫尼克酸、烟酸、抗癞皮病维生素、尼克酰胺等。缺乏时，貉出现食欲减退，皮肤发炎，被毛粗糙症状。

（6）维生素 B_{12} 它的主要作用是调解骨髓的造血机能，与红细胞成熟密切相关。缺乏时，红细胞浓度降低，神经敏感性增强，严重影响繁殖力。维生素 B_{12} 仅存在于动物性饲料中，以肝脏含量较高。只要动物性饲料品质新鲜，一般不会缺乏。

（7）叶酸 是防止恶性贫血的一种维生素。籽实及块茎、块根类植物中含有叶酸。

（8）生物素（维生素 H） 对机体各种有机物质的代谢均有影响，广泛存在于富含蛋白质的饲料及青绿饲料中。生物素缺乏或不足会导致貉毛发脆，表皮角化，被毛卷起及折断。貉维生素 H 缺乏引起换毛障碍，背部被毛脱落，残存的被毛脱色，呈灰色，母兽失去母性，空怀率高。

（9）胆碱 胆碱缺乏时，肝脏中会有较多的脂肪沉积，形成脂肪肝，也会引起幼兽生长发育受阻，母兽泌乳量不足。一切天然脂肪饲料中均含有胆碱。

(10) 维生素C 又叫抗坏血酸。它参与细胞间质的生成及体内氧化还原反应，并具有解毒作用。维生素C缺乏时，仔兽发生红爪病。青绿多汁饲料及水果中含量丰富，貉每只每天供给量30～50mg。

(六) 水对貉的营养作用 水是动物不可缺少的营养物质，是机体中多种物质的溶剂，大多数营养物质必须溶于水后才能被机体吸收和利用。同时动物生命活动过程中所产生的代谢废物，也只有通过水溶液的形式排出体外。水可直接参与机体中各种生物化学反应，可调节体温。水存在于各种组织细胞中，使细胞保持一定的形状、硬度和弹性。水能润滑组织，减缓各脏器间的摩擦和冲击等。貉人工饲养时必须保证供给充分的清洁饮水。貉缺水比缺食物反应敏感，严重缺水会导致貉死亡。貉水缺乏会加重中暑、食盐中毒等症状，减缓体中废物的排出；当然如果食物过稀，貉采食时被动饮水过多也会增加貉维生素及微量元素的排出，导致貉正常饲养时营养的缺乏；被动饮水过多也会增加肾脏负担，对貉机体也有不利的影响。

三、貉的饲养标准

貉主要在我国饲养较多，国内外对貉的营养需要及饲料营养标准缺乏深入系统的研究，尚无统一的饲养标准。国内许多学者经过多年的努力，结合我国自身貉饲养及饲料特点，提出了一些经验推荐量，随着研究的深入，毛皮动物饲料中蛋白质及脂肪在日粮中所占的比例日益降低，而碳水化合物比例有提高的趋势，本书结合国内外研究进展及我国当前饲料资源及饲养管理的实际情况，提出如下一些经验标准，现将其归纳整理如表4-1，供各饲养场及养殖户参考。

吉林省农业科学院畜牧分院动物营养研究所杨嘉实等，对乌苏里貉进行过多批次、多场点的饲养试验和消化代谢试验，提出了貉各生物学时期的干粉料饲养标准，见表4-2。

表4-1　貉不同时期饲料营养成分推荐量（%）

品　名	代谢能（MJ/kg）	粗蛋白≥	粗纤维≤	粗脂肪≥	赖氨酸≥	蛋氨酸≥	钙	总磷≥	食盐
成年维持期	13.3	24	8	7	1.3	0.6	0.8～1.2	0.6	0.3～0.8
配种期	13.8	26	6	7	1.6	0.8	0.9～1.5	0.6	0.3～0.8
妊娠期	13.8	28	6	7	1.6	0.9	0.9～1.5	0.7	0.3～0.8
哺乳期	14.1	30	6	7	1.6	0.9	1.0～1.6	0.8	0.3～0.8
育成期	13.7	26	6	8	1.8	0.9	1.0～1.6	0.7	0.3～0.8
冬毛生长期	13.9	24	8	9	1.6	0.9	0.9～1.5	0.6	0.3～0.8

表4-2　乌苏里貉干粉配合饲料饲养标准（%）

营养成分	育成期	冬毛生长期	繁殖期	哺乳期
总能（MJ/kg）	17.57	17.15	17.57	18.41
粗蛋白质	32	28	30	35
脂肪	8	8	7	8
粗纤维	<5	<5	<5	<5
无氮浸出物	36	43	38	32
钙	1.2	1.0	1.0	1.4
磷	0.8	0.6	0.6	1.0
食盐	0.5	0.5	0.5	0.5
赖氨酸	1.66	1.12	1.56	1.82
蛋氨酸	0.54	0.84	0.96	1.12
干粉料比例	90～100	95～100	90～95	85～90
鲜辅料比例	10～0	5～0	10～5	15～10

中国农业科学院特产研究所于1986—1988年，对母貉泌乳期、幼貉育成期和冬毛生长期的能量和蛋白质需要量进行了研究测定，结果见表4-3。

表 4-3　貉能量和蛋白质的需要量

时期＼项目	总能（kJ/kg 干物质）	粗蛋白质（%）
母貉泌乳期（4～6 月）	20 501.6	30
幼貉育成期（6～9 月）	21 756.8	34
冬毛生长期（9～11 月）或准备配种前期	21 756.8	26

表 4-4　貉可消化营养物质的需要量

月份	代谢能（kJ）	可消化营养物质（g/418.4kJ）		
		蛋白质	脂肪	碳水化合物
1	1 571.5	10.12	3.46	5.43
2	1 014.2	10.07	3.50	5.40
3	1 155.6	9.97	3.75	4.91
4	2 536.8	10.00	3.83	4.72
5	2 219.6	9.79	3.62	5.43
6	3 596.1	10.00	3.46	5.56
7～12	2 412.1	9.84	3.72	5.17

注：5、6 月份的营养需要量是母貉及窝内仔兽的共同消耗量。

貉部分营养物质和能量推荐量（参考 NRC，1982 狐营养需要量）（每千克干物质含量），见表 4-5。

表 4-5

时　　期	7～23 周	23 周至成熟	维持（成年）	妊娠	泌乳
代谢能（kJ）	—	—	13 501.8	—	—
粗蛋白质（%）	27.6～29.6	24.7	19.7	29.6	35
维生素 A（IU）	2 440	2 440	—	—	—
维生素 B_1（mg）	1.0	1.0	—	—	—
维生素 B_2（mg）	3.7	3.7	—	5.5	5.5

（续）

时　期	7～23周	23周至成熟	维持（成年）	妊娠	泌乳
泛酸（mg）	7.4	7.4	—	—	—
维生素 B_6（mg）	1.8	1.8	—	—	—
烟酸（mg）	9.6	9.6	—	—	—
叶酸（mg）	0.2	0.2	—	—	—
钙（%）	0.6	0.6	0.6	—	—
磷（%）	0.6	0.6	0.4	—	—
钙磷比	1～1.7：1	1～1.7：1	—	—	—
食盐（%）	0.5	0.5	0.5	0.5	0.5

第二节　貉的饲料特性

一、貉饲料种类及利用

貉属于杂食动物，其饲料种类繁多，按其性质可分为动物性饲料、植物性饲料和添加饲料。

（一）动物性饲料　动物性饲料是貉饲料组成中的重要部分，它对貉的健康、繁殖及毛皮质量有很大影响。人工饲养貉的动物性饲料主要有鱼类、肉类、鱼及肉的下杂、乳、蛋及动物性饲料的干制品，这类饲料蛋白质含量丰富，氨基酸组成比植物性饲料更接近于貉营养的需求，是貉生长和发育获得蛋白质的主要来源。

1. 鱼类饲料　在我国大部分大型毛皮动物饲养场，鲜鱼及冻鱼类产品是貉的主要食物。鱼类饲料含动物性蛋白质较高，含脂肪也比较丰富，还含有维生素 A、维生素 D 及无机盐等，消化率几乎与肉类相同。能量含量因鱼种类不同有很大差异，一般为3.35～3.77MJ/kg。我国水域辽阔，可作饲料的鱼种类繁多，除河豚、马面豚等有毒鱼类外，大部分淡水鱼和海鱼均可作为貉的饲料。

鱼类饲料生喂比熟喂营养价值高，因为过度加热处理会破坏赖氨酸，同时使精氨酸转化为难消化形式，色氨酸、胱氨酸和蛋氨酸对蛋白质饲料脱水破坏性很敏感，但部分海鱼和淡水鱼中因含有硫胺素酶，它们会破坏维生素 B_1，导致貉维生素 B_1 缺乏，所以饲喂时最好能熟制，以破坏硫胺素酶，减少生喂造成的维生素 B_1 缺乏，同时对有些来源不明的鱼类产品，加热可以起到消毒杀菌的作用。

由于不同种类鱼体组织中氨基酸比例的不同，饲喂单一种类的鱼不如饲喂杂鱼好，混合饲喂有利于氨基酸的互补。同时，鱼类饲料与肉类饲料（畜禽下脚料等）混合饲喂，也有利于氨基酸的互补。使用鱼类饲料时，一定要注意鱼不能变质，因为变质的鱼细菌滋生，脂肪酸败，貉采食后易引起食物中毒。喂脂肪酸败的鱼类还会引起脂肪组织炎、出血性肠炎、脓肿病、黄脂肪病和维生素缺乏症等。

2. 肉类饲料 肉类饲料是营养价值很高的全价蛋白质饲料，含有与貉机体相似数量和比例的全部必需氨基酸，同时还含有脂肪、维生素和无机盐等营养物质。瘦肉中各种营养物质含量丰富，适口性好，消化率也高，是理想的饲料原料。貉几乎对所有动物的肉类均可采食，在实践中，可以充分利用人类不食或少食的牲畜肉，特别是牧区的废牛、废马、老羊、羔羊、犊牛及老年的骆驼和患非传染性疾病经无害化处理的病肉，最大限度地利用价格低廉的肉类饲料资源。兔肉是一种高蛋白、低脂肪的优质饲料，利用兔肉及其下杂喂貉效果都很理想，另外公鸡雏，营养价值全面，是貉很好的饲料，可占日粮的25％～30％，配合鱼类饲喂效果更佳，用时要蒸煮熟制。

新鲜的肉类适宜生喂，消化率及适口性都很好，对来源不清楚或不太新鲜的肉类应该进行熟化处理后饲喂，以消除微生物污染及其他有害物质，减少不必要的损失；死因不明，或死亡时间过长，未经冷冻处理的动物尸体禁止饲喂，否则容易使动物感染疾病或发生中毒。

3. 鱼、肉副产品　动物的头部、骨架、四肢的下端和内脏称为副产品，也叫下杂。这类饲料除了肝脏、肾脏、心脏外，大部分蛋白质消化率较低，生物学价值不高，但作为貉的饲料，可以很好地提供部分能量及蛋白质，有自己的特点，比谷物性饲料在部分蛋白质、维生素等方面优越，而且价格便宜，来源广泛，适量地利用好鱼、肉副产品可有效地促进貉的养殖，所以鱼、肉副产品也是很好的貉饲料。

（1）鱼副产品　沿海地区的水产制品厂有大量的鱼头、鱼骨架、内脏及其他下脚料，这些废弃品都可以用来饲养貉。新鲜的鱼头、鱼骨架可以生喂，繁殖期不超过日粮中动物饲料的20％，幼貉生长期和冬毛生长期可增加到40％。新鲜程度较差的鱼副产品应熟喂，特别是鱼内脏保鲜困难，熟喂比较安全。

（2）畜禽副产品　主要有动物的头、四肢下端及内脏等，是较理想的廉价动物性饲料。

①肝脏　含20％左右的蛋白质、5％的脂肪和多种维生素、无机盐，是貉繁殖期及幼貉育成期的必要饲料。新鲜肝（摘除胆囊）可以生喂，由于肝有轻泻作用，故喂量可占动物性饲料的10％～15％，应由少到多逐渐增加，以免引起腹泻。

②心脏、肾脏　蛋白质和维生素的含量都十分丰富，适口性好，易消化吸收，一般在繁殖期喂给，新鲜心脏和肾脏可以生喂。

③肺脏　是营养价值不大的饲料，蛋白质不全价，矿物质少，结缔组织多，消化率较低。肺脏对胃肠还有刺激性作用，易发生呕吐。肺脏一般应熟喂，喂量可占动物性饲料的5％～10％，不宜过多。

④胃、肠　也可喂貉，但营养价值不高，不能单独作为动物性饲料喂貉，胃、肠可代替部分肉类饲料，但其喂量一般不宜超

过貉饲料的30%。新鲜的胃、肠虽适口性强，但胃肠常有病原性细菌，所以应熟喂。

⑤脑　含有大量的卵磷脂和各种必需氨基酸，营养价值很高，对貉毛绒生长和改善毛绒品质有一定好处。特别是对貉的生殖器官的发育也有促进作用，故称为催情饲料，一般在准备配种期和配种期适当喂给。

⑥血　营养价值较高，含蛋白质17%～20%和大量易于吸收的无机盐，还有少量的维生素等。血最好是鲜喂，陈血要熟喂，健康动物的血粉和血豆腐可直接混于饲料内投给，日粮中血可占貉饲料的5%左右。因血中含有无机盐，对貉有轻泻作用，所以不宜超量饲喂。熟制血比鲜血消化率低，繁殖期要少喂。

⑦兔头　是兔肉加工的副产品，可绞碎喂貉，营养价值较高，可按动物性饲料的30%投给。但在繁殖期用量不宜过多，以免因蛋白质缺乏而造成不良后果。

⑧禽类的副产品　如头、内脏、翅膀、腿、爪等均可喂貉，但一定要新鲜、清洗干净。这类饲料可按动物性饲料量的20%左右给予。

⑨子宫、胎盘和胎儿　也可以作为貉的饲料，但主要应该在幼兽生长期使用，配种期和妊娠期不能使用，以免造成流产、死胎等症。

⑩食道、喉头和气管　食道是全价的蛋白质饲料，其营养价值与肌肉无明显区别。喉头和气管也可以作为貉的饲料，在幼貉生长期与鱼类及肉类配合使用能保证幼貉正常的生长发育。

在貉繁殖期，最好不使用如子宫、胎盘、胎儿、鸡头、鸡肠等可能含有激素的副产品，在生长期也要限量使用，以免影响健康，有试验表明生长期使用含雌激素过高的动物副产品，会引起生长期发情及尿湿症，甚至死亡，所以饲喂前必须高温处理，同时要减少用量。

4. 乳、蛋类饲料　乳品和蛋类是貉的全价蛋白质饲料，含有全部的必需氨基酸，而且各种氨基酸的比例与貉的需要相似，同时非常容易消化和吸收。

（1）乳品类饲料 包括牛、羊鲜乳和酸凝乳、脱脂乳、奶粉等乳制品，能提高其他饲料的适口性，促进母兽的泌乳和仔兽的生长发育。如给乳品类饲料时，在日粮中不应超过总量的30%，过量易引起下痢。

乳品夏天容易酸败，要注意保存，禁止用酸败变质的乳品喂貉。鲜奶要加温（70～100℃，10～16min）灭菌，待冷却后搅拌混合入饲料中喂给。

（2）蛋类饲料 是营养极为丰富的全价饲料，容易消化和吸收，在混合饲料中可以提高含氮物质的消化率，蛋类饲料应在繁殖期作为精补饲料有效地利用，只是价格较高，饲喂量推荐每只每天10～20g。短期饲喂蛋类可以生喂，但因蛋清里面含有卵白素，有破坏维生素的作用，故不宜长期生喂，一般鸡蛋热处理对饲喂貉非常必要，因为鸡蛋中含有抗生物素蛋白，把鸡蛋91℃处理至少5min可以使抗生物素蛋白变性，热处理还可以使阻碍貉吸收铁的鸡蛋蛋白变性，有利于铁的吸收。

孵化业的石蛋和毛蛋也可以喂貉，但必须保证新鲜，并经煮沸消毒。饲喂量与鲜蛋大致一样。

对未成熟卵黄（俗称蛋茬子或蛋包），在生长期可以少量使用，繁殖期最好不要使用，特别是妊娠期，容易引起流产及死胎，因为一般在淘汰蛋鸡屠宰分离时，未成熟卵黄很难与卵巢分离，易造成妊娠期母貉雌激素中毒。

5. 干动物性饲料 干动物性饲料主要有鱼粉、肉粉、骨肉粉、肝渣、羽毛粉、蚕蛹粉、干鱼等。新鲜的动物性饲料不易保存和运输，而且使用还受季节和地域的限制，一般饲养场都应适当准备干动物性饲料，作为平时饲料的一部分，以备不时之需。目前，毛皮动物饲料加工企业多以干动物性饲料为主要原料，对促进我国毛皮动物更大范围的养殖有非常积极的意义。

（1）鱼粉　鱼粉是鲜鱼经过干燥粉碎加工而成的，是貉养殖户常用的干动物性饲料。其蛋白质含量一般在60%左右，钙、磷的含量高，钙达5.44%，磷为3.44%，且钙磷比较好；维生素B族含量高，特别是维生素B_2、维生素B_{12}等含量高；其适口性好，营养丰富全价，是貉很好的干粉饲料原料。鱼粉通常含有食盐，一般鱼粉含盐量为2.5%～4%，若食盐含量过高，则会引起貉的食盐中毒，所以含盐量过高的鱼粉不宜用来饲喂，或在饲料中的比例要适当减少。鱼粉的脂肪含量较高，贮藏时间过长容易发生脂肪氧化变质、霉变，严重影响适口性，降低鱼粉的品质。因为市场鱼粉价格较高，掺假现象比较多，用户在购买时要注意产品的质量，尽量减少生产损失。

干鱼体积小，含热量较高，容易保存，饲喂前要用水浸泡，增加其适口性。干鱼的质量非常重要，腐败变质的鱼晒制的干鱼不能作为貉的饲料，以免引起毒素中毒。

目前市场上还有许多鱼类加工副产品，如鱼排粉、鱼浆粉等，都可以作为貉的动物性饲料原料，只是需要根据其营养组成及适口性等进行搭配，满足貉全面的营养需要。

（2）肉骨粉　用不适于食用的家畜躯体、骨、内脏等做原料，经熬油后干燥的产品，一般不得混有毛、角、蹄、皮及粪便等，在鲜鱼肉类产品缺乏时，是很好的貉饲料原料。肉骨粉蛋白质含量一般为40%～60%，因加热过度而不易被动物吸收，同时B族维生素较多，维生素A、维生素D较少，脂肪含量高，易变质，贮藏时间不宜过长。建议饲喂量控制在日粮干物质含量的30%以下。

（3）血粉　以动物血液为原料，经脱水干燥而成。一般蛋白质含量为80%～85%，赖氨酸7%～9%，适口性差，消化率低，异亮氨酸缺乏，氨基酸组成不合理。大型肉联厂每年加工大量的血粉，如果质量没问题，可以作为貉的蛋白饲料，建议添加量在5%以下。目前市场上有血粉的深加工产品，如血细胞蛋白粉、血浆蛋白粉等，均可以在貉饲料中部分添加，对平衡氨基酸有很好的作用。

（4）肝渣粉 生物制药厂利用牛、羊、猪的肝脏提取和肝浸膏的副产品，经过干燥粉碎后就是肝渣粉。这样的肝渣粉经过浸泡后，与其他动物性饲料搭配，可以饲喂貉。但肝渣粉不易消化，喂量过大容易引起腹泻。

（5）蚕蛹或蚕蛹粉 蚕蛹和蚕蛹粉是鱼、肉饲料的良好代用品，蚕蛹可分为去脂蚕蛹和全脂蚕蛹两种，蚕蛹营养价值很高，貉对其消化和吸收也很好，但蚕蛹含有貉不能消化的甲壳质，故用量不宜过多，一般可占日粮的20%。

（6）羽毛粉 禽类的羽毛经过高温、高压和焦化处理后粉碎即成羽毛粉。蛋白质含量80%～85%，含有丰富的胱氨酸、谷氨酸和丝氨酸，这些氨基酸是毛皮动物毛绒生长的必需物质，在每年的春秋换毛季节饲喂，有利于貉的毛绒生长，并可以预防貉的自咬症和食毛症。羽毛粉中含有大量的角质蛋白，不经加热加压处理的生羽毛粉，貉对其消化吸收比较困难，但熟制、膨化、水解或酸化处理后，可提高其消化率。

羽毛粉适口性较差，营养价值较低，一般需与其他动物性饲料搭配使用，建议貉冬毛生长期添加量在5%以下。

（二）植物性饲料 包括各种谷物、油料作物和各种蔬菜，是碳水化合物的重要来源，也是貉热能的基本来源。

1. 谷物类饲料 一般喂貉的谷物饲料主要有玉米面、全麦粉、麦麸、细稻糠、高粱面、豆面、豆饼、花生饼、向日葵饼、亚麻油饼等。其中各种油料作物含有35%～48%的粗蛋白质，富含有利于毛绒生长的含硫氨基酸（胱氨酸和蛋氨酸）以及某些必需的不饱和脂肪酸，但各种油料作物含5%～14%的纤维素，故不宜用量过多，一般不超过谷物饲料的30%。貉在不同饲养时期对谷物的需要量也不同，一般日粮中按50%～60%熟制品的比例搭配。

谷物类饲料以糠、粉的形式混合熟制后饲喂，因为植物性饲料经粉碎和高温蒸制或烘烤后能将细胞壁破坏，使营养物质能直接受消化酶的作用消化吸收。各种谷物饲料混合饲喂，能提高营养价值。

豆类和麦麸的纤维含量较高，有刺激胃肠道加强其蠕动和分泌的作用。但喂量不宜超过谷物饲料量的30%，否则易引起貉消化不良和下痢。

2. 果蔬类饲料 主要包括各种蔬菜、野菜和次等水果。喂貉常采用的蔬菜和野菜有：白菜、大头菜、油菜、菠菜、甜菜、莴苣、茄子、角瓜、西红柿、苦菜叶、胡萝卜、大葱、蒜等，也可用豆科植物的牧草和绿叶等。

青绿新鲜的蔬菜宜生喂，因生喂可避免维生素和可溶性盐类的损失。另外，蔬菜生喂可增加饲料的适口性并有助于消化作用。果蔬类饲料含水量大，多属碱性饲料，所以具有调节饲料容积和平衡酸碱度的功能，对母貉的怀孕、产仔及泌乳都大有好处。

果蔬类饲料利用前必须摘除腐烂部分并充分洗涤，同时要了解是否有残存农药，以防中毒。果蔬类饲料含能量不大，在合理的日粮配合中仅占3%～5%（热量比）。

（三）添加饲料 饲料添加剂可以补充貉必需的而在一般饲料中不足或缺少的营养物质，如氨基酸、维生素、矿物元素、酶制剂、抗生素等。

1. 维生素添加饲料 目前使用较多的维生素饲料有：鱼肝油、酵母、麦芽、棉籽油及其他含维生素的饲料。

（1）鱼肝油 是维生素A和维生素D的主要来源。每天可按800～1 000U/只投喂，最好在分食后滴于盆内饲喂。如果饲喂浓缩或胶丸的精制鱼肝油时，需用植物油低温稀释。如果常年有肝脏和鲜海鱼时，可不必补饲鱼肝油。鱼肝油中的维生素A易被氧化破坏，保管时要注意密封，置于清凉干燥和避光处，不宜使用金属容器保存。使用鱼肝油要注意出厂日期，以防久存失效而造成浪费，禁止饲喂变质的鱼肝油。

（2）酵母　酵母不但是B族维生素的主要来源，而且是浓缩的蛋白质饲料。经常使用的酵母有面包酵母、啤酒酵母、药用酵母和饲料酵母等。

在使用酵母时，除药用和饲用酵母外，均应加温处理，以杀死酵母中所含有的大量活酵母菌，否则貉采食活酵母菌后会发生胃肠膨胀，严重的可导致死亡。此外，不加温处理的活酵母利用率极低，仅有17%的维生素能被利用，经加温处理后的酵母，其维生素可全部被利用。但B族维生素遇碱或热都会被破坏，加温处理应用70～80℃的热水浸烫15min；使用酵母时，要与碱性的骨粉分开喂饲，以防酵母中的B族维生素遭破坏。如将酵母和蔬菜搅拌在一起，饲喂效果更佳。

日粮中供给干酵母时，每只貉按5～8g计算；如用液态酵母，用量应增加5～7倍。日粮以肉类为主时，酵母用量可酌减；以鱼类为主时，应适当增加用量。

（3）小麦芽　是维生素E的重要来源，并含少量的磷、钙、锰和少量的铁，是貉繁殖期用以补充维生素E、提高繁殖力的重要饲料。

小麦芽的制法：将淘洗干净的小麦放入加有少许食盐的清水中，浸泡10～15h，捞出后，平铺于木盘内，厚约1cm，盖上纱布，放于15～20℃的避光处培养。每天洒水2次，始终保持麦粒清洁湿润。经3～4d即可生出淡黄色麦芽。一般1kg小麦可生出2kg黄色麦芽，每千克黄色麦芽中含维生素E 250～300mg。禁止喂根部霉烂或生有网状白色真菌的麦芽。

（4）棉籽油　也是维生素E重要来源。每千克棉籽油一般可含维生素E 3g。喂貉时应采用精制棉籽油，因为粗制棉籽油中含棉酚等毒素。

养貉时也可添加精制品单一维生素或复合维生素制剂，以满足貉对各种维生素的需要。使用维生素精品时，一定要注意按使用说明饲喂。

2. 矿物质饲料 貉需要的矿物质前面已有介绍，常规貉饲料中有些矿物质可以满足，有些则需适当补给。除常规的矿物质饲料如骨粉、食盐等外，目前针对不同地方矿物质供给特点，一般采用无机矿物盐进行补充，如硫酸亚铁用来补充铁的缺乏，硫酸铜用来补充铜的缺乏等等。由于无机矿物盐价格便宜，应用比较广泛。无机矿物盐一般吸收率有限，用有机矿物元素化合物来补充矿物元素比较理想，吸收率较高，只是价格还比较高。

3. 特种饲料 既不是貉生命活动中所必需的营养物质，也不是饲料中的营养成分，但是它对貉机体和饲料有良好作用，如抗生素、酶制剂、益生素和抗氧化剂等。

（1）抗生素 是抑制多种微生物生长的物质。在貉日粮中不定期添加少量的抗生素，可以促进生长，提高幼兽的成活率，防止疾病的发生，同时能延缓饲料的腐败。目前，采用的抗生素有畜用土毒素、金霉素、杆菌肽锌、黏菌素等。

（2）益生素 主要是由乳酸杆菌、双歧杆菌、芽孢杆菌、酵母菌及其他促生长菌种组成，它能有效地抑制病原菌群在肠道的无序繁殖，防止貉肠道疾病的广泛发生，使动物机体保持健康状态，而且没有抗药性，是较好的一种添加饲料。

（3）抗氧化剂（抗酸化剂） 是抑制饲料脂肪酸败的物质。在貉的日粮中供给少量抗氧化剂，可以提高兽群的成活率，防止貉发生脂肪组织炎及黄脂肪病。

（四）全价、浓缩及预混合饲料 貉从野生状态到大密度的人工饲养，给貉的科学饲养提出了一系列问题，其中由于采食范围的缩小及食物种类的单一化而造成的矿物元素缺乏，致使貉发育不良、死亡、繁殖率下降及生产性能下降等给生产造成了很大损失，制约了毛皮动物产业发展。作为养殖户很难全面考虑貉各方面的营养需求，只有根据貉的营养需要和各种饲料营养成分特点合理地调配日粮，才能以最少的饲料消耗，获得最多的产品和最好的经济效果。全价、浓缩及预混合饲料的应用就可以有效地解决这一问题。

全价、浓缩及预混合饲料，采用容易常温贮存的鱼粉、肉骨粉、膨化大豆、膨化玉米、维生素及微量元素等配制蛋白质及能量适宜的干粉或颗粒全价饲料，以动物及植物蛋白质饲料为主的浓缩饲料及以维生素、矿物质、酶制剂等为主的预混合饲料，为养殖户全面科学地解决了营养的难题。科学配制的商用全价、浓缩及预混合饲料能生产出优质的貉毛皮，同时降低养殖的饲料成本，减少劳动生产成本，增强人为控制因素，解决目前阻碍我国貉养殖业发展的鲜饲料资源严重短缺问题，促进了我国貉养殖业健康发展。

1. 貉全价饲料　指由蛋白质饲料、能量饲料、矿物质饲料和添加剂预混料按不同时期貉营养需求配合成的一种饲料混合物。

2. 貉浓缩饲料　指由两种或两种以上蛋白质饲料、能量饲料、矿物质饲料或添加剂预混料按一定比例组成的饲料，通过与其他能量或蛋白质饲料等混合后能满足貉主要营养需求的一种蛋白含量较高的混合物。

3. 貉预混合饲料　指两类或两类以上的微量元素、维生素、氨基酸或非营养性添加剂等微量成分加入载体或稀释剂的均匀混合物。

二、饲料的品质鉴定

貉的大部分动物性饲料是以鲜、湿的状态进行饲喂的，一旦这些饲料腐败变质，将会给动物的健康、生长和繁殖造成很大的危害。因此，对所喂饲料的品质进行鉴定、检验非常重要。鉴别饲料品质的方法很多，除感观鉴定外，还有物理学、化学、细菌学和寄生虫鉴定等。现仅就能为广大养殖户及饲养场采用的感观鉴定分述如下。

(一)肉类饲料的品质检验 肉类饲料应当是新鲜优质的，不应有腐败变质的现象。感官检验主要根据肉的性状、色泽、气味等方面加以鉴别（表4-6）。

表4-6 肉类新鲜程度鉴别

项目	新 鲜	不新鲜	腐 败
外观	表面有微干燥的外膜，呈玫瑰红或淡红色，肉汁透明，切面湿润、不黏	表面有风干灰暗的外膜或潮湿发黏，有时生霉，切面色暗、潮湿、有黏液，肉汁浑浊	表面很干燥或很潮湿，带淡绿色，发黏发霉，断面呈暗灰色，有时呈淡绿色，很黏、很潮湿
弹性	切面质地紧密有弹性，指按压能复原	切面柔软，弹性小，指按压不能复原	切面无弹性，手轻压可刺穿
气味	无酸败或苦味，气味良好，具有各种肉的特有气味	有较轻的酸败味，略有霉气味，有时仅在表层，而深层无味	深、浅层均可嗅到腐败味
色泽	色白黄或淡黄，组织柔软或坚硬，煮肉汤透明芳香，表面集聚脂肪	呈灰色，无光泽，易黏手，肉汤稍有浑浊，脂肪呈小滴浮于表面	污秽，有黏液，常发霉，呈绿色，肉汤浑浊，有黄色或白色絮状物，脂肪极少浮于表面

(二)鱼类饲料的品质检验 各种鱼的新鲜度，可根据眼、鳃、肌肉、肛门和内脏等状况进行鉴别（表4-7）。

表4-7 鱼类新鲜程度鉴别

项目	新 鲜	次 鲜	近于腐败	腐 败
体表	有光泽，黏液透明，有鲜腥味，鳞片完整不易脱落	光泽减弱，黏液较透明，稍有不良气味，鳞片完整	暗灰色，黏液浑浊浓稠，有轻度腐败味，腹部稍呈膨大	黏液浑浊，黏腻，有明显腐败味，鳞片不完整、易脱落，胸部明显膨大

（续）

项目	新 鲜	次 鲜	近于腐败	腐 败
眼	眼球饱满突出，角膜透明	眼球发暗、平坦	眼球轻度下陷，角膜微浊	眼球塌陷，角膜混浊
腮	鲜红或暗红色	暗灰红色，带有浑浊黏液	淡灰褐色，黏液有异味	呈灰绿色，黏液有腐败味
肌肉	肉质坚硬有弹性	硬度稍差，但不松弛	肉质松软多汁，指压后的凹陷恢复差	组织柔软松弛，指压后的凹陷不能恢复，肉和骨附着不牢，肋骨脱出
肛门	紧缩	稍突出	突出	外翻
内脏	正常	肝脏外形有所改变	肝脏和肠管有分解现象，内脏被胆汁染成黄绿色	肝脏腐败分解，胃肠等变成无构造的灰色粥样物

（三）乳的品质检查 乳的新鲜度应根据色泽、状态、气味及滋味判断（表 4-8）。

表 4-8 乳品新鲜程度鉴别

项 目	正常乳	不正常乳	
		变 化	原 因
色泽	乳白色并稍带微黄	蓝色、淡红色、粉红色	细菌、乳房炎或饲料引起
状态	均匀一致，不透明，液态，无沉淀，无杂质，无凝块	黏滑，有絮状物或多孔凝块	细菌
气味及滋味	特有香味，可口稍甜	葱蒜味，苦味，酸味，金属味，外来气味	饲料、细菌、容器引起，或贮存不当

（四）蛋类饲料的品质检验 新鲜的蛋壳表面有一层粉状物，蛋壳清洁完整，颜色鲜艳。打开后蛋黄凸起、完整并带有韧性，蛋白澄清透明、稀稠分明。受潮蛋蛋壳灰污并有油质，打开后可见蛋清水样稀稠，弹壳内壁发黑粘连，常可嗅到腐败气味。

（五）干动物性饲料和干配合饲料的品质检验 目前，我国没有统一的毛皮动物饲料标准，毛皮动物饲料生产企业一般以企业标准进行生产，具有较大的随意性。而毛皮动物对饲料的消化吸收利用在不同饲料之间有很大的差别，一般动物性消化饲料吸收较好，植物性饲料吸收较差，但饲料生产单位对饲料的评价不是以消化利用为基础的，而是以粗蛋白质为基础，具有很大的不准确性，所以正确评价一种饲料的好坏及安全非常重要。对于小型养殖户，我们可以从以下几个方面来检验一个饲料的好坏。

1. 眼看 根据原料的色泽可大概判断动物源性原料与植物原料所占比例。但色泽不是决定饲料好坏的唯一标准；看看色泽是否均匀一致；颗粒度是否均匀，有否结块、发霉现象；包装体积如何，如太大可能是膨化玉米等植物原料含量过多，如太小可能是玉米膨化度不够。

2. 鼻闻 正常的毛皮动物干粉饲料中常用鱼粉香、鱼腥香、奶香、奶甜香、果香、鸡肉香、牛肉香、猪肉香、大豆香、大蒜素等调味剂，对毛皮动物进行诱食，调整饲料适口性。因此，不要根据气味来判断某种原料的多与少。要抛开香味剂气味，闻闻有没有其他气味，如发霉气味、油脂哈喇味、酒糟味、氨气味（尿素等非蛋白氮形成的）及其他异味。好的产品能闻到膨化玉米、膨化大豆及油脂的特有香味。

3. 手攥 好的产品在手上有重量感，不发飘，用手攥后松开成型，留有手印，同时手上黏有油脂（繁殖期油质量稍低除外）；否则，质量欠佳。

4. 嘴尝 看饲料是否过咸，或有涩味、苦味等异常味道。

5. 水泡 好的产品加 3 倍水后，呈粥状，饲料黏稠度以能立住方便筷子为正好。过干说明饲料中玉米等植物性原料过多，因为植物原料吸水量远远高于动物原料；太稀且不黏稠，说明玉米膨化度不够。

6. 喂 好的饲料适口性非常好，有时不需要过渡，大多数毛皮动物换料直接吃，个别动物最多需要一两天时间过渡期。否则，大多数不采食，甚至拒食，但病兽除外。

7. 不腹泻 能保证动物具有良好的吸收率，生长旺盛，毛色光洁柔顺。有一些饲料粗蛋白质水平较高，但貉吸收率很低，反映出来的饲养效果就是生长迟缓，毛色无光泽，易腹泻等症状。饲养效果还可以通过采食饲料的动物有无营养性缺乏疾病，饲养动物死亡率是否高来判定。一般生长期毛皮动物死亡率在1%～3%，在没有重大传染性疾病或异常死亡的情况下，超过这个比率时，很大程度上与饲料营养性缺乏有关，特别是微量元素和维生素的缺乏。

（六）谷物饲料的品质检验 谷物饲料在贮存不当的情况下，受霉菌等微生物的作用，易引起发热和变质。检验谷物饲料时，主要根据色泽是否正常，颗粒是否整齐，有无霉变及异味等加以判断。凡外观检查变色、发霉、生虫，嗅有霉味、酸臭味，舔尝有酸苦等刺激味，触摸有潮湿感或结成团块者，均不能利用。

（七）果蔬饲料的品质检验 新鲜的果蔬饲料具有本品种固有的色泽和气味，表面不黏。失鲜或变质的果蔬，色泽灰暗发黄并有异味，表面发黏，有时发热。

三、貉饲料的贮存

由于许多种类的饲料不可能保证全年均衡供应，加上价格及运输等方面的原因，使得在一定时期内对某些种类的饲料进行适当的贮存显得十分必要。

（一）动物性鲜饲料的贮藏 动物性鲜饲料鱼、肉及动物下杂等极易腐败变质，而又难以保证持续供应，因此貉饲养场要做好动物性鲜饲料的保存贮藏工作。常用的贮藏方法有低温、熟化、干燥和化学处理等方法。

1. 低温贮存 低温可以抑制微生物对鲜饲料的分解作用，同时也抑制了贮存饲料自身的酶解作用，因而可防止饲料变质或产生有害物质。大、中型貉饲养场往往使用冷库贮存饲料，可以较长时间有效保存鲜饲料。饲料用量少时可用冰箱、冰柜保存饲料。需要注意的是，动物性鲜饲料在低温下也会氧化变质，只是速度比较缓慢，通常在－18℃以下贮存不宜超过6个月，采食氧化变质的鲜动物性饲料后，易导致貉维生素E缺乏，造成黄脂肪病，严重影响毛皮动物生产。

2. 熟化贮存 高温可杀灭各种微生物，新购回的新鲜鱼、肉一时喂不了时，可放锅中蒸（或煮）熟，取出存放于阴凉处，或者将鱼、肉煮熟后，取出后放在阴凉处。用高温处理饲料后只能短时间保存，是临时性的，不能放置过久。

3. 干燥贮存 干燥条件下，附于饲料上的微生物死亡或失去生存和繁殖条件，饲料本身也因干燥不能发生氧化分解作用。因此，饲料干燥后（水分含量低于12%）可长时间保存，不易发生变质。制作干制饲料的方法如下：

（1）晾晒 将饲料切割成小块，置于通风处晾晒。大鱼应剖开除去内脏后晾晒，小鱼可直接晾晒。晾晒饲料方法简单，但太阳照射往往易发生氧化酸败，使饲料营养价值降低。

（2）烘烤 将鱼、肉、内脏下杂等饲料煮熟，切成小块置于干燥室烘干。干燥室须有通风孔，以利于排出水分，加快干燥速度。

4. 化学处理贮存 利用盐腌制可以抑制细菌的繁殖或生长，杀死病原微生物，起到鲜饲料保存作用。具体做法可以将鲜饲料置于水泥池或大缸中，用高浓度盐水溶液浸泡，以液面没过饲料为度，用石头或木板压实，这种方法可以保存饲料1个月以上。但盐渍时间越长，饲料中盐分含量越高，使用前必须用清水浸泡，脱盐至少要 24h，中间换水数次并不断搅动，脱尽盐分，否则易使貉发生食盐中毒。

对鲜鱼可以用 4%～6%醋酸钠溶液（pH7～10）浸泡 1h，捞起放置在通风干燥处，可短期保存鲜鱼，使用前用清水漂洗后使用，可经济有效地保存鲜鱼。

（二）谷物饲料的贮存 植物性饲料只有其含水量降到 12%以下时，才容易长时间保存；否则，饲料与空气接触吸湿变质。贮存饲料的库房必须阴凉、通风、干燥，地面搭设板架，勿使饲料袋接触地面。特别应注意堆放层数不能太多。要经常翻动，及时晾晒，以免受潮变质。

（三）果蔬饲料的贮存 供给貉的瓜果蔬菜，最好随用随收。一时用不了应放在阴凉通风处，不要堆放，防止变质、发酵，引起貉食用后亚硝酸盐中毒。还要防鼠害，降低粮食的消耗，防止病害蔓延。在我国北方，冬季应将果蔬贮存于菜窖里，以便供给冬季使用。

四、饲料的加工与调制

饲料的供应与组成对貉的健康、繁殖及毛皮质量有很大影响。所以饲养人员必须依据其生物学特性，不同生物学时期的营养需要，合理地配制和供应饲料。正确合理地配制和加工饲料，才能以最少的饲料消耗，获得最佳的经济效益。因此，饲料的加工调制很重要。

（一）饲料的加工

1. 鱼、肉类饲料的加工 将新鲜海杂鱼和经过检验合格的牛羊肉、碎兔肉、肝脏、胃、肾、心脏及鲜血等（冷冻的要彻底解冻），洗去泥土和杂质，粉碎或绞碎后直接生喂。品质虽然较差，但还可以生喂的肉、鱼饲料，首先要用清水充分洗涤，然后用 0.05%的高锰酸钾溶液浸泡消毒 5～10min，再用清水洗涤一遍，方可绞碎加工后生喂。淡水鱼和腐败变质、污染的肉类，需经熟制后方可饲喂。淡水鱼熟制时间不必太长，达到消毒和破坏硫胺素酶的目的即可。消毒方式要尽量采取蒸煮、蒸汽高压短时间煮沸等方式。

死亡的动物尸体、废弃的肉类和痘猪肉等应用高压蒸煮法处理。质量好的动物性干粉饲料（鱼粉、肉骨粉等），可与其他饲料直接混合调制喂食。

自然加盐晾晒的干鱼，一般都含有5%～30%的盐，饲喂前必须用清水充分浸泡。冬季浸泡2～3d，每天换水2次；夏季浸泡1d或稍长一点时间，换水3～4次，彻底去盐后可以饲喂。没有加盐的干鱼，浸泡12h达到软化的目的后饲喂。浸泡后的干鱼经粉碎处理，再同其他饲料合理调制供生喂。

对于难以消化的蚕蛹粉，可与谷物混合蒸煮后饲喂。

品质差的干鱼、干羊肉等饲料，除充分洗涤、浸泡或用高锰酸钾溶液消毒外，需经蒸煮处理，以增加适口性。

高温干燥的猪肝渣和血粉等，除了浸泡加工之外，还要经蒸煮，以达到充分软化的目的，这样能提高消化率。

表面带有大量黏液的鱼，按2.5%的比例加盐搅拌，或用热水浸烫，除去黏液；味苦的鱼，除去内脏后蒸煮，熟化后再喂。这样既可以提高适口性，又可预防动物患胃肠炎。

2. 乳品和蛋类饲料的加工　新鲜的牛乳、羊乳等喂前要进行消毒处理，一般是用锅加热至70～80℃，保持15min，冷凉后加入饲料中饲喂。乳粉用温开水按1∶7～8的比例溶解稀释后加入混合饲料中饲喂。蛋类主要有鲜蛋、无精蛋、毛蛋等均要煮熟后饲喂。

3. 果蔬类饲料的加工　蔬菜要除掉根和腐烂部分，洗去泥土和杂质，冲洗掉有害的农药或化肥后绞碎生喂。菠菜有轻泻作用，最好用热水烫一下再与其他饲料混匀饲喂。水果要切去腐烂部分，洗净泥土和有害农药后绞碎生喂。西红柿、西葫芦和叶菜类搭配利用效果好。

4. 谷物性饲料的加工　作物的籽实要粉碎成细末，成粉状，最好几种谷物混合搭配饲喂，效果好。谷物饲料要充分熟制利用，否则半生半熟时，貉食后易引起胃肠膨胀或发生肠炎，对貉健康不利。熟化常用的方法有膨化、焙炒和蒸煮。

（1）膨化法　是利用高温、高压下挤出，挤出时瞬间压力突然减小而使粮谷类膨胀，破坏了淀粉的结晶结构的方法。该法效果最好，但膨化机等一次性投资及运转成本较高。

（2）焙炒法　粮谷类在炒锅内焙炒，或用微波、红外线加热一定时间而糊化的方法。该法比较经济但应注意加热时间，掌握好糊化标准。

（3）蒸煮法　该法较适用于鲜饲料的配制。

5. 维生素类饲料的加工　水溶性维生素有维生素 B_1、维生素 B_2 和维生素 C 等，可先溶于 40℃以下的温水中，然后在喂食前拌入饲料中饲喂。脂溶性维生素有维生素 E、维生素 A、维生素 D 等，浓度较高，可用豆油稀释并浸泡后在喂食前加入饲料中喂貉。药用酵母和饲料用酵母可在饲喂前直接加入饲料中混匀喂貉。

6. 无机盐饲料的加工　食盐要准确称量并充分化成盐水后加进混合饲料中，一定要搅拌均匀。注意不允许将盐粒直接拌入饲料中利用。骨粉和骨灰可按量直接加入饲料中，但注意不要和维生素 B_1、维生素 C 及酵母混合在一起调剂，以防有效成分遭到破坏。

（二）饲料的调制　通过上述加工后的饲料，要严格过秤，绞碎混合。小型养貉场可将几种饲料混在一起绞制；大型养貉场可先绞鱼、肉类饲料、畜禽副产品，然后再绞谷物制品和蔬菜等饲料，最后加水、维生素或无机盐类饲料，搅拌均匀后饲喂。

在饲料加工调制过程中要注意：

1. 严格按饲料单规定的饲料品种和数量调制，不能随意改动。

2. 调制速度要快，尽量缩短加工时间。每次调制应在临分食前完成，不得提前，以免因时间过长造成营养物质损失。

3. 配料准确，拌料均匀，浓度适中。繁殖期浓度宜稀些，非繁殖期宜稠些。

4. 维生素、乳类、酵母等饲料必须在临喂食前加入，并要搅拌均匀，以防过早混入饲料中被氧化破坏或食入量不等造成不良后果。

5. 冷热、生熟、温差较大的饲料，在存放时要分别放置，待温度接近时再放在一起搅拌。

6. 解冻后的饲料，在调料室里存放时间不要超过24h，以防时间过长而饲料变质。

7. 饲料和用水必须卫生，不准利用发霉变质的饲料，用水要清洁卫生。

8. 饲料调配室要保持清洁卫生，加工饲料用过的器械、工具等要及时清洗，定期用高锰酸钾或碱水消毒。

第三节　貉的日粮配制

配制饲料需利用好当地饲料资源优势，利用容易获得、稳定、价格便宜、营养价值高、适口性好的饲料进行综合配制。养殖户可以自己配制日粮，只要能满足貉的营养需求，降低饲料成本，最大限度地发挥动物的生产性能，就是好的配方。当然饲料的配制需要遵循一定的科学规律，满足动物不同生产时期的营养需求，我们所提供的饲粮配方，仅作为参考，养殖过程中应该根据各地的饲料特点综合考虑，下面简要介绍貉饲料配制的依据及方法。

一、貉日粮的配制依据

貉饲料的配制不是没有根据随意进行的，我们必须结合貉的生活及生产特点、采食习惯、营养需要等方面进行综合的考虑，才可能配制一个好的饲料。无论是以鲜动物性饲料为主设计的饲料配方，还是设计以干饲料为主的饲料配方，都必须考虑以下几个方面的因素。

（一）配制饲料应考虑日粮的适口性及貉采食的习惯 和所有动物一样，貉饲料中适口性差的饲料配比过多，会引起采食减少，以至拒食，营养再高的饲料，动物不愿采食，不能发挥动物的生产性能，也不算是好的饲料。在设计饲料配方时应选择适口性好、无异味的饲料，对适口性差的饲料可少加或添加调味剂，以提高其适口性，如豆饼、大豆等植物性蛋白质类饲料，可以限制在一定比例内使用。同时应结合生产实际经验，考虑饲料的适口性及貉采食的习惯，并通过合理加工方式（如膨化）来提高饲料适口性，合理调配日粮，使貉爱吃。

（二）参考貉的饲养标准确定不同时期的营养需要量 貉在不同的生物学时期，由于其生长速度、生产目的等不同，对各种营养物质的需要量有很大的区别。饲养标准制定出了貉在不同生物学时期的营养需要量，它是建立在大量饲养试验、消化代谢试验等结果之上，结合生产实际得出的能量、蛋白质及各种营养物质需要量的定额数值。只有确定了科学的营养需要标准，才能设计出生产效果和经济效益均好的饲料配方。比如膨化玉米适口性很好，但貉如果仅采食玉米，不能满足其蛋白质的营养需要，生长及生产会受到阻碍。在设计饲料配方时，应根据具体情况，适当利用饲养标准或营养推荐需要量所列数值进行参考，配制出科学合理的配方，以发挥貉的生产性能。

（三）必须结合貉不同生物学时期的生理状态及消化生理特点，选用适宜的饲料原料 选择的饲料原料必须经济、稳定、适口性好，这是设计优质、高效饲料配方的基础。比如仔兽需要消化好、营养丰富的饲料提供生长所需的能量及蛋白质，而冬毛期饲料主要提供毛生长所需的蛋白质及氨基酸，同时增加脂肪水平，使得貉能贮藏足够的脂肪和能量越冬。

（四）饲料成分及营养价值表 饲料成分及营养价值表客观地给出了各种饲料的营养成分含量和营养价值。在配制饲料时，应先结合貉的生理时期、饲料价格及饲料的营养特点，选取所要用的饲料原料，再结合饲料成分或营养价值计算所设计饲料配方是否符合貉饲养标准中各营养物质规定的要求，并进行相应调整。对于同一饲料原料，生长季节、地区、品种、进货批次等的不同，其营养成分也不尽相同；有条件的单位可进行常规饲料成分分析，如没有条件，可选用平均参考值进行计算。计算混合饲料的营养成分往往与实测值不同，在大型生产场应进行配制后检测，保证貉饲料营养供给平衡的准确性。

（五）所选饲料应考虑经济的原则 应尽量选择营养丰富而价格低的饲料进行配合，以降低饲料成本，同时饲料的种类和来源也应考虑到经济原则，根据实际情况，因地制宜、因时制宜地选用饲料，保证饲料来源的方便、稳定。合理配合日粮，要尽可能利用当地饲料资源，就地取材，以降低饲养成本。饲料品种要力求多样化，品质要新鲜。

（六）日粮组成的饲料原料尽可能多样化 在进行日粮配合时，作为单一饲料原料，如能量饲料、蛋白质饲料及含矿物质、微量元素丰富的饲料等，它们所提供的营养物质各有偏重，过于单一的饲料原料，有可能配合不出所需营养含量的日粮。同时在营养要求全面时，几种饲料原料有时也难以配合出所需营养全价的日粮，所以在日粮配合时，尽可能用较多的可供选择饲料原料，以满足不同的营养需求。同时也要注意保持饲料的相对稳定，避免主要饲料品种的突然变化，否则将会引起适口性降低。

二、貉日粮的配制方法

貉的日粮配制，要根据鲜干饲料搭配、动物性饲料和植物性饲料搭配的方法进行配制，充分满足其不同生物学时期的营养需要。日粮组成应结合当地饲料品种而定，做到新鲜、全价，科学地合理搭配，力求降低成本，保证营养需要。

（一）饲料配制的准备

1. 确定营养指标　进行饲料配制首先应找一个相对科学、准确的标准，如狐的饲养标准或由权威科研机构提出的推荐营养需要量，有时由生产实践或科研实践得出的数据、结论也可作参考材料。总之，应有一个相对准确、科学的依据。

2. 确定饲料的种类　饲料种类可根据营养指标、饲料价格、季节特征等进行综合考虑，既有人为因素，又有每个饲养场本地饲料资源、价格等因素限制。比如要求配制一个貉育成期营养水平的日粮，仅用玉米和淀粉是不可能达到26%蛋白质水平的，一定要有较高蛋白质水平的饲料原料，如大豆或鱼粉等，同时也应考虑价格因素、适口性等，比如鱼粉价格较贵，血粉适口性差等，在进行配合前应有一定的现场实践经验，否则配一个日粮貉不爱吃，达不到预期生产目的。在确定饲料种类时，同时应考虑貉场当地的饲料资源情况，如当地屠宰场肉渣粉价格低廉、新鲜、适口性好、运费低，完全可以优先大量使用。对新的饲料资源，应进行少量的试验性饲喂，观察其采食情况再决定是否大量使用，如酒糟、猪毛粉等，应尝试性饲喂。

3. 查营养成分表　大多常规饲料的营养成分从网上可以查阅，对没有营养成分分析表的饲料，必要时可找有分析能力的科研部门检测，对大型貉场最好对各种饲料取样分析。饲养场参考的资料应尽可能是本地区、本品种及相似自然条件下的饲料营养成分价值表。

4. 确定饲料用量范围　根据生产实践，饲料的价格、来源、库存、适口性、营养特点、有无毒性、动物的生理阶段、生产性能等，来确定饲料的用量范围，有时虽用某种饲料进行配合能满足貉的营养需要，但对貉来说消化有问题、有毒性或适口性差等，均会造成意想不到的后果。

（二）饲料配方的计算方法 饲料配方的计算是根据貉的营养需求，结合所选饲料的营养物质含量，综合计算各种饲料的配制比例，从而达到配制出满足貉的营养需求的饲料配方。下面分别介绍几种计算方法。

1. 重量配比简单估算法 对于小型饲养场和个体养殖户，可以用计算方法简便、容易掌握的重量配比简单估算法来搭配饲料。下面做一简单介绍。重量配比法是依据重量进行计算，依据貉各生物学时期的营养需要，确定各种饲料占整个日粮重量的比例，再计算一只貉一天供给的饲料总数量，重点核算蛋白质含量。

下面举例说明某貉饲养场妊娠期所用的配合饲料表。

由营养需要推荐量知道每只种貉每天给饲量 400g，其中蛋白质 70～80g。动物类饲料占日粮总量的 40％、植物类占 50％、果蔬占 10％。详见表 4－9。

表 4－9　母貉妊娠期饲料表

饲料种类		蛋白质（％）	占日粮（％）	每天每只饲量（g）	蛋白质含量（g）
动物类	鲜杂鱼	18	20	80	14.4
	肉粉	50	10	40	20
	鸡肠	22	10	40	8.8
植物类	膨化玉米	8	30	120	9.6
	麦麸	14	10	40	5.6
	豆粕	42	10	40	16.8
果蔬类		1	10	40	0.4
合计			100	400	75.6

另外，加维生素、豆汁、酵母、骨粉、食盐。通过计算投料中含粗蛋白质为 75.6g，达到了蛋白质的要求标准。每天每头用量乘上全场饲养貉总头数，就得出每天全场饲料的总需要量，最

后按早食占40%、晚食占60%的投给量分别喂饲。

2. 交叉配合法　交叉配合法又叫四角法或对角线法，在饲料种类较少时可非常简便地计算出饲料配比；在采用多种饲料时也可用此法，但需要反复两两组合，比较麻烦，而且不能同时配合满足多项营养指标的饲料，如蛋白质水平满足，但能量水平可能不满足或大量超出。

(1) 两种饲料配合　如用膨化玉米、鱼粉为原料给貉育成期配制一混合饲料。其步骤如下：

①查貉育成期饲养标准或营养需要量（或推荐量），得知这一时期貉要求蛋白质水平应达26%，经取膨化玉米、鱼粉进行成分分析，或查饲料营养成分表得知玉米粗蛋白质水平为8%、鱼粉为64%。

②如下图画一个叉，交叉处写上所需混合饲料的粗蛋白质水平（26），在叉的左上下角分别写上膨化玉米及鱼粉的粗蛋白质水平（8和64），然后依交叉对角线进行计算，大数减小数，所得数分别记在叉的右上下角，如下所示：

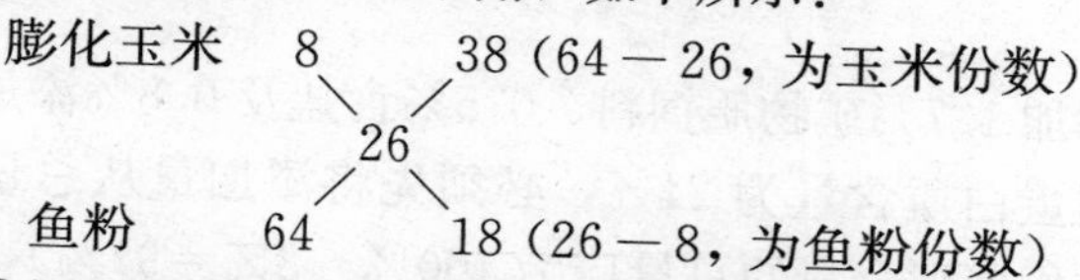

③用上面计算所得差数，分别除以两差数之和，就得出两种饲料混合的百分比。

玉米＝38/（38＋18）×100%＝67.86%

鱼粉＝18/（38＋18）×100%＝32.14%

由此得出，欲配制粗蛋白质为26%貉育成期饲料，膨化玉米应占67.86%、鱼粉应占32.14%。

(2) 多种饲料分组的配合　如要用膨化玉米、次粉、膨化大豆、肉粉、鱼粉、矿物质原料及添加剂给冬毛期貉配制一粗蛋白质水平为24%的混合饲料。

①先把上面饲料原料分成三类：低粗蛋白质水平能量饲料

(膨化玉米、次粉)、蛋白质类饲料(膨化大豆、肉粉和鱼粉)、矿物质及添加剂类饲料;然后根据饲料价格、生产经验、貉的生理特点及饲料混合限量等综合考虑,给出能量饲料、蛋白质类饲料的固定组成。查出各饲料原料的蛋白质含量。矿物质饲料占混合料 1.7%、添加剂占混合料的 0.8%、食盐占 0.5%,共计 3%。

表 4-10 经验饲料分类表

分 类	饲料原料	粗蛋白质含量(%)	分类后经验指定百分组成(%)	混合粗蛋白质含量(%)
能量饲料	膨化玉米	8	80	9.4
	次粉	15	20	
蛋白质饲料	膨化大豆	36	40	51.2
	肉粉	60	40	
	鱼粉	64	20	

②计算出未加矿物质、食盐及添加剂前混合饲料中粗蛋白质应有的含量。

要保证添加 1.7%矿物质饲料、0.5%食盐及 0.8%添加剂后的混合料的粗蛋白质含量为 24%,必须先将添加量从总量中扣除(即未加它们前混合料的总量应为 100%-3%=97%),那么未加 3%不含粗蛋白质饲料时混合料粗蛋白质含量应为 24/97×100%=24.74%。

③将混合能量饲料与混合蛋白饲料做交叉计算。

混合能量饲料 9.4 ╲ ╱ 26.46(51.2-24.74 混合能量饲料份数)

24.74

混合蛋白饲料 51.2 ╱ ╲ 15.34(24.74-9.4 混合蛋白饲料份数)

混合能量饲料%=26.46/(26.46+15.34)×100%=63.3%

混合蛋白饲料%=15.34/(26.46+15.34)×100%=36.7%

④计算混合料中各成分的比例

膨化玉米应为　80%×63.3%×97%=49.12%
次粉应为　20%×63.3%×97%=12.28%
膨化大豆应为　40%×36.7%×97%=14.23%
肉粉应为　40%×36.7%×97%=14.23%
鱼粉应为　20%×36.7%×97%=7.12%
矿物质应为　1.7%
食盐应为　0.5%
添加剂应为　0.8%

上面交叉法易满足单一营养指标，而且直观、简单，在要求同时考虑能量、蛋白质及其他营养指标时，生产中用得较多的是试差法，或叫凑数法。

3. 试差配合法　试差法先根据生产实践及参考饲料营养物质含量，凭经验拟出各种饲料原料的比例，将各种原料同种营养成分与各自比例之积相加，即得该配方这种营养成分的总含量，将各种营养成分照此计算后结果与饲养标准或营养需要量对照，如果有任一营养成分超过或不足，可通过减少或增加相应原料比例进行调整，重新计算，直到所有营养指标都基本满足要求为止。这种方法简单明了，但计算量大，缺乏配方经验时盲目性较大，成本也可能较高。

例如，为貉育成期配制一全价日粮

(1) 查饲养标准或营养需要量和育成期营养需要，确定每千克干物质代谢能为13.7MJ/kg、粗蛋白质为28%、脂肪为8%、钙为1.2%、磷为0.7%、赖氨酸1.8%、蛋氨酸为0.9%、食盐为0.5%、添加剂为1%。

(2) 确定使用饲料原料，并查出其各营养成分的含量，如表4-11。

(3) 确定部分原料的配比，根据经验，由于鱼粉较贵，一般比例不超过10%，食盐及添加剂比例固定，分别为0.5%及1%。

表 4－11　所使用饲料原料的各营养成分及试配结果

原　料	试配日粮比例（%）	代谢能（MJ/kg）	蛋白质（%）	粗脂肪（%）	钙（%）	磷（%）	赖氨酸（%）	蛋氨酸（%）
膨化玉米粉	45	13.2	8.3	3.5	0.02	0.27	0.24	0.164
小麦次粉	10	10.2	15	2.1	0.08	0.52	0.52	0.16
膨化大豆粉	15	18.2	36.5	18	0.2	0.4	2.3	0.66
鱼粉	10	13.5	64	10.36	5.45	2.98	4.9	1.84
肉粉	18	14	60	15	1.07	0.68	2.73	0.86
鸡油	0	36.2	0	100	0	0	0	0
赖氨酸	0.25	12	99	0	0	0	99	0
蛋氨酸	0.25	12	98.5	0	0	0	0	98.5
食盐	0.5	0	0	0	0	0	0	0
添加剂	1	12	20	0	15	7	12	16
总计	100	13.80	28.60	8.22	0.93	0.72	1.85	0.93
要求	100	13.7	28	8	1.2	0.7	1.8	0.9
相差	0	＋0.1	＋0.60	＋0.22	－0.27	＋0.02	＋0.05	＋0.03

（4）先按代谢能和粗蛋白质的需求量试配，计算所配日粮总营养水平，饲料的营养水平是通过每种原料的比例乘以相应营养物质的总和计算得来的，如表 4－11 中代谢能＝45%×13.2＋10%×10.2＋15%×18.2＋10%×13.5＋18%×14＋0%×36.2＋0.25%×12＋0.25%×12＋1%×12，其他营养物质计算方法相似。试配是有目标的，具体原则是：先固定给出鱼粉的比例为10%，玉米及小麦次粉蛋白质水平较低，而大豆、肉粉蛋白质水平高，可以用来调节蛋白质水平的高低，同时大豆脂肪含量高，代谢能较高，可以用来调节代谢能水平，这样多次调整运算，直到结果与营养需要量接近，相差不超过5%即可。对于脂肪、赖氨酸、蛋氨酸如果计算后不足，可以单独添加调节，钙磷水平也可以通过适当提高含钙磷高的鱼粉或石粉来调节。表 4－10 为举例试配计算结果，结果表明代谢能水平与粗蛋白质水平高于要求水平，要想达到要求目标，应相应降低蛋白质饲料配比，膨化大豆降低可以同时降低代谢能、蛋白质和脂肪水平，结果钙水平与

要求有差距，可以适当再调整。调整后的饲料组成如表 4-12。

表 4-12　试配日粮比例及其计算结果

原　料	试配日粮比例（%）	代谢能（MJ/kg）	蛋白质（%）	粗脂肪（%）	钙（%）	磷（%）	赖氨酸（%）	蛋氨酸（%）
膨化玉米粉	46	13.2	8.3	3.5	0.02	0.27	0.24	0.164
小麦次粉	10.1	10.2	15	2.1	0.08	0.52	0.52	0.16
膨化大豆粉	15	18.2	36.5	18	0.2	0.4	2.3	0.66
鱼粉	12	13.5	64	10.36	5.45	2.98	4.9	1.84
肉粉	15	14	60	15	1.07	0.68	2.73	0.86
鸡油	0	36.2	0	100	0	0	0	0
赖氨酸	0.2	12	99	0	0	0	99	0
蛋氨酸	0.2	12	98.5	0	0	0	0	98.5
食盐	0.5	0	0	0	0	0	0	0
添加剂	1	12	20	0	15	7	12	16
总计	100	13.78	28.08	8.02	1.01	0.77	1.82	0.90
要求	100	13.7	28	8	1.2	0.7	1.8	0.9
相差	0	+0.02	+0.09	+0.02	-0.19	+0.07	+0.02	0

试差法在生产中应用广泛，在进行调配过程中应使选用原料多样化，保证能调配出所要求的营养水平，同时应考虑饲料原料价格，在保证营养水平条件下，选择价廉质优的原料。在调配中可先按营养需要的 98%比例计算，再用 2%的机动比例调配，这样更易使营养成分平衡，减少运算。

三、配制饲料时应注意的问题

（1）在配制貉日粮时，动、植物饲料应混合搭配，力求品种多样化，以保证营养物质全面，提高其营养价值和消化率。

（2）注意饲料的品质和适口性。发现品质不良或适口性差的饲料，最好不喂，禁止饲喂发霉变质的饲料。另外，注意保持饲料的相对稳定，避免主要饲料原料的突然变化而引起动物采食下降或拒食。

(3) 根据当地的饲养条件合理配合日粮，尽量选择价格便宜的饲料，以降低饲养成本。

(4) 加工鲜配合饲料时应在临近喂食前完成，减少饲料营养物质的破坏。

(5) 配合日粮要准确称量，搅拌均匀，尤其是维生素、微量元素和氨基酸等，必须临喂前加入，防止过早混合被氧化破坏。饲料不要加水太多，过于稀的饲料会造成貉被动饮水，增加机体水代谢负担和微量元素的排出，同时冬季饲料要适当加温，以免结冻，引发貉肠道疾病的发生。

(6) 温度（冷热）差别大的饲料应分别放置，待温差不大时再进行混合和搅拌。

(7) 牛奶在加温消毒时，要正确掌握温度。牛奶加温消毒冷却后再用。适宜的消毒杀菌温度和时间为：70～80℃，15min。

(8) 谷物饲料应充分粉碎、熟制。熟制时间不宜过长，否则不利于消化。

(9) 缓冻后的动物性饲料，在调制室内存放时间不宜超过24h。

(10) 动物的胎盘、鸡尾等含有性激素的动物性饲料，严禁饲喂繁殖期貉，否则易造成发情紊乱、流产等不良后果。

四、貉不同生理时期经典干（鲜）饲料配方

(一) 典型鲜配合饲料配方 一个好的貉饲料配方必须具有好的适口性，能满足貉的生产生理需要，同时要尽可能经济实惠，以最小的投入达到最大的产出。貉典型的鲜饲料配方主体原料一般有两大类：一类是新鲜的动物性饲料，提供蛋白质、脂肪及能量等；另一类是谷物性饲料，一般都需经过膨化或熟制处理；此外，还需补充矿物质元素、维生素类及抑菌促生长抗生素等添加剂。

由于各地鲜饲料资源不同，其配方也各不相同。但其原则是尽可能根据当地的饲养条件合理配合日粮，利用当地现有的饲料资源，就地取材，以降低饲养成本。下面介绍一些较典型的饲（日）粮配方，供养貉个体户参考。

表 4-13　貉鲜饲料推荐配方

使用阶段	配合比例（%）							
	膨化玉米	鲜杂鱼	鸡架或鸭架	鸡肠或鸡头	鸡蛋	貉预混料	油	合计
生长前期	40	20	15	20	0	4	1.0	100.0
冬毛期	45	15	10	24	0	4	2.0	100.0
繁殖期	35	30	24	0	6	4	1.0	100.0
泌乳期	30	40	25	0	0	4	1.0	100.0

注：添加剂主要为各种维生素、微量元素、益生素、酶制剂及抗生素等，下同。

表 4-14　貉泌乳期、育成期、冬毛生长期典型鲜配合饲料配方［g/（只·天）］

原　料	泌乳期（母、仔貉）	幼貉育成期	冬毛生长期		
			9 月份	10 月份	11～12 月份
海杂鱼	100	50	50	40	—
畜禽内脏	60	30	80	40	50
玉米面和豆面	180	130	180	180	104
白菜	120	100	130	120	100
鲜苜蓿	60	—	—	—	
胡萝卜	—	—	—	—	40
牛乳和豆浆	320	130	150	170	150
鱼骨	20	10	—	—	—
骨粉	20	10	6.5	8	5
食盐	3.0	1.6	2.5	2.5	2.0
酵母	14	5	8.5	5	5
鱼肝油（IU）	800	500	—	—	—
每只每日量	922	469	608	566	456

（引自中国农业科学院特产研究所）

（二）典型干饲料配方

表4-15　貉干粉饲料推荐配方及营养水平（%）

原料	维持期	育成期	冬毛期	繁殖期	哺乳期
膨化玉米粉	38	33	38	36	32.15
膨化大豆粉	6	8	10	12	10
赖氨酸	0.3	0.65	0.65	0.65	0.55
蛋氨酸	0.2	0.35	0.35	0.35	0.3
肉骨粉	10	10	10	12	15
玉米蛋白粉	0	4	0	6	9
膨化血粉	4	0	0	0	0
羽毛粉	0	0	4	2	2
DDGS	32.5	29	26	30	30
小麦次粉	8	8	8	0	0
鱼粉	0	5	0	0	0
鸡油（或豆油）	0	1	2	0	0
添加剂	1	1	1	1	1
总计	100	100	100	100	100
营养水平					
代谢能（MJ/kg）	13.36	13.71	13.96	13.82	14.07
粗蛋白质（%）	24.41	27.14	24.58	28.14	30.30
粗脂肪（%）	7.20	8.59	9.29	8.37	8.43
纤维（%）	4.44	4.20	4.08	4.41	4.34
钙（%）	1.02	1.28	1.00	1.16	1.37
磷（%）	0.71	0.86	0.72	0.78	0.89
赖氨酸（%）	1.34	1.81	1.60	1.70	1.65
蛋氨酸（%）	0.67	0.89	0.91	0.92	0.91

第四节　貉饲料新技术的应用

一、膨化技术

饲料膨化技术是目前国内饲料工业中发展最快的一项工业科学技术。利用膨化技术使饲料物理性质发生质的变化，极大改善了饲料产品品质，拓展了饲料资源，提高了饲料的消化吸收率，膨化技术在有效预防动物消化道疾病及饲料安全方面有着独特的优势。

（一）膨化对饲料成分的影响

1. 提高了淀粉的黏化度，生成改性淀粉，具有很强的吸水性和黏接功能。由于它的高度吸水性，使得我们可向产品中添加更多的液体成分（如油脂、糖蜜等），同时，因为它具有比普通淀粉强得多的黏接功能，膨化生产过程中淀粉添加量可大大减少。这为其他原料的选择提供了更多的余地，配方中可选择更多种的廉价原料替代那些昂贵的原料，可以大量地降低成本而不会影响到产品品质。

2. 由于蛋白质与淀粉基质结合在一起，因此饲喂时不易流失，只有当动物体内消化酶分解淀粉时才将蛋白质释放出来，提高了蛋白质的利用率。膨化过程中也使蛋白质发生变性，钝化了许多抗营养因子，同时改变了蛋白质的三级结构，缩短了蛋白质在肠道中的水解时间。

3. 膨化处理将原料分子中囊化油脂释放出来，提高了脂肪的热能值，膨化还将脂肪与淀粉或蛋白一起形成复合产物脂蛋白或脂多糖，降低了游离脂肪酸含量，同时钝化了脂酶，抑制了油脂的降解，减少了产品贮存与运输过程中油脂成分的氧化酸败。

此外，膨化处理还减少了原料中的细菌、霉菌和真菌含量，提高了饲料的卫生品质，减少各种药物成分的添加量；改善适口性；提高低质原料利用率，降低饲料成本。

(二) 膨化产品 随着畜牧养殖业工业化、规模化和技术密集化的发展，膨化技术在饲料原料开发中的应用日渐广泛，目前应用的主要传统膨化产品有膨化大豆和膨化玉米。

1. 膨化大豆 膨化大豆是国外应用较早的膨化技术产品，20 世纪 60 年代已经应用于养殖业，其加工方式也由开始的干法挤压发展到湿法膨化，质量更加稳定、可靠，产量也更加可观。膨化大豆具有高能量、高蛋白、高消化率的特性，并含有丰富的维生素 E 和卵磷脂，是配制高能量高蛋白饲料的最佳植物性蛋白原料，减少饲料中加工的用油量，易于制粒。

2. 膨化玉米 玉米膨化后，能提高玉米的能量水平和蛋白质的消化率，改善适口性，能够显著提高动物日增重，改善饲料转化率。

3. 膨化全价颗粒饲料 貉的食性杂，可以消化、吸收动物性及植物性饲料，采用膨化的动植物全价颗粒料能满足其营养需要。

(1) 膨化全价颗粒饲料的优点

①在生产中不用蒸煮、熬制，具有省时、省工、省力、方便贮存、不易变质的特点，还可克服粉料在运输、加水、饲喂等环节中分层及破坏某些营养物质（如多维、氨基酸、矿物质、药物等），从而导致个体间生长不均衡的缺点，这样更适合于大型养殖场降低成本（节省燃料、劳力），提高生产效率和经济效益。

②貉咀嚼膨化颗粒全价料，能增加唾液的分泌，补充胃液中淀粉酶的不足，从而有助于消化。

③幼貉补料可采用自由采食，避免因争食造成吃食不均导致的生长发育不整齐的状况，从而可提高整齐度和断奶重；生长貉自由采食，可解决生长貉夏季高温季节采食量低、生长速度慢的问题。

④使用膨化全价颗粒饲料干喂，有利于毛皮清洁，可克服拌水饲喂污染皮毛、毛皮缠结的缺点。

⑤使用膨化颗粒全价料，可克服传统喂稀料或粥料时剩料易变质以及粉料中高脂肪在高温季节易氧化变质的缺点，减少疾病的发生。

⑥使用膨化全价颗粒饲料，营养全面，可提早发情、配种，提高受胎率、产仔率、初产窝重、断奶窝重，有效防止母貉妊娠期厌食现象，同时可有效预防红爪、自咬等病，生长貉皮张大、绒毛密、针毛密长、被毛光亮。

（2）使用膨化全价颗粒饲料使用过程中存在的问题

①膨化全价颗粒饲料的价格高，大部分用户不容易接受，目前一般的膨化全价颗粒料在每千克 3.6 元左右，质量好的膨化全价颗粒料在每千克 4 元左右，比粉状全价料每千克贵 0.4～0.8 元。实际上用户如果算成本账，一只商品貉的饲料总成本均在 120 元左右，并不增加饲料成本，反而降低了人工、燃料成本。

②部分用户使用膨化颗粒全价料时，仍湿拌饲喂，没有干喂。

③部分用户“味精式饲喂”，用膨化颗粒全价料对玉米面喂貉，导致貉营养不良。

④不采取过渡方式，从而影响适口性。

⑤饲喂量没根据品种特点、种貉膘情、粪便的形状和颜色去适当调整。

⑥对生长貉采用自由采食时，没有安装自动饮水器，导致饮水不足而影响采食及生长。

二、鱼粉替代技术

鱼粉不仅蛋白质含量高，而且有效营养成分丰富。随着我国养殖业的迅速发展，鱼粉供需日趋紧张且价格昂贵。目前国内外关于鱼粉替代物在畜禽、水产等养殖中应用较多，获得与使用鱼粉相似的生产效果。主要有肉骨粉、蛋氨酸、赖氨酸、膨化大豆代替鱼粉等技术，但在貉养殖上还有待于进一步研究。

三、药物添加剂

（一）抗生素饲料添加剂 抗生素饲料添加剂主要分为人畜共用抗生素类和畜禽专用抗生素类两大类；另外，有合成抗菌药物饲料添加剂类，如喹乙醇等。

1. 人畜共用抗生素 如土霉素、金霉素、四环素等，因长期使用如产生耐药性，将给人畜疾病防治工作带来不良后果，西欧已禁用。

2. 畜禽专用抗生素 如黄霉素、杆菌肽锌、多黏菌素、莫能霉素、盐霉素、越霉素A、泰乐霉素、潮霉素B、恩拉霉素、魁北霉素、硫肽霉素等，在使用中不仅具有使用量少，吸收量极少或几乎不吸收，排泄迅速，无残留或残留极少，几乎不产生抗药性，不会给人畜健康带来危害，具有持续的促长效果，是目前最为理想的抗生素饲料添加剂。

3. 合成抗菌药物饲料添加剂 也大都具有毒性较小、作用强、效果好等特点，也是目前使用效果较好的饲料添加剂。

4. 在饲料中添加抗生素的好处

（1）对某些疾病的预防和治疗作用，治疗是抗生素的正常药理作用，尤其是对某些传染病和常见病的预防作用效果更佳。

（2）促生长作用，使貉生长速度加快，提高日增重，缩短饲养周期。

（3）提高饲料转化率，在等量的饲料条件下，可得到更佳的饲喂效果，从而节省饲料，提高效益。

（4）提高动物机体的抵抗力。

（二）益生素 益生素（Probiotic）又称微生态制剂或活菌制剂，是一类活性微生物添加剂，是采用农业部认可的动物肠道有益微生物经发酵、纯化、干燥而精制的复合生物制剂，是减少或替代抗生素的理想绿色添加剂。

益生素对健康状况和生产性能的益处在仔貉上得到了证实，

因为仔貉还没有建立稳定的肠道微生物区系。此外，当仔貉使用抗生素进行疾病治疗时，肠内微生物通常被大批杀死。因此，抗生素治疗后服用益生素对动物重建有益的肠道微生物区系很有帮助，此外，这样还可以阻止宿主再次发生致病菌定植。

益生素类产品用于疾病，重在于防而不是治；它可以最大限度地发挥动物生产潜能，但对于某些配制水平已较高的饲料，添加益生素的作用不能显现；肠道菌群平衡理论适用于任何动物，这也是益生素应用范围广的原因，但并不代表它能“包治百病”。由于菌株有宿主源性，即从猪肠道分离的菌株对猪效果明显而对鸡则未必有效，因不同菌株复合成的益生素产品必有其最适合的使用对象。一般来讲应注意以下几方面。

1. 初生动物由于肠道菌群未建立或处于不断变化状态，在这期间用益生素要比生长后期已建立起相对稳定的菌群后效果明显。

2. 宿主肠道内的菌群组成缺乏有益菌或肠道内有反作用菌(即抑制生长的菌)，存在时效果明显。否则，如果动物自然接种了大量有益菌或没有反作用菌存在时效果不明显。因此，在环境较差条件下效果最为明显。

3. 益生素应持续使用。由于益生菌株间存在着血清型的周期性变异，存留在肠道中的菌株能否继续存在还取决于其竞争性争夺肠黏膜结合位点的能力。

4. 不同生长期的动物需要的益生菌也有差别。对于哺乳动物，断奶前后日粮不同，肠道中营养物质不同，所需益生菌也不同。因此，对不同动物应供给专门适用的益生素。

5. 国内外研究已表明，在低水平日粮中使用益生素，其效果比营养较为全面的全价日粮更为显著。

6. 应用益生素时应注意饲料中有无抗生素存在和其含量。一方面，尽管一些益生素菌种（株）具有一定的耐受性或产生一些细菌素，但使用的菌种绝大多数对抗生素敏感。即使能产生少量的细菌素，也是生物体的一种自我保护机制的一种形式。另一方面，配合饲料中采用的亚治疗量抗生素剂量，远远超过益生菌的耐受剂量。

7. 益生素产品在动物上的应用主要起预防和促进生长作用，治疗不如抗生素见效迅速。

另外，维生素及微量元素预混料技术、有机微量元素应用技术、减少蚊蝇技术——环丙氨嗪使用技术、皮毛改善剂等技术也已应用到貉的饲养中。

第五章　貉的饲养与管理

与其他养殖项目一样，貉养殖要想获得较好的经济效益，良好的饲养管理方法是非常重要的。饲养管理是一门综合科学，貉的生长、发育和生产都有其特殊的规律，依据貉的生理特点及生活习性，制定科学合理的饲养管理规程是取得较高养殖效益的关键。

第一节　貉生产时期的划分

为了便于饲养管理，根据貉在不同的生物学时期的生理特点、营养需要、饲养管理的需要和貉的性别、年龄一般进行如下生产时期的划分（表 5－1）。貉在准备配种期、配种期、妊娠期、产仔泌乳期、静止期、幼貉育成期的生物学特性是不同的，因此饲养管理存在一定的差异。

表 5－1　貉饲养时期的划分

类别＼月份	12	1	2	3	4	5	6	7	8	9	10	11
公貉			配种期				静止期		配种准备前期			
母貉	配种准备后期		配种期									
			妊娠期				静止期		配种准备前期			
			产仔泌乳期									
仔貉					哺乳期		育成前期			育成后期		

第二节　种公貉的饲养管理技术

由以上分期可看出种公貉的饲养管理可划分为四个时期，即准备配种后期、配种期、静止期、冬毛生长期（准备配种前期）。因为冬毛生长期为成龄公、母貉及当年幼龄貉共同必经时期，又是关系毛皮生长的重要时期，所以单独进行阐述。

一、种公貉准备配种期的饲养管理

从 9 月底到次年的 1 月底，是种貉的准备配种期。每年秋分（9 月 21～23 日）以后，随着日照时间的逐渐缩短和气温下降，貉的生殖器官及与繁殖相关的内分泌活动逐渐增强，生殖腺从静止状态转入生长发育状态。生殖器官先期发育较慢，而冬至（12 月 21～23 日）以后，随着日照时间逐渐增加，内分泌活动增强，性器官生长发育速度也加快，到次年的 1 月底或 2 月初，公貉睾丸就可以产生成熟的精子。公貉的体重，在准备配种期也有很大的变化。前期（10～11 月）种貉的体重不断增加，到 12 月份为最高，次年 1 月份体重开始下降，配种期体重下降特别明显。

（一）保证足够的营养　9～12 月份这段时间一定要保证种貉营养，保证脂肪和蛋白质的供应，还要补饲蛋氨酸和半胱氨酸，这样的饲养安排有助于种貉性器官的生长发育，也利于冬毛的生长。本期每日喂 2 次，早喂日粮总量的 40%，晚喂日粮总量的 60%，也可以日喂 1 次。另外，1 月中旬以后种貉饲料中应注意补充维生素 A、维生素 D、维生素 E 和矿物质，这样能明显促进种貉的发情。

（二）保证种貉中等体况　从 12 月份到 1 月初这段时间，种貉的食欲下降，此期间可以降低饲料供给量，并降低脂肪在饲料中的比例，使种貉体况在配种前达到中等水平。实践证明，种貉的体况与繁殖力有密切关系，过肥或过瘦都会影响繁殖，特别是过肥，危害性更大。就种貉的发情与配种情况看，在配种前体况以中等或中下等体况的种公貉性欲最强。从外观上估计种貉的体况，可以分为如下三种情况：

过肥体况：逗引貉直立时见腹部明显下垂，下腹部积聚大量脂肪，腿显得很短，行动迟缓。

中等体况：身躯匀称，肌肉丰满，腹部不下垂，行动灵活。

过瘦体况：四肢显得较长，腹部凹陷成沟，用手摸其背部可明显感觉到脊椎骨。

如果用肉眼观察缺乏经验，可用种貉体重指数来确定其体况。体重指数是指种貉的体重（g）除以体长（cm）所得的数值。体重称量以饲喂前 1h 为准，体长为鼻尖到尾根的直线长度。在配种前貉的体重指数保持在 100～110g/cm 较为理想。

（三）做好保暖防寒工作　貉的准备配种期大部分时间在寒冬季节，虽然貉有很好的抗寒能力，但是为了保证种貉安全越冬和良好的繁殖性能，必须做好防寒保暖工作。具体是小室的检修防止漏风，室内垫足量草。

（四）搞好卫生　保持笼舍环境的洁净干燥，及时清理小室内食物和粪便。

（五）保证充足的饮水　可以通过增加饮水次数，添加温水及投给洁净的雪和冰屑，保证貉在寒冬里得到足够的饮水。

（六）保持环境的安静，增加种貉的运动　在 12 月至次年 1 月份要保持貉舍的安静，尽量减少人为的干扰，从 1 月中旬开始要适当增加种貉的运动量（增加人为驯化），经常引逗种貉在笼内运动是准备配种后期的一项重要的管理工作，能提高精子活力和配种能力。

（七）做好发情检查，保持自然光照　从 1 月份开始到配种前，应做好种貉的发情检查，并详细记录，通过检查掌握公貉睾丸发育情况，为配种做好准备；通过种貉的外生殖器变化了解饲料和管理是否合适。特别应该注意在本时期种公貉应该在背风向阳的一侧饲养，否则会影响公貉睾丸的发育。配种的一些准备工作也应该在本期做好，如：制作兽号和笼号卡，制定合理的配种方案，准备好配种期将要用到的一切辅助工具。在整个准备配种期笼舍要保持自然光照，不要人为增加光照时间（如夜间在笼舍内用电灯照明等），以免影响种貉正常发情。

二、种公貉配种期的饲养管理

（一）种公貉配种期的饲养原则及建议饲料配方 配种期的种公貉精力消耗大，应在饲料上充分做文章，既让其吃好有充沛的精力与体力，完成繁殖任务，又不使其过于肥胖而影响其性欲和交配能力。在其饲料中可适当添加能促进精细胞发育的饲料或特殊添加剂，如鸡蛋、大葱等。推荐参考饲料每天每只貉饲料量为：杂鱼200g或鱼粉50g，禽畜内脏150g，玉米面和豆面分别为40、20g，白菜、胡萝卜分别为140、25g，牛奶或豆浆200g，鲜骨泥和骨粉各15g，盐2.5g，蛋25g，酵母7.8g，鱼肝油1 000IU，维生素E 5mg。

（二）种公貉配种期的管理 为了不断提高貉群的品质，在配种期充分发挥公貉的作用，使母貉全部配上种，就需要制定合理的配种计划和正确掌握配种的进度及实用的配种技术。

1. 配种计划的制订 制定科学的配种计划，应注意下面几个问题：

（1）对于存栏数在百只以上的养貉场公貉可少留些，一般公母比例为1∶3或1∶4，这样既可以完成配种任务，也相对降低了公貉饲养费用。

（2）要检查一下全群种貉的系谱和历年发情受配情况，本着防止近亲交配的原则，合理搭配公母貉，制定配对方案。一母应有两只以上没有血缘关系的公貉准备与之选配，以防止母貉因择偶尔造成漏配。

（3）选择配对方案时还应注意，公貉的毛绒品质一定要优于母貉，毛色公母应尽量一致。

(4) 公母在体形上的选配方案，应以大配大，或大公配中母，中公配小母为原则。

(5) 不能采用同一性状有相反缺陷的公母貉配对，因为这种做法不能纠正公母貉中的某种缺陷。

2. 及时进行发情检查　应在1月末开始，检查其睾丸是否发育正常。检查时可抓住公貉的尾部将貉倒提起，然后用另一手（不要戴手套）触摸其腹后部（肛门与尿道口之间靠近肛门一侧），即可摸到两侧对称的睾丸。发育正常的睾丸直径可达25～30mm，呈卵圆形。手感松软而富有弹性。阴囊下垂，明显易见，阴囊上的被毛稀疏。如发现摸不到睾丸的公貉为隐睾，隐睾者无配种能力。睾丸如果发育不好、很小、坚硬、无弹性，都会使公貉丧失性欲，不能参加配种。

3. 种公貉的合理使用　种公貉一般在整个配种期可配3～4只母貉，交配5～15次，多者高达20多次。在配种前期，由于发情的母貉数量较少，可选发情早的公貉与之交配，每日每只公貉可接受3～5次试情性放对和1～2次配种性放对，每日只能达成一次交配，以保持公貉的配种能力。试情放对时要注意防止未发情的母貉扑咬公貉，发生咬斗时应立即把母貉抓出。如果公貉爬跨母貉时，母貉犬坐笼底或不抬尾，不要让公貉长时间做交配动作，因为性急的公貉，如长时间配不上会滑精或误配。在配种中期，母貉发情的较多，而公貉还有复配的任务，配种工作显得很紧张，这时公貉一天可交配2次，但每次交配间隔时间不能少于4h，间隔期要给配种的公貉补充一些含蛋白质较高的饲料（如少量鲜奶），公貉连续交配4～5d者，要让其休息1～2d。

在配种旺季，还应注意选择发情好、性情温顺的母貉与初次参加配种的小公貉交配，锻炼小公貉配种能力。年幼的公貉在交配成功后，就能顺利地与其他母貉交配。在小公貉性欲好的情况下应适当让它多配几次，但也要控制配种频率。在调教小公貉配种时，要做好保护工作，以免其被烈性母貉咬伤，受到惊吓的小公貉或者害怕不敢与母貉交配，甚至咬伤母貉，养成这种恶习的公貉很难再利用。在复配任务较重的情况下，还可以利用性欲较差的公貉完成复配任务，这样可以充分发挥所有公貉的作用。由于复配期间，母貉多数比较温顺，也愿意接受交配，可用性欲差的公貉代替性欲强的公貉复配，这样可让配种能力强的公貉多与难配的母貉和初配者交配，从而使整个配种工作顺利完成。这种多公复配法只能用于后代取皮的母貉，后代留种的母貉不能这样复配，一定要一公一母完成复配，否则后代的谱系不清，无法留种。在放对过程中为了减少貉互相撕咬，可以在母貉放入公貉笼内之前，先让公貉隔笼闻闻母貉的阴部，如果公貉发出咕咕咕的求偶叫声，说明公貉对该母貉有兴趣可以放入，如果公貉发出哈一哈一哈的叫声，说明公貉对该母貉很反感，放入一定会咬。在配种的后期，多数公貉性欲下降，性情变得粗暴，有的甚至形成狂咬母貉的恶习，所以要注意挑选那些无恶习的公貉来完成最后的配种任务。

4. 种公貉的假配识别　初养貉者在种貉交配时还应注意观察是否真正配上。有时公貉的交配动作很明显，但阴茎没有置入母貉阴道或误入肛门，从而也能出现射精动作，如果对这种情况不能加以正确区别，会导致母貉漏配。假配的原因主要是公貉性欲过强，急于达成交配而母貉在交配过程中配合得不好造成的。识别貉是否真配并不困难，应注意以下几点：

（1）一般出现明显的交配动作，配后母貉即翻身与公貉腹面相对，交配完毕后母貉外阴部可见充血，充满黏液，交配时间超过 2min 以上者，可确认为交配成功。

（2）如果是假配，公貉交配行为表现不激烈，公貉目光东张西望，稍有惊动或母貉挣扎即分开。

（3）误配是指公貉阴茎误入母貉肛门，此时母貉无痛感，不发出正常交配过程中的呻吟声，母貉也不翻身与公貉腹面相对，配后母貉外阴部没有任何变化。

三、种公貉静止期的饲养管理

进入静止期的种公貉，一方面因为配种期体能消耗大，需要补充能量加强饲养；另一方面因为其年度主要任务已完成，剩下时间只要低水平维持即可，待到下一轮繁殖准备时再进行特殊喂养，在配种期间发现的性欲差的公貉下年度不做种用，准备淘汰，按皮兽水平喂养即可。推荐参考饲料配方为（每天每只）：禽畜内脏 60g，玉米面和豆粕分别为 80、30g，白菜、胡萝卜分别为 100、25g，牛奶或豆浆 150g，骨粉 15g，盐 2.5g，酵母 5g。管理无特殊要求，按日常管理方法进行即可。

第三节　繁殖母貉的饲养管理技术

母貉的饲养管理可参见表 5-1 进行。母貉繁殖期管理得好坏直接关系到一年养殖的成败和经济效益。

一、母貉准备配种期的饲养管理

母貉在准备配种期内需充分摄取营养，使身体处于最佳水平，才有利于下一步的发情、排卵和交配，所以本时期的饲养管理对貉场一年生产很重要。

随着光照的变化，母貉的外生殖器官和内部激素水平也发生很大改变，卵巢中开始产生成熟的卵泡，体重也是不断增加，以次年 1 月份为转折点，开始下降。对母貉准备配种期除应注意和公貉一样的几点外，还应特别注重对母貉体况的调整，使其肥瘦合适；另外可在不过分惊扰母貉的前提下，认真观察母貉外生殖器官的变化是否明显，再给予相应调整。推荐参考饲料配方为（每天每只）：杂鱼 200g 或鱼粉 50g、禽畜内脏 100g、玉米面和豆面分别为 75g 和 45g、白菜和胡萝卜分别为 50g 和 15g、牛奶或豆浆 100g、鲜骨泥 8g、盐 2.5g、酵母 13.6g、鱼肝油 500IU、维生素 E 3mg。

二、母貉配种期的饲养管理

母貉从 9 月下旬（秋分前后）卵巢结束了静止状态，开始生长发育，到 1 月末或 2 月初卵巢能产生成熟的卵泡和卵子，其外阴部表现出阴毛分开、阴门肿胀外翻等发情表现。母貉发情最早的在 1 月末，最晚的在 4 月上旬。貉属于季节性单次发情动物，即在发情季节里，每个个体只有一个发情周期。其中发情前期一般为 8～10d，发情持续期 2～4d，并在此期间多次排卵、接受交配。发情持续期过后，母貉当年不再发情。

（一）母貉配种期饲养 结合母貉配种期的生理特点其基本饲料配方建议为（每天每只）：杂鱼 200g 或鱼粉 70g、禽畜内脏 60g、玉米面和豆面分别为 50 和 30g、白菜和胡萝卜分别为 60 和 25g、牛奶或豆浆 120g、鲜骨泥和骨粉各 15g、盐 2.5g、酵母 7.8g、鱼肝油 800IU。

（二）母貉配种期的管理

1. 发情检查 母貉配种期应进行发情检查，在人工放对配种之前，必须对种貉进行发情检查。检查的正确与否，直接关系到能否适时配种，所以饲养者一定要正确掌握种貉的发情鉴定方法，这是顺利完成配种的保证。

母貉的发情检查较复杂，要根据母貉的活动状况（外部表现）、外生殖器官变化情况和放对试情三方面综合鉴定。

2. 母貉交配异常的处理方法 在发情检查和试情过程中，如果确认为母貉发情了，一定要尽快达成初配，否则发情期一过，当年就配不上种。

（1）有些母貉在接受交配时不会抬尾，这样的母貉多数是初次参加配种的小貉。当公貉爬跨时，也站立不动，但尾却挡在阴部，看到此种情况，应把母貉抓出，用细绳将尾尖扎紧，然后将绳绕过母貉的脖子再与扎尾尖的绳头系好，使貉尾歪着吊在身体的一侧，再放对即可达成交配。

（2）对个别特难配的母貉，必要时可采取强制交配。其方法是选一只性欲强、会配种、不怕人的公貉，将母貉放入其笼内，让其爬跨 1～2 次之后马上取出，以挑起该公貉的性欲，然后将母貉的尾吊起，用绳将嘴捆住（防止咬手），左手抓住貉的嘴巴（带手套），右臂托住母貉腹部，手掌伸开托住盆腔，食指和中指分开靠近母貉的阴部，将母貉放入公貉笼内，此时公貉会很快爬跨交配（因公貉在交配欲很强时，多数对人不理睬），在公貉爬跨的同时，人手要不断调整方向，使母貉的阴部对准公貉阴茎，当公貉阴茎插入母貉阴道时，要固定母貉不动，并使阴部放低些，这时公貉会顺利地射精，当公貉射完精后，可以放手让其自行黏合弥留。第二天复配时，往往能自然达成交配。

3. 母貉配种需要注意的方面　放对配种的时间可根据饲喂的情况自行选定，放对前饲养员应使种貉先活动起来，一般在喂食前放对，每天可放对两次（上下午各放对一次），天气越暖和，种貉性欲越差，放对最好选在清晨或黄昏进行效果较好；天气寒冷或阴天、下雪，种貉则异常活跃，性欲强，全天任何时间均可放对，越是不好的天气，越要抓紧时间争取多放对、多配种。在母貉达成初配后，应连续 2～3d 每天再复配一次，这样可以减少空怀率和增加胎平均产仔数。在每天的放对配种时，应先安排种貉进行复配，复配进行得很快，当天的复配任务完成后，再集中精力搞好新发情母貉的初配工作。在复配工作中如发现母貉外阴部有明显萎缩迹象时（第二天可能过时），也可在一天复配两次，然后结束配种。此期间管理除注意发情检查、试情、配种外，还应注意防止因工作大意导致跑貉，防止疾病通过貉的密切接触而传播，随时将配完进入妊娠期的貉分群管理等重要问题。

三、母貉妊娠期的饲养管理

交配结束后，母貉立即进入妊娠期，此期大约60天。此期是决定繁殖成功与否、生产成败、效益高低的关键时期。饲养管理的中心任务是保证胎儿的正常生长发育，做好保胎工作。

（一）妊娠期的饲养　妊娠期的母貉不仅要维持自身新陈代谢的需要，而且还要供给胎儿在体内生长发育所需要的营养以及为产后泌乳而积蓄营养。可见提高妊娠期的营养标准是必要的，妊娠期饲养得好坏，不仅关系到胎儿的正常生长发育，同时还关系到胎产仔数的多少和仔貉出生后的健康和成活。如果喂料量不足或饲料中缺少某种营养元素，将会出现胚胎被吸收、死胎、流产等妊娠中断现象，从而直接影响其繁殖力，对生产不利。

1. 在日粮安排上，要做到营养全价、品质新鲜、适口性强、易于消化，腐败变质或怀疑有质量问题的饲料，绝对不能喂貉。饲料品种应尽可能多样化，但主要品种饲料要相对稳定，不要轻易改动，以达到营养均衡的目的，确保妊娠母貉的营养需要。日粮中一定要含有足够量的蛋白质、维生素和矿物质，不论动物性饲料或谷物性饲料都要保证新鲜不变质。

2. 饲料喂量要适当，妊娠头10d，因母貉有妊娠反应，采食量减少，所以要喂给脂肪含量较低的饲料，增进其食欲，想方设法让貉多进食，以确保健康。以后要根据妊娠的进程逐步提高营养水平和饲料给量。既要满足母貉的营养需求，又要防止过肥，过肥会造成难产、缺乳或产弱仔，使仔貉难以成活。

3. 在饲料喂量不过多增加的情况下，喂给妊娠母貉的饲料可适当调制得稀些。妊娠后期由于腹腔饱满，母貉不能一次性过多采食，加之饲料喂量又较大，故可日喂3次。在分配给食时，饲料量要根据妊娠天数和体况好坏灵活掌握，不要平均分食。采取区别对待的方式，妊娠时间长、体况欠佳的貉要多喂些。

（二）妊娠期的管理　妊娠期管理工作的重点是给妊娠母貉

创造一个舒适安静的环境，以保证胎儿正常生长发育。

1. 为方便管理，对受配后的母貉要按配种时间得早晚，依次排放到貉场安静的位置，使继续放对配种工作不会影响妊娠母貉。

2. 保持貉场安静，避免妊娠母貉过于惊恐，严禁外来人进场参观。饲养人员在貉场工作时，要求动作轻捷；放置工具时要稳，避免一撞就倒，禁止在场内大声喧哗。为了保证母貉妊娠后期及产仔期不过于惊恐，尽量减少清理粪便或其他动作较大的工作。饲养人员在妊娠前、中期多进貉场，多接近母貉，以使母貉逐步适应环境变化，到妊娠后期应逐渐减少进入貉场的次数，保持环境安静，让母貉在安静、舒适的环境中生活，有利于产仔保活。

3. 细心观察貉群的食欲、消化、活动、粪便及精神状态，发现异常要及时采取措施加以解决。如发现有流产前兆时，要肌肉注射黄体酮 15～20mg，维生素 E 注射液 15mg，以利保胎，如有肠炎或食欲不振时，要调整饲料使之尽快恢复。

4. 搞好笼舍及环境卫生，保证充足的饮水，及时做好产箱的清理、消毒及铺垫草保温工作，为母貉产仔做好充分的准备。

四、母貉产仔泌乳期的饲养管理

貉产仔泌乳期一般是在 5～6 月份，此期饲养管理的中心任务是确保仔貉成活和正常生长发育，以达到丰产丰收的目的。在饲养上要增加营养，使母貉能分泌足够的乳汁；在管理上要创造舒适、安静的环境。

（一）母貉产仔泌乳期的饲养 母貉产后一般需要哺乳 55～60d，在这期间，母貉要消耗体内大量营养物质，保证仔貉哺乳，这就需要供给母貉优质饲料来补充体内消耗，所以泌乳期饲养管理得好坏，直接关系到母貉健康和仔貉成活。在哺乳前期，在母貉日粮中应补充适量的乳类饲料（牛奶、羊奶、奶粉等），以促进泌乳。饲料加工要细，浓度调制稍稀些，并保证充足的饮水。泌乳后期，当仔貉开始采食或母乳不足时要及时给予人工补饲，方法是将新鲜动物性饲料绞碎，加入谷物饲料和维生素类饲料，用奶调匀饲喂仔貉。

泌乳期产仔母貉日粮每日每只1 000～1 200g，其中动物性饲料占日粮总重量的35%～40%、乳类饲料占5%、谷物类占50%、蔬菜占5%、盐0.3g、维生素A和维生素D1 000IU，这样才能保证母貉有足够的营养来保证泌乳正常，维持体况。

（二）母貉产仔泌乳期的管理 母貉妊娠60d左右开始产仔，产仔多在夜间或清晨进行，产程3～5h。在貉的产仔期要安排昼夜值班，重点观察预产期临近或将到的母貉，遇有难产的母貉和需要代养的仔貉，可及时采取措施。在临产前10d就做好产箱的清理、消毒和垫草保温工作。产箱消毒可用2%的热碱水洗刷，也可用喷灯火焰灭菌。保温用的垫草要柔软而不碎为好。如山草、乱稻草、软杂草、乌拉草等。

由于貉是野生动物，其本身还保持很大的野性，特别是在产仔期，当受到外界不良刺激时，很容易出现叼仔现象，轻者把仔貉咬伤，严重的可把全部仔貉吃掉，这给养貉业带来了很大的损失，所以我们要设法避免母貉产仔期的叼仔现象。防止母貉叼仔最关键的措施是保持貉场环境安静。遮雨棚要牢固、不漏雨，刮大风时不要产生响声。产仔期要有固定的饲养人员负责喂养产仔的母貉，喂食时动作要轻，不要产生突然的声响。

五、母貉静止期的饲养管理

（一）静止期的饲养 母貉从仔貉断乳分窝至9月份为恢复期，也叫静止期。母貉断乳20d内，由于在哺乳期哺育仔貉的营养消耗，此期体况一般偏瘦，因此，还应给予哺乳期的日粮，此期日粮中的动物性饲料比例不低于10%，到8～9月份后，日粮中的动物性蛋白质需增加。

（二）恢复期的管理　恢复期的管理无特殊要求，按日常管理方法进行即可。

第四节　仔貉的饲养管理

一、仔貉生长发育特点

仔貉出生时体长仅有 8～12cm，体重 100～150g，身体表面布满黑色稀短的胎毛，生长发育十分迅速，至 45～60 日龄断乳分窝。幼貉生长发育有一定的规律性，体重和体长的增长是同步的，在 90～120 日龄前生长发育速度最快；120～150 日龄后生长速度降低，生长发育较迟缓；150～180 日龄生长基本结束，幼貉已经达到成年貉的体重和体长。

二、仔貉哺乳期的饲养管理

（一）仔貉哺乳期的饲养

仔貉出生后 1～2h，胎毛即可被母貉舔干，继而可以寻找乳头吃乳，吃饱初乳的仔貉便进入沉睡，直至再次吃乳才醒来嘶叫。初生仔貉 3～4h 吃乳一次。脱离母貉的幼貉消化机能较弱，机体生长发育所需要的营养全从饲料中获取，这时日粮中蛋白质和能量必须保证供给。此外，日粮中需含有丰富的钙、磷等矿物质元素，还应适当增加肉骨粉、鱼粉或小杂鱼的比例。此时期动物性饲料至少应占 30%～35%以上，其他 65%～70%。用膨化玉米粉、麦麸、熟制豆粕、米糠等多种植物性饲料配制，充分搅拌均匀，制成稀粥状投喂，投喂饲料量须足够，日喂 3 次，能吃多少添喂多少，以粪便呈条状为度（喂得太多会拉稀）。对个别体弱的幼貉，需特殊关照，喂易消化的营养价值较高的饲料，做到“少喂多餐”。仔貉 20 日龄后，开始同母貉一起采食，要增加母貉的日粮量。补饲量的多少根据母貉产仔数和仔貉不同日龄逐渐增加，20 日龄时，每只仔貉补饲 50g，30 日龄 100g，40 日龄

120g 左右，以后可根据母貉和仔貉的采食情况灵活掌握。

仔貉 45 日龄后，母貉开始对它们表现出淡漠，尤其是吮乳时，母貉乱走动，躲避仔貉，有时甚至恐吓或扑咬仔貉。此时可将仔貉断乳分窝独立饲养，分窝时一般先把母貉拿出去。随着仔貉采食量的增加将仔貉分成 4～5 只在一个笼子里，逐步分成单只饲养。如果仔貉大小不一时，也可先把较大的仔貉分出来，最后再将小的分出去。

（二）仔貉哺乳期的管理 仔貉哺乳期的管理在整个饲养过程中极其重要，不但直接关系到种貉的自身健康，而且还决定仔貉的成活率，所以应加注意。

1. 环境安静 种貉产仔后，养殖区应保持安静，如出现较强的噪音，貉听到后即刻会炸窝，继而咬死或咬伤仔貉。同时，应严禁生人进入养殖区并观看母貉或仔貉，以免刺激母貉，对仔貉不利。

2. 喂食合理 随着仔貉的生长，哺乳中、后期（分娩后 1～3 周），可适量增加母貉喂量及添加少许补品，每天可喂食 3～4 次，每次投喂鸡蛋 1 个。出生 3 周后，仔貉基本开食，母貉即可减食。

3. 正确通风 养殖户应根据天气情况及时掀帘（被）通风，以保持窝舍内空气清新。通风时须将前面的帘或被掀至一半，露出下半部窝舍，时间为 11～15 时。切不可将后面帘被掀开，需等仔貉长到 30 日龄时才可逐步掀起后帘。

4. 适时分窝 仔貉出生 45d 后逐步分窝，分窝时，先将同窝中发育快、体大健壮的个体分出，剩下较小者，让其同母貉再同养几天，待发育到一定程度时，将这些仔貉同母貉全部分开。仔貉分窝时，先将 2～4 只养于同一笼舍内，让其群养 10～20d，再逐只分开，单笼饲养。

三、仔貉育成期的饲养管理

仔貉从分窝到性成熟这段时期为育成期，育成期仔貉特点是食欲旺盛，生长发育很快，是决定以后体形大小的关键时期。要想搞好育成期的饲养管理，首先要掌握仔、幼貉生长发育特点，根据其生长发育特点，抓住规律，才能切实抓好饲养管理，促进其正常的生长发育，培育出优良的种貉和生产出优质的毛皮，提高经济效益。

（一）仔貉育成期的饲养　育成期是貉一生中生长发育最旺盛的时期，如营养不足，则生长缓慢，个体弱小，到冬季屠宰取皮时，毛皮短小，尺码不够档，价值低，经济效益低。

仔貉断乳后的头2个月，也就是仔貉在60～120日龄时，其生长发育最快，是决定其基本体形大小的关键时期，必须提供优质、充足的饲料营养，否则一旦营养不足，生长发育受阻，即使以后加强了营养，也很难弥补这一损失。因此，仔貉育成期要供给优质、全价、能量含量高的饲料，如饲料中增加含碳水化合物多的或含脂较高的饲料，日粮中以谷物、饼粕类饲料为主，适当供给鱼、肉类及其杂碎饲料。另外，还应特别注意补充钙、磷等矿物质饲料，如鲜碎骨、兔头或骨架等。适当喂些维生素饲料。

仔貉生长旺盛，日粮中蛋白质的供给量应保持在每只每日40～50g，如蛋白质不足或营养不全价，将会严重影响其生长发育。仔貉育成期每天喂2～3次，饲喂2次时，早饲占40％，晚饲占60％；喂3次时，早、中、晚分别占全天日粮的30％、20％和50％，让貉自由采食，能吃多少喂多少，以不剩食为准。

（二）仔貉育成期的管理

1. 断乳仔貉管理　刚断乳的仔貉可2只或多只养在同一笼内，也可以十几只养在一个圈舍中，直至取皮。种用仔貉或皮用仔貉在笼舍饲养时，尽可能是一笼一只，这样便于观察并可避免争食。仔貉活泼好动，有时将腿、爪伸向邻笼，极易被邻笼貉咬断腿爪，因此两笼应留有间隙，最好用木板隔开。

2. 仔貉驯化　仔貉育成期是加强驯化的有利时期，可采取食物引诱、经常接近或抚摸等方法进行驯化。对仔貉要坚持从小驯化，循序渐进，一般都可以收到显著的驯化效果。有的可驯化到随意抱起而不咬人的程度，有的还可像小狗一样跟随饲养人员行动，达到不远离主人的程度。驯化程度好的种貉，发情、配种、产仔因不怕人而顺利进行，对提高繁殖力很有好处。

3. 炎热夏季管理 仔貉育成期正处于炎热的夏季，管理上要特别注意防暑和预防疾病。水盒、食具要经常清洗，定期消毒，小室和笼（圈）舍中的粪便及残食要随时清除，以防腐败，腐败的饲料一旦让貉吃掉，便会患肠炎等疾病。刚断乳的仔貉消化机能还不十分健全，对环境的适应能力不强，易患肠炎或患尿湿症，应在小室内铺垫清洁、干燥的垫草。注意笼舍的遮阴和通风，貉棚的饲养场，夏季需用石棉瓦或木板将貉笼盖上，以遮挡强烈的阳光直射貉笼，保证充足清凉的饮水，中午炎热时，要轰赶仔貉运动，地面洒水，以防中暑。防暑降温是育成期仔貉的重要管理工作，一是要保障饮水盒内经常有清洁的饮水，让貉自由饮用；二是当气温太高时，用水龙头把水喷在貉体表和地面，让水分蒸发带走部分热量，造成较适宜生活的小环境，保证育成貉安全度夏。

中暑的抢救方法：貉中暑时呼吸频率加快，喘气不止，重则呼吸困难、尖叫、昏迷，甚至死亡。如发现貉中暑，应迅速将貉转移到阴凉通风处，在头面部盖上用凉水浸过的湿毛巾，用清凉油擦鼻镜和太阳穴，撬开嘴，灌服藿香正气水 5～10ml，轻者能缓解治愈；严重患貉，则须肌注强心剂抢救，肌注苯甲钠咖啡因 0.25mg 或 0.25mg 尼可刹米，并向腹腔内注射 50ml 葡萄糖液。

4. 分群后饲养 9～10 月份以后，仔貉已长到成貉大小，应进行选种分群，选种后种貉与皮用貉分群饲养。种用仔貉的饲养管理与准备配种期成貉相同。皮用貉的饲养要点主要是保证正常生命活动及毛绒生长成熟的营养需要。其饲养标准可稍低于种用貉，可利用一些含脂率高的廉价动物性饲料，如经过高温处理的痘猪肉等，这样既有利于提高肥度，增加毛绒的光泽，提高毛皮质量，又可降低饲养成本。

10 月初就应在皮用貉的小室内铺加垫草，以利于梳毛。加强笼舍卫生管理，及时清除粪便及剩料，防止毛绒被污染及毛绒缠结，尤其是圈养的皮用貉更应该注意这方面的管理。

仔貉育成期应供给优质、全价及热能高的饲料，饲料中应注意矿物质、维生素及脂肪的补给。仔貉育成期每天喂 3 次，此时饲料量不要限制，能吃多少给多少，以不剩食为准。貉的汗腺不发达，加上被毛厚长，影响体热的散发，尤其是仔貉正处于生长发育旺期，需水量高于成年貉，在夏季炎热天气一定要保证仔貉的饮水需求，防止中暑，同时注意水质的清洁卫生，固定好食盆，及时清理粪便，以防被毛被食盆打翻时流出的饲料和粪便污染，发生缠结，尤其是圈养皮用貉更应注意。

第五节　貉冬毛生长期的饲养管理

一、貉冬毛生长期的生理特点

进入 9 月份，仔貉由主要生长骨骼和内脏转为主要生长肌肉、沉积脂肪，同时随着秋分以后的日照变化，将陆续脱掉夏毛，长出冬毛。此时，貉新陈代谢水平仍很高，蛋白质水平仍呈正平衡状态。因为毛绒是蛋白质的角化产物，故对蛋白质、脂肪和某些维生素、微量元素的需要仍很大。此时貉最需要的是构成毛绒和形成色素的必需氨基酸，如含硫的胱氨酸、半胱氨酸、蛋氨酸和不含硫的苏氨酸、酪氨酸、色氨酸，还需要不饱和脂肪酸，如亚麻油二烯酸、亚麻酸、二十四碳四烯酸和磷脂、胆固醇，以及铜、硫等元素，这些都必须在日粮中得到满足。

二、取皮貉的饲养

在目前的貉养殖中，普遍存在忽视冬毛生长期的弊病，不少貉场单纯为降低成本，而在此期间采用低劣、品种单一、品质不好的动物性饲料，甚至大量降低动物性饲料的含量。结果因营养不良导致大量出现带有夏毛、毛峰钩曲、底绒空疏、毛绒缠结、零乱枯干、后裆缺针、食毛症、自咬症等明显缺陷的皮张，严重降低了毛皮品质。

三、取皮貉的管理

貉生长冬毛是短日照反应，因此在一般饲养中，不要任意增加任何形式的人工光照，并把皮貉养在较暗的棚舍里，避免阳光直射，以保护毛绒中的色素。

从秋分开始换毛以后，应在小室中添加少量垫草，同时，要搞好笼舍卫生，及时维修笼舍，防止污染毛绒或锐利刺物损伤毛绒。添喂饲料时不要将饲料沾在皮貉身上。10 月份应检查换毛情况，遇有绒毛缠结的应及时活体梳毛。

第六章　貉的繁殖与育种

第一节　貉生殖系统的解剖特点

一、公貉的生殖系统

公貉的生殖系统由睾丸、附睾、输精管、阴茎及副性腺等部分组成。

（一）睾丸　公貉有1对卵圆形的睾丸，由睾丸囊包裹在阴囊里。繁殖期的睾丸产生精子，成年的公貉一年四季分泌雄性激素，睾丸内含有丰富的曲精细管，是精子生成的场所。精子是生命延续，基因遗传的最重要的蛋白质。貉是季节性繁殖的动物，其睾丸有明显的季节性变化，5～10月份为静止期，睾丸直径为5～10mm，重0.5～1.0g，无精子生成；11月至翌年1月为发育期，体积和重量都不断增加；2～4月份为成熟期，直径25～30mm，重2.3～3.2g，不断产生精子。

（二）附睾　长度35～45mm，分头、体、尾三部分，紧贴附于睾丸一侧。附睾里有盘曲的附睾管。附睾的头部位于睾丸近端，形状扁平呈U形，附睾体的形状细长，沿睾丸后缘向下行，延长至睾丸的远端为附睾尾。附睾的作用是运输、浓缩和储存精子，而精子必须在附睾中发育成熟。

（三）输精管　输精管和附睾尾相连，其功能是把精子从附睾尾输送到尿道，输精管外径为1～2mm，管壁的肌肉层较厚，坚实呈索状。在附睾尾附近，输精管是弯曲的，与附睾体平行排列，到附睾头附近变直，并与血管、淋巴管及神经形成精索，通过腹股沟管进入腹腔。两条输精管在膀胱上方并列而行，到阴茎的基部汇合略变粗，并在此处开口于尿道。

（四）副性腺 主要包括前列腺和尿道球腺。貉的前列腺较发达，包围在尿道周围。尿道球腺较小，但很坚实，位于尿道内骨盆腔的附近。副性腺的功能主要是在射精时排出前列腺及尿道球腺分泌物。其中尿道球腺分泌物的主要作用是清理和冲洗尿道，而前列腺分泌物主要是稀释精液和提高精子的活力。

（五）阴茎和包皮

1. 阴茎 呈圆棒状，直径 10～12mm，长度 65～95mm，是貉的交配器官。阴茎包括阴茎根、阴茎体和龟头。阴茎根部连接坐骨海绵体肌，阴茎根向前延伸形成圆柱状的阴茎体，其游离末端是龟头，整个阴茎富含海绵组织。阴茎中有一根长 60～85mm 的阴茎骨，中间有一沟槽，尖端带钩。

2. 包皮 貉的包皮短而宽，由腹部皮肤凹陷而成，可以完全包裹着退缩的阴茎，起容纳和保护龟头的作用。

二、母貉的生殖系统

母貉的生殖系统由卵巢、输卵管、子宫、阴道和外生殖器官组成。

（一）卵巢 母貉有 1 对卵巢，左右各一，为扁圆形，直径 4～5mm，腹面黄白色，背面红褐色，外面被脂肪包围，包围卵巢的脂肪与卵巢间有缝隙，形成一个封闭的卵巢囊。卵巢的功能是周期性地产生卵细胞和分泌雌性激素，以促进其他生殖器官及乳腺发育，并使发情母貉产生性欲。卵巢分泌的雌性激素有利于早期胚胎的迁移，使之成功地在子宫内附植和发育。

（二）输卵管 貉的输卵管很细，位置在每一侧的卵巢和子宫角之间，与输卵管系膜联结在一起，盘曲在卵巢囊上，肉眼不易观察到。输卵管的功能是接纳排出的卵子，是精子与卵细胞受精的场所，同时通过它把受精卵输送到子宫角内。

（三）子宫 貉的子宫为双角子宫，由一个子宫体、子宫颈和左右两个子宫角组成。子宫体长35～40mm，粗12～15mm；子宫角长70～80mm，粗3～5mm。子宫颈是一括约肌样结构，向后穿入阴道内，长4～5mm，宽8～10mm（以上均指非繁殖期），子宫的作用是在交配时，它的收缩有助于精子向输卵管方向运动，在受精卵附植前，它分泌的子宫液有助于维持受精卵的发育；附植后是胎盘形成和胚胎发育的地方。

（四）阴道　阴道不仅是母貉的交配器官，还是胎儿和胎盘产出时的通道。阴道全长100～110mm。两端较宽，直径为15～17mm，中间较狭窄为10～12mm。其上端与子宫颈的连接处形成拱形，即阴道穹隆。此处黏膜肥厚坚硬，交配时公貉的阴茎骨就勾挂于此。

（五）外生殖器官　包括前庭、大阴唇、小阴唇、阴蒂和前庭腺，统一命名为阴门。阴门在非繁殖期凹陷入皮肤内，被阴毛覆盖，外观不易明显观察到。在貉发情时，阴门将肿胀、外翻，有分泌物等一系列形态上的变化，这种变化是鉴定母貉是否发情的重要依据。

第二节　貉的繁殖特点

一、性成熟

人工饲养条件下，貉的性成熟时间为8～10月龄，公貉略早于母貉，并与营养程度、遗传因素、饲养管理等密切相关。不仅如此，同样的饲养管理，个体间也有一定的差异。有个别的貉在8～10月龄时还不能投入繁殖。

二、繁殖季节

貉属于季节性繁殖动物，只有在繁殖季节内才能发情、交配射精、排卵和受精。在非繁殖季节，睾丸和卵巢机能活动处于静止状态。貉的发情季节是在每年的1月末至4月上旬，旺期为2

月下旬至3月上旬。在发情季节里，公貉一直都处于性欲冲动状态；母貉只有一个发情周期10～12d，发情持续期只有2～4d，母貉每年仅发情一次。

三、性 行 为

（一）配种期 貉的配种期东北地区一般为2月初至4月末，个别的在1月末开始配种。不同地区的配种时间稍有不同，黑龙江省比吉林省略早些。一般经产貉配种早，进度快，初产貉次之。

（二）交配行为

1. 交配时间 貉的交配时间较短，交配前求偶的时间为3～5min。射精时间0.5～1min，亲昵逗留时间为5～8min，整个交配时间在10min以内者居多。如果发现貉的交配时间较短是不正常现象，一般是由于公母貉交配姿势不对或生殖器官异常所致。

2. 交配能力（交配频度） 貉的交配能力主要取决于性欲的强度，其次是两性性行为的配合力。一般性欲旺盛及两性性行为和谐的交配频率较高。同一配对公母貉连续交配的天数多为2～4d，而且母貉年龄较大的交配频度比年龄较小的高。

公貉在整个配种期内都有性欲，但是配种后期性欲降低。一天内一般可交配2～3次，每次交配的最短时间间隔为3～4h，性欲强的公貉在整个配种期的最短时间间隔也是3～4h。性欲强的公貉在整个配种期一般可交配母貉5～8只（最高达14只），总配种次数为15～23次；一般的公貉可交配母貉3～4只，配种次数为5～12次。

（三）性的和谐与抑制 母貉进入发情期即达到发情高潮阶段后，即有求偶欲，这时互相间非常和谐，很少发生咬斗现象。但个别公母貉对放对的配偶有挑选行为。不和谐的配偶之间互不理睬；个别的甚至发生咬斗，虽已到发情期，但并不发生交配行为，当更换配偶后，有时马上可达成交配，这就是择偶性强的表现。在配种中发现貉的择偶性比狐狸还强。公母貉因惊吓或被对方咬伤后，会暂时或较长时间出现性抑制现象。发生性抑制的公貉会丧失配种能力，不是惧怕母貉就是乱咬母貉；而这种类型的母貉虽已发情，但因惧怕公貉接近而拒绝交配；配种时性不和谐或性抑制往往导致母貉失配。

四、妊 娠

公母貉交配后，精子和卵子结合而受精妊娠。貉的妊娠期为54～65d，平均为60d，初产或经产的母貉妊娠期没有明显差别。妊娠10～ 12d以后，胚胎发育逐渐加快，这时母貉食欲旺盛，采食量增加，性情变得安静、温顺。妊娠到25～30d，在母貉腹部可能摸到鸽卵大小的胎儿。40d后，母貉腹部开始膨大，逐渐下垂，背脊凹陷，腹部毛绒竖立，形成纵向裂纹，行动迟缓。到50～55d时，临产前的母貉拔毛做窝，经常蜷缩在小室内不愿出来活动，尿频，多便，排出的粪便条短，时常发出呼唤声，拒食等。

五、产 仔

（一）产仔期 东北地区母貉产仔最早在4月上旬，最迟在6月中旬，集中于4月下旬至5月上旬，一般经产貉产仔最早，初产貉稍晚。貉的产仔时期也与地理纬度有关，一般高纬度的地区比低纬度的地区早些。

（二）产仔行为 母貉临产前多数食量减少或停止吃食。母貉产仔多在夜间或清晨的产箱中进行。个别的也有在笼网或运动场上产仔的，分娩持续时间4～8h，个别也有1～3d的。仔貉每隔10～15min生出1只，仔貉出生后母貉立即咬断脐带，吃掉胎衣和胎盘，舔舐仔貉身体，直至产完才安心哺乳仔貉；个别的也有2～3d内分批产出的，初生的仔貉发出间歇的“吱、吱”

叫声。

(三) 产仔能力 貉是多胎动物，胎平均产仔 8 只左右，最多可达 19 只。一般经产貉产仔能力优于初产貉。

六、哺乳母貉及仔貉的行为

新生仔貉 1～2h 毛绒干后即可爬行寻找乳头吮乳，食后便沉睡，一般间隔 6～8h 吮乳一次。仔貉 15～20 日龄长出牙齿开始采食饲料，45～60 日龄可断乳分窝独立生活，5～6 月龄长至成貉。

一般母貉有 4～5 对乳头，对称地分布于腹下两侧，母貉产仔前自己拔掉乳房周围的毛绒，使乳头充分显露出来，便于仔貉吸乳，产仔的母貉母性很强，大多数的母貉可安心哺育仔貉，除采食和排粪尿外，很少走出产箱。

母貉护仔性强，除夜深人静时出产箱吃食外，一般不出产箱活动。笼养繁殖的母貉产仔后，即使有人打开产箱上盖，甚至强行驱赶，母貉也不会丢下仔貉而离开产箱。但也有个别母貉，弃仔、践踏仔，甚至有吃仔现象，多半是产仔母貉高度惊恐或母性不强的结果。在产仔哺乳期应尽量避免惊扰产仔母貉。母貉泌乳能力很强，仔貉生长发育也很迅速。

哺乳期母貉与仔貉的关系十分密切，并随日龄的增加有很大的变化。仔貉吃食前，母仔非常亲密，母貉对仔貉关爱备至。为便于仔貉吃奶，1 月龄以前母貉尽量采取躺卧姿势，1 月龄以后以站立姿势喂奶。初生仔貉吃奶时，母貉逐个舔舐仔貉的肛门，吃掉它们的粪便。在不能自行采食之前，仔貉在小室内的粪便，也是由母貉吃掉，或用嘴叼到产箱外，产箱内要经常保持干净整洁。仔貉刚会采食时，母貉从笼中将食物叼到产箱中给仔貉吃，一直到仔貉能自行取食及自行采食为止，此后，母貉不再为仔貉舔舐肛门和清理粪便。

仔貉 45 日龄后，母貉开始对它们表现淡漠，逐渐疏远仔貉，护仔性强的表现不明显，尤其是吮乳时，母貉来回走动，躲避仔貉，有时甚至也恐吓或扑咬仔貉。这是母貉泌乳量减少，母乳不足的结果。

个别母貉也有异常的母性行为，如玩弄仔貉、叼仔、咬仔、弃仔等。其原因多是受到突然的惊扰，奶水不足或饮水不足及有恶癖造成的。

第三节　貉受胎率低的原因和对策

一、受胎率低的原因

（一）饲养方面的问题　用来饲喂貉的饲料由于营养不全价，搭配不合理，动物性饲料所占比例小，微量元素缺乏，以及与貉生育繁殖极为相关的各种维生素供给量不足，维生素C、维生素E如果保存不当，很容易氧化，在实际生产中容易忽视，使貉繁殖系统受到影响而不生育，维生素A给量不足，会导致初生仔貉死亡；如果母貉用以维持生命所必需的各种氨基酸、蛋白质、碳水化合物等都没有达到饲养标准要求，也导致母貉的繁殖机能下降。在发情前调整好体况，不要把种貉喂得过肥，过肥的体况会造成母貉不发情；如果种公貉体况过肥，也会因为行动不便而造成交配困难，中等稍上的膘情最理想。

（二）忽略母貉的发情鉴定　在部分初养貉专业户中，母貉在配种时不进行发情鉴定，只是将公母貉合笼饲养，配种时疏于管理，有的母貉发情虽然很好，但公貉性欲差，或择偶性过强，从而造成人为的失配。另外，也有公母貉合笼饲养，发情交配较晚的情况。缺乏经验的养貉户，不搞发情鉴定，当看到公母貉相互追逐、嬉闹，误以为已交配完毕，过早地将公貉捉出，造成失配。

（三）公、母貉存在生理缺陷　在选留种貉时，由于选种不严格，再加上日常饲养管理条件差，导致一些公、母貉发育不健全，生理有缺陷，如公貉出现隐睾、侧睾，母貉出现生殖器畸形等，这些都能造成不能正常交配或交配失败。

(四) 管理水平不高 部分养貉户，将多公多母放在同一圈内饲养，使个别强壮的公貉配种过频，其他公貉几无交配机会，甚至出现相互撕咬，从而耽误时机，使一些发情较好的母貉不能及时接受配种，而造成失配。还有在配种前训练不当，配种时公母貉相互咬伤，从而使双方产生惧怕心理和性抑制，不能正常进行交配。除此之外，貉舍尺寸不标准，笼网太矮，其高度在50cm以下，使貉的爬跨受到一定的影响，不能很好地进行交配。

二、应对措施

(一) 精心饲养

1. 在配种期间一定要合理配制饲料，力求饲料原料品种多样化，营养成分要全面。饲料配制要求：动物性饲料30%、谷物饲料65%、蔬菜类饲料5%。配合日粮中，每天每只还应当添加酵母15g、麦芽15g、骨粉8g、鸡蛋25～50g、食盐2.5g、大蒜2g；每天每只繁殖期及产仔期维生素A 2500IU、维生素B_1 10mg、维生素C10～30mg、维生素E30～50mg，早食喂40%，晚食喂60%。喂食时间要与放对配合好，喂食前后30min不能放对。

2. 要加大科学管理，配种期每天都要捉貉检查发情情况和放对。经常检查维修笼舍，防止逃跑和造成失配。由于性欲冲动，貉的食欲较差，特别是公貉食欲下降更为明显。因此，这期间饲养人员要经常细心观察，正确区分发情貉与病貉，以便及时治疗。放对后，要注意观察公母貉的行为，防止咬伤，若发现公母貉有敌对行为的，应当及时进行分开，重新调配配偶。貉胆小易惊，放对时要注意保持安静。

(二) 搞好发情鉴定 每年从1月下旬开始，对母貉要普遍进行一次发情检查，做到对每一只发情母貉都心中有数。从此以后，每隔两天检查一次，以便及时发现发情母貉，及时组织放对试情，如发情较好，母貉则站立笼内将尾翘向一边，静候或迎合公貉爬跨交配。

（三）配种后精液检查　为了提高母貉受胎率，一定要搞好精液的品质检查。其方法是将刚受配的母貉保定在20℃左右的室内，用钝头玻璃棒或滴管伸入母貉阴道内10cm深处，蘸取少量精液涂于干净玻璃片上，再用少量生理盐水稀释，置于200～600倍显微镜下进行观察。如果精子活力差，或精子极少，经多次检查都是这样，就应停止使用该公貉。

（四）实行重复配种措施　经实践证明，貉交配次数多，其产仔率也高，所以应当采取用重复配种的方式来提高受胎率。对于初次达成交配的母貉，到第二天应当复配一次，第三天再复配一次，这种连续3d配3次的方式其受胎率较高。

（五）不断优化种貉群　2～5岁种貉的繁殖率最高，所以种貉群组成，应当以适龄老貉为主，约占65%，每年补充的幼貉不得超过40%。

第四节　貉的繁殖技术

一、配种技术

（一）发情鉴定

1. 公貉发情鉴定　从群体上看，公貉集中发情并且比母貉早，一般1月末至2月中旬绝大多数公貉都具备配种能力。其发情和求偶的表现如下：此时公貉活泼好动，经常在笼中来回走动，有时翘起一后肢斜着往笼网上排尿，也有时往食盆或食架上排尿，经常发出“咕—咕”的求偶声。

除了进行行为观察外，也可检查公貉睾丸来判断它有无交配能力。此时公貉睾丸膨大、下垂、具有弹性，睾丸如鸽卵大小；而且公貉睾丸发育正常，质地松软而具有弹性，配种期下降到阴囊之中，是具有交配能力的表现。睾丸太小，质地坚硬、无弹性，或没有下降到阴囊之中（即隐睾）一般没有配种能力。

2. 母貉发情鉴定 母貉的发情要比公貉稍晚些，多数是2月至3月上旬，个别也有到4月末的，母貉的发情鉴定通常采用如下四种方法，即行为观察、生殖器外观的检查、放对试情和阴道分泌物细胞图像检测。上述几种方法要相互结合进行综合评定，但应该以生殖器外观检查为主，以放对试情为准。

（1）行为观察母貉进入发情期时，表现不安，来回走动次数增加。食欲减退，排尿频繁，经常用笼网摩擦或用舌舔外生殖器。发情盛期时，精神极度兴奋，食欲减退或拒食，不断发出急促的求偶叫声。发情后期活动逐渐趋于正常，食欲恢复，精神安定。

（2）生殖器官外观检查用专用的鞭状套索捕捉到母貉，仔细检查并观察其外生殖器；主要根据生殖器官的形态、颜色、分泌物的多少来判断母貉的发情程度。

①发情前期 阴毛开始分开，阴门逐渐肿胀、外翻，到发情前期的末期肿胀程度达最大，形近椭圆形，颜色开始变暗。用手挤压阴门，有少量稀薄的、浅黄色分泌物流出。

②发情期 阴门的肿胀程度不断增加，颜色发暗，阴门开口呈T形，出现较多乳黄色黏稠的分泌物。发情期是配种的最佳时期。

③发情后期 阴门的肿胀程度减退，阴门收缩，阴毛合拢，阴门黏膜干涩，出现细小皱褶，分泌物较少而浓黄，有时污秽不洁。

正常母貉发情时，生殖器外观都出现上述的典型变化。但也有个别母貉，在配种期生殖器官外观没有典型的变化，可能因为母貉生殖机能异常或隐性发情，但能正常排卵、受孕和产仔。

（3）阴道分泌物的细胞图像观察发情貉的发情和排卵，是受体内一系列生殖激素调节和控制的，同时生殖激素（主要是雌激素）作用于生殖道（阴道），使上皮细胞增生增大，为交配做准备。因此，在发情周期中，随着体内生殖激素水平的变化，阴道分泌物中，脱落的各种上皮细胞的数量和形态也呈现规律性的变化，利用阴道分泌物的细胞图像检测发情与否，可作为发情鉴定的一种方法。

貉阴道分泌物中主要有三种细胞，即角化鳞状上皮细胞、角化（圆）形上皮细胞和白细胞。

①角化鳞状上皮细胞　为多角形，有核或无核，边缘卷曲不规则。主要在临近发情前或发情期出现。在发情期部分此种细胞崩溃而形成碎片，形状为梭形或船形。在发情前期，随着发情期的临近，角化鳞状上皮细胞的数量比例逐渐增大，其明显升高的时间在初配前 3d，在初配后第一天时，达到最高值（62.35%）。拒绝交配时，角化鳞状上皮细胞数量比例迅速减小，初配后 7～12d 恢复到发情前期初期的水平。

②白细胞　主要为型多核白细胞，直径为 9.15±1.84μm。在发情前期和进入妊娠期后，一般以分散游离状态存在，分布均匀，边缘清晰，在发情期则聚集成团或附着于其他上皮细胞周围，此时由于体积变大，直径为 12.60±2.91μm。在发情前期的初期，分泌物细胞图像几乎全部由白细胞组成（94.60%），随发情期的临近，它的数量比例逐渐减小，到初配后第一天时，达到最低值（32.83%），拒配后开始上升，初配后 7～12d 恢复到发情前期的水平。

③角化（圆）形上皮细胞　形态为圆形或近圆形，绝大多数有核，细胞质染色均匀透明，边缘规则，直径平均为 35.31±9.24μm。在发情周期各阶段和孕期均可见到，一般单独分散存在，它的数量比例没有明显的变化。

以上可以看出，阴道分泌物中出现大量的角化鳞状上皮细胞，是母貉进入发情期的重要标志。在阴道分泌物中，通过检测它的角化鳞状上皮细胞的数量比例，结合外阴部检查等发情鉴定可提高母貉发情鉴定的准确性。

阴道分泌物涂片的制作方法：用经过消毒的吸管，插入阴道8～10cm，吸取或蘸取阴道分泌物，往洁净的载玻片上涂一薄层，阴干后，于100倍的显微镜下观察；用血细胞计数器计算各种细胞的数量比例。

(4) 发情检测器法　母貉发情时，用发情检测器测定发情母貉阴道电阻值，电阻值逐渐增高至峰值为发情前期，达峰值后电阻值明显下降时为发情期。

(二) 配种期检查时间　貉场在配种期开始时，应对整个貉群进行一次发情鉴定，记录每只母貉外阴部形态颜色和分泌物的多少，以后根据每只母貉的发情进度掌握放对配种时间。一般情况时，记录为“＋”，这样的母貉间隔5～6d后再检查；发现发情变化明显者（如阴毛基本分开，阴门肿胀程度增加，颜色开始变深，有较多量的淡黄色黏液），记录为“＋＋”，这样的母貉间隔2～3d再检查。如果发现母貉具有典型的发情表现（如阴毛完全分开，阴门外翻、高度红肿、颜色暗红，有大量的乳黄色黏液），记录为“＋＋＋”；此时母貉已经进入或很快就要进入发情期，应该立即放对试情，若接受交配，便可更换公貉正式配种，或直接与选配公貉放对。如果拒配，那么就需要对母貉每天检查放对，直至接受交配为止。

(三) 貉人工授精技术　貉人工授精技术不但可以减少公貉的养殖数量，而且加快了优良公貉的扩群。

1. 貉的采精操作过程及注意事项

(1) 按摩法采精　采精前，先按摩公貉睾丸和会阴部，给貉一个采精信号。按摩数秒后，采精者将拇指、食指捏在公貉阴茎两侧，中指捏在阴茎腹面，捏住阴茎中部并沿阴茎纵向捋压和滑动阴茎包皮，对阴茎进行摩擦刺激。捋压开始时滑动速度要快一些，需4～5次/s，捋动幅度7～8cm。捋压5～7/s后，阴茎勃起，接着阴茎中部的球状海绵体膨大。此时，将阴茎从公貉两后腿之间拉向后方，将包皮捋至球状海绵体后方，继续捋压球状海绵体和后部的阴茎，捋压速度减慢，每 10s 捋压 12～13 次，捋压球状海绵体时，稍用力些，如此反复捋压按摩（5～7s 或 10s）直至公貉射精为止。为提高采精效果，按摩时应配合公貉性反射行为调整捋压按摩频率和力度，以刺激公貉排精。适度的捋压刺激公貉表现兴奋和舒适，刺激力度不够，公貉没有性反射，阴茎勃起速度慢且不坚挺，而刺激力度过大过强时，公貉有痛感，会发生性反射抑制现象。公貉射精过程中仍需对其按摩刺激，整个捋压采精过程大约需几十秒钟，最多不超过 2min。将精液迅速送往精检室内，放在 37℃保温瓶或水浴锅内，并做好采精记录；公貉射精结束后阴茎回缩时，将包皮向阴茎头部捋挤，使阴茎复原。

（2）电刺激采精　对于没有很好采精驯化的公貉，也可以进行麻醉后用电刺激取精法进行采精，麻醉剂按体重标准给量，采精器按说明操作，直至貉大腿肌肉强力收缩，射精为止。

采用中国农业科学院特产研究所自行研制的貉用电刺激采精器按照正常操作，采用由低到高电压顺序，逐渐升高电子采精器的电压；电刺激法采精器电压为 8～10V；射精电压为 12～16V。电刺激采精对貉生殖系统刺激比较大，分不清是副性腺液还是所射出的纯精液，射精量比按摩法多，但是需要麻醉后采精，与按摩法相比，电刺激采精不实用。

（3）精液的接取收集　开始射精时（公貉自主抖动动作停止，尾根部紧张下压），另一只手握住集精杯底部（用手掌保温）准备接取精液。公貉射精时，首先射出的是副性腺分泌物，白色透明尿样，可不接或接取弃之不用。后射出的是乳白色的精液，要及时接取在集精杯内。

（4）采精频率　指每周对公貉的采精次数。为了既能最大限度地采集公貉精液，又能维持它的健康体况和保证精液品质，必须合理安排采精频率。公貉每周采精 2～3 次，如果连续采精2～

3d应休息1～2d，为了防止精液品质降低，不可随意增加采精次数，否则会造成公貉利用率降低等不良后果。

2. 精液的稀释与保存

（1）常用几种稀释液配方稀释液原液配方：①三羟甲基氨基甲烷12.3g，果糖5g，甘油30.1g，柠檬酸6.78g，蒸馏水400ml；②柠檬酸钠11.85g，葡萄糖4g，蒸馏水400ml；③三羟甲基氨基甲烷12.1g，带一个结晶水的柠檬酸6.7g，葡萄糖5.0g，纯水（或双蒸馏水）加至500ml；在输精前，原液稀释液400ml，再加新鲜卵黄液100ml和青霉素10万IU即可，其中新鲜卵黄液占总稀释液的20%；以上化学药品均为分析纯试剂。

（2）精液稀释方法与精液稀释液的检查使用前每批次精液稀释液都必须进行保存后的精子活力检查。如精液稀释后3h内，精子活力≥0.7（在30～37℃检查），说明稀释液的质量达到了标准；根据这个精子活力标准，必须把不符合标准的稀释液舍弃不用。不同公貉个体的精子对稀释液的适应性会有差别，多做几只观察稀释效果。

（3）稀释液的保存。稀释液应保存于4～5℃冰箱中，当天用多少吸取多少，并加温预热，剩余的稀释液弃去不用。精液稀释的倍数确定：按精液密度、精子活力和畸形精子率的检测结果计算出每毫升原精子中有效精子数，再按稀释后精液应含有的有效精子数（7 000万/ml）和当日输精母兽数量计算出稀释倍数。稀释倍数=每毫升原精液中有效精子数/输精时每毫升稀释精液中所要求的精子数。

（4）精液稀释的操作。事先把精液稀释液用吸管或移液管移至试管内，并置于盛有35～37℃温水的广口保温瓶或水浴锅内保存备用。稀释时先按稀释倍数准确量取所需的稀释液，再将稀释液沿集精杯壁缓慢加入到精液中，轻轻摇匀，严禁稀释液快速冲入精液和剧烈振荡。稀释后的精液适于25～35℃条件下保存，保存时间不超过3h。

3. 人工输精

（1）输精器材的准备　输精前，准备好输精器、注射器、阴道插管、70%的酒精棉球等。室内温度应保持在18～25℃，同时在室内外进行常规消毒工作。所用人工授精器材如输精器、阴道插管等事先严格消毒备用，使用时每貉1份。用后再统一消毒处理。所用5ml注射器最好为医用无菌一次性注射器。

（2）做好母貉发情鉴定和疫病检查　为提高母貉受精率和杜绝疫病传播，授精前必须进行发情鉴定和疫病检查，凡发情未在输精时机（发情盛期，以能不能接受爬跨为基准）和有生殖道疾患者不给输精。

（3）人工输精（子宫内输精）操作　输精时两人配合操作，一人保定貉，一人输精。母貉的保定消毒：保定人员用保定钳保定母貉，一手握住母貉尾部使尾朝上，用0.1%～0.2%新洁尔灭消毒液消毒外阴部及其周围部分。

输精操作：

①先将阴道插管插入母貉阴道内，其前端抵达子宫颈；左手虎口部托于母貉下腹部，以拇指、中指和食指摸到阴道插管的前端。

②以左手拇指、食指、中指固定子宫颈位置，右手握持输精器末端向阴道插管内腔插入，前端抵子宫颈处，调整输精的位置探寻子宫颈口。

③左手、右手配合将输精器前端轻轻插入子宫体内1～2cm，固定不动。助手将吸有精液的注射器插接在输精器上，推动注射器把精液缓慢地注入子宫内，输精技术熟练者，事先将吸有精液的注射器插在输精器上，由输精者直接将精液输入。

④向注射器内吸取精液时，应注意注射器的温度与精液温度一致，缓慢吸取到固定的刻度时，可再吸入少许空气，以保证输精时将所有精液输入子宫内，防止残留在输精针管腔内，造成精液资源的浪费。

⑤输精后轻轻拉出输精器，如果输精手法得当且母貉生殖道无畸形，则输精过程中母貉表现安静。

⑥输入精液量约为 0.7ml，精子活力≥0.7，输入有效精子不少于 7 000 万。

⑦输精次数，一般连续输精 2～3 次，每日 1 次。初次输精误为假发情时，待发情后再输 2～3 次。

输精效果判定：

①拉出输精器时手感觉有点阻力；

②拉出输精器时精液不倒流；

③镜检输精器内残留精液，精子活力不低于 0.7；

④拉出输精器时无血液残留。

(四) 精液品质检查 公貉的精液品质检查主要看其是否真正具有配种能力，使母貉怀孕。该方法已被广泛应用，特产所毛皮动物基地多年来一直采用此方法。实践证明，进行精液品质检查后，可以有效地限制不育或低育公貉的配种，同时也能防止母貉漏配，提高貉受胎率。

精液品质检查应在 18～25℃的室内进行，用玻璃棒或吸管插入刚配完的母貉阴道中 10～12cm 处蘸取或吸取精液一滴，放在载玻片上，于 200 倍的显微镜下观察。显微镜检查时，根据精液中精子的活力和密度，评定其等级。

精子活力的评定：在显微镜下，以直线前进运动精子所占的比例来评定。通常用三级评分法。三级：在视野中 70%以上精子为直线前进运动的；二级：在视野中有 60%精子为活泼的直线前进运动的；一级：视野中不超过 30%的精子为直线前进运动的。

精子密度的评定：它与检查精子的活力同时进行，一般用估测法。即根据精子稠密程度不同，将精子密度粗略分为“稠密”、“中等”、“稀薄”三级。“稠密”：在整个视野中精子之间的距离，仅可容纳 1～2 个精子；“稀薄”：精子间可容纳 10 个以上的精子；“中等”介于“稠密”和“稀薄”之间。

精液中精子的密度和活力，若达到密度“中等”和活力“二级”、密度“稠密”和活力“一级”或密度“稀薄”和活力“三级”以上的都是合格精液。经几次检查，精液品质差或无精子或畸形精子多的公貉，应停止使用，使用这种公貉配种的母貉，应更换精液品质好的公貉重配。精液品质优良的公貉，则应充分加以利用。

（五）放对配种

1. 放对方法　一般公貉在交配过程中很主动。因此，通常将母貉放入公貉笼内进行配种；另外，公貉在自己熟悉的环境中性欲不受抑制，可以缩短配种时间，提高放对效率。但遇性情暴烈、不易捕抓的母貉，也可将公貉放入母貉笼内配种。

放对分为试情性放对和交配性放对。试情性放对主要是通过试情来证明母貉的发情程度。因此，如果发情未到盛期时，放对时间不应该过长，避免公母貉之间因达不成交配而产生惊恐和敌意。对于交配性放对，在确认母貉已进入发情盛期的情况下，尽量让它们达成交配。所以只要公母貉比较和谐，就应坚持连续放对。放对最好安排在早晨和上午进行，此时公貉精力充沛、性欲强，较易达成交配。对于貉，一般在人为目测确定母貉发情后，都采用放对配种的方法。

2. 配种方式　貉是季节性一次发情，是自发性陆续排卵的动物；配种只能采取连日复配的方式。即初配一次以后，还要连续每天复配一次，直至母貉拒绝交配为止，这样才能提高产仔率。生产上多采用一个发情期 3～4 次配种，有时貉在上一次交配后，间隔 1～2d 才接受再次复配。为了确保貉的复配，对那些择偶性强的母貉，可更换公貉进行双重交配或多重交配（即用一只母貉与两只公貉或两只以上公貉交配）。

3. 貉的交配行为　公貉主动接近母貉，伸长颈部嗅闻母貉的外阴，而发情母貉则将尾巴歪向一侧等候公貉交配，公貉很快举起前肢爬于母貉的后背上后躯反复抽动将阴茎插入阴道内，臀部抖动加快、内陷；两前肢紧紧抱住母貉腰部，静止约 1min；尾巴轻轻扇动，即为射精。射精后母貉翻转身体腹部朝上与公貉腹面相对，公母貉脸对脸嬉戏、轻轻啃咬，并发出“哼哼”的叫声。经 5～10min 分开，最长可达 25min。

4. 注意事项

（1）公、母貉的交配应在公貉的笼内进行，可缩短交配时间。若把公貉放到母貉笼内，公貉改变了环境，对母貉笼内气味非常敏感，来回游走嗅闻，分散了公貉对母貉的注意力，延长交配时间。

（2）放对交配应在每天的早晨或中午进行。实践证明，在雪天和寒冷的天气放对交配，效果更佳，产仔数更多。

（3）母貉交配后隔 24h 进行 1 次复配即可。实践证明，每天交配 2 次和间隔 24h 复配 2 次与间隔 24h 复配 1 次的产仔数差异不显著。公貉每天交配 2 次，连用 3d，休息 1d。

（六）种公貉的训练与利用　由于公貉具有多偶性，一般一只公貉可配 3～4 只母貉，种公貉在配种中的作用是至关重要的。提高种公貉的配种能力是完成配种工作的有利保证。

1. 训练公貉，学会配种　种公貉尤其是年幼的公貉，第一次交配比较困难，一旦交配成功，就能顺利交配其他母貉。训练年幼公貉参加配种，必须选择发情好、性情温顺的母貉与其交配；发情不好或没有把握的母貉不能用来训练小公貉。训练过程中，要注意爱护公貉，禁止粗暴地恐吓和扑打公貉，注意不要使公貉被母貉咬伤。否则，种公貉一旦丧失性欲就很难发挥配种作用。

2. 种公貉的合理利用　种公貉的配种能力在个体间的差异很大，一只公貉一般在一个配种期内可交配 5～12 次，多者高达 20 余次，少者只有 1～2 次。为保持和发挥种公貉的配种效能，应有计划地合理控制和使用；在配种前期和中期，每天每只种公貉可接受1～2次试情放对和1～2次的配种性放对，每天可成功交配1～2次。公貉连续达成交配（每天1次）的天数，一般为5～7d，然后必须休息1～2d才能再放对。一般老龄公貉开始参加配种的时间早于1岁，但结束配种的时间也较早；因此，在配种初期主要是利用老龄公貉，而在中后期则利用1岁公貉。配种后期由于发情母貉日渐减少，公貉的利用次数也随之减少。配种后期一般公貉性欲减退，性情变得粗暴，有的甚至形成咬母貉或择偶性强，应挑选那些性欲强的没有恶癖的种公貉，完成后期发情母貉的配种工作。配种期间可以少搭配母貉，重点使用，以便维持它旺盛的配种能力，在配种的关键时期用它解决那些难配的母貉。

3. 提高公貉交配效率　根据每只公貉的配种特点，合理地制定放对计划。性欲旺盛和性情急躁的公貉优先放对。每天放给公貉的第一只母貉要尽量合理，力争达成交配。我们知道，公貉的性欲与气温有很大关系，气温升高会使性欲降低；配种期尽量将公貉放在棚舍的阴面饲养，而且放对时间一定要安排在早晚进行，实践中了解到阴雪、气温骤降的有风天气更利于配种进行。公貉性欲旺盛，可抓紧时间争取多配。有经验的养貉户都知道，公母貉配种期对周围环境有一定的要求，人声嘈杂和噪音刺激均会使性行为抑制，不利于配种。因此，配种期间要尽量保持安静，饲养人员观察时，也不要太靠近放对笼舍。

（七）配种期的观察护理　在貉放对配种过程中，饲养人员应注意以下几个方面：

1. 确认母貉已经受配　多数母貉在交配后很快翻转身体，面向公貉，不断发出叫声或呈现戏耍行为。如果观察到上述现象，则可以肯定母貉已受配。但也有少数母貉交配后不翻转身体，也无叫声，只是臀部紧贴公貉后躯，这与公貉爬跨但没有交配成功的母貉不易区别。这就要求饲养人员认真仔细地观察它们的行为，注意看公貉有无射精动作，以区分真假，为了防止漏配，再辛苦一些，用显微镜检查母貉阴道内有无精子，加以验证。

2. 防止公貉或母貉被咬伤 母貉发情不好，或已发情的公貉或母貉择偶性较强时，容易发生咬斗。饲养员要及时制止，否则公母貉一旦被咬伤，很容易产生性抑制，再与其他貉放对也不易达成交配。若公貉的阴茎被咬伤，则失去了种用价值。因此，在貉放对时，饲养人员应密切注意观察，一旦发现公母貉有咬斗现象，应及时将其分开，另外，这样做也可以防止漏配。

3. 采取人工辅助交配 有个别的母貉，交配时后肢不能站立或不抬尾，不容易达成交配，此时要采取人工辅助交配。辅助交配时，要选用性欲强且肥大温顺（最好经过一定训练）的公貉。对交配时不站立的母貉，可将其头部抓住，臀部朝向公貉，待公貉爬跨并有抽动的插入动作时，用另一只手托起母貉腹部，调整母貉臀部位置。只要顺应公貉的交配动作，一般都能达成交配。对于不抬尾、发情好的母貉，可用细绳拴住尾尖，固定其背部，使阴门暴露，再放对交配。注意绳最好隐藏在毛绒里，以免公貉发现后玩耍细绳，交配后要及时将线绳解下。发情而不交配的母貉一般有咬公貉的毛病，可捆住它的嘴，使之交配怀孕产仔后，视其母性强弱、乳汁状况决定来年的去留。

二、产仔保活技术

（一）产仔前的准备工作 貉的妊娠期为60d左右，一般要在产仔前5～10d做好产箱的清理、消毒及垫草保温工作。小室消毒可用2%的碱水洗刷，也可用喷灯火焰灭菌。保温用的垫草可选用柔软、不易折碎、保温性能强的山草、软稻草、软杂草等。垫草多少可根据气温灵活掌握，北方寒冷地区可多絮一些。垫草除具有保温作用外，还有利于仔貉抱团和吮乳，有利于毛绒的梳理。所以，即使气温暖和也应当加絮垫草。垫草应在产仔前一次絮足，否则产后缺草时临时补给会使母貉受到惊扰。貉的妊娠期比较准确，其预产期的计算方法如下：平年2月份配种的母貉的预产期为月份加2，日期不变，如2月8日受配的预产期为2月+2=4月，日期为8，预产期为4月8日；闰年2月份配种的预产期为月份加2，日期减1，如2月8日受配的预产期为2月+2=4月，日期减1为8－1=7，预产期为4月7日；3月份配种的预产期为月份加2，日期减2，如3月8日受配的预产期为3月+2=5月，日期为8－2=6，预产期为5月6日；3月1～2日配种的母貉，预产期为月份加1，日期加28，如3月2日受配的则月份加1等于4，日期加28等于30，其预产期为4月30日。

（二）貉难产的处置 母貉产仔日期已到，出现临产征候，却迟迟不见仔貉娩出；母貉频频出入小室，惊恐不安，回视腹部并有痛苦状，如果已看见羊水排出，长时间不见胎儿娩出；或胎儿嵌于生殖孔，久久娩不出来，这是难产现象，发现难产并确认母貉子宫颈口已张开时，可进行催产。肌肉注射乳房垂体后叶素0.2～0.5ml或肌内注射催产素2～3ml，如经2～3h仍不见胎儿娩出可进行人工助产。操作方法为：先用消毒液对外阴部进行消毒，之后用甘油润滑阴道，将仔貉拉出，对于有些母貉羊水已流出，经催产仍不见仔貉娩出，可进行剖宫产。也有一些母貉，产仔日期已到，不见羊水流出，但不爱活动、拒食、精神沉郁，经催产无效后，应立即进行剖腹取仔貉。貉仔难产问题在毛皮兽中很突出，各养貉场年年都有发生。

（三）产后检查 采取“听、看、检”相结合的方法进行产后检查。“听”就是听仔貉的叫声。“看”就是看母貉的吃食、粪便、乳头及活动情况。如仔貉很少嘶叫，叫时声音洪亮，短促有力；母貉食欲越来越好，乳头红润饱满，活动正常，说明仔貉健康，发育良好。“检”就是打开小室直接检查仔貉。方法是：先将母貉诱出或赶出小室，关闭小室门后进行检查。健康的仔貉在窝内抱成一团，发育均匀，浑身圆胖，肤色深黑，身体温暖，拿在手中挣扎有力；反之，若仔貉在窝内到处乱爬，毛绒潮湿，身体较凉，挣扎无力，则是不健康的表现。检查时饲养人员最好戴上手套，手上不要有异味（香脂、香皂味等）或用产箱里垫草把手搓洗后再拿仔貉，检查时要快，检查完后尽量使产箱恢复原来的样子。

产后第一次检查应在产仔后的12～24h进行，以后的检查根据听、看的情况决定。由于母貉护仔性强，一般以少检查为好。但发现母貉不护理仔貉，仔貉嘶叫不停或叫声越来越弱时，必须及时检查，发现问题及时解决，有时会因检查不当引起母貉不安而出现叼崽乱跑，这时应将其哄入小室内，关闭小室门0.5～1h后，听到小室内母貉已安静，再打开小室门。对于叼仔的母貉，尤其在产仔初期大约7天之内，应减少检查次数。

（四）产后护理 母貉母性很强，仔貉主要是通过母貉来护理并依赖母乳生长，所以保证仔貉吃饱母乳是提高成活率的关键。绝大多数母貉产仔前都能自行拔掉乳头周围的毛，使乳头充分显露出来，若拔毛不好或未拔毛的母貉，可人工将毛拔掉。若母貉缺乳或无乳时，应及时将仔貉代养给其他母貉。代养母貉应具备母性强，有效乳头数多，奶水充足，所产仔貉数目不多，产仔时期与被代养的母貉相同或相近，仔貉大小也相近。

代养方法是将母貉关在小室内，在被代养的仔貉身上涂上代养母貉的粪尿，或用其窝内垫草擦拭后放在小室门口，拉开小室门，让代养母貉将被代养的仔貉叼入室内。也可将被代养仔貉直接放入代养母貉窝内。代养后要观察一段时间，如母貉不接受代养时，需要换母貉重新代养。仔貉也可用产仔的母狗、母猫、母狐哺育，还可进行人工哺乳将其养活。整个哺乳期间，必须密切注意仔貉的生长发育状况，一旦仔貉发育缓慢或停滞时，说明母乳不足或质量差，应提高母貉营养标准促进产乳或及时代养。如果母貉产后无奶，或产仔多一时又找不到代养母兽，或仔貉弱不会自然哺乳，这几种情况下，都需要进行人工哺乳。

（五）仔貉的补饲和断乳 仔貉生长发育很快，一般3周龄时开始采食，这时可单独给仔貉补饲易消化的粥状饲料。仔貉的采食与母貉的乳汁充足与否有关，乳汁充足则采食较晚；相反，则早，乳汁的充足与否影响仔貉生长。如果仔貉还不太会吃饲料，可将其嘴巴接触饲料或把饲料抹在嘴上，训练它学会吃食。这种补饲方法不仅可以促进仔貉的生长发育，而且能起到很好的驯化作用。

仔貉达到 50 日龄即可断乳分窝，根据仔貉的采食能力和发育情况，可以一次性断乳或分批断乳，如果仔貉采食能力强，发育正常，就一次性断乳；如果断乳时仔貉采食饲料量少，母貉还进行哺乳，可以延长断乳时间，等到母貉泌乳量减少或母貉不再哺乳，仔貉大量采食母貉饲料时再进行断乳。断乳后即可分窝，分窝时先将母貉取出，两天后再将仔貉分笼饲养，开始一笼放 2 只，待其适应后再单个饲养。

断乳分窝前，应根据仔貉数量，准备好笼舍、食槽，笼舍要勤消毒和清洗，场地要清理干净。分窝时 7～8 月一般气温较高，笼舍要有遮阳设备，如草帘等。准备好充足的清洁饮用水。

分窝时，开始仔貉 1 天喂 4 次，20 天后到 90 日龄 1 天喂 3 次，同时还要把母貉的号码记在仔貉笼上，以防系谱混乱；记录仔貉生长发育情况，需要留种的，可以进行初选。同笼幼貉体况应相近，笼舍空间要大，饲料要充足，然后逐渐转为育成期日粮标准。

仔貉断乳后，母源抗体的免疫力逐渐减弱，自身免疫机能还不够完善。断乳 2 周后，开始防疫，及时注射犬瘟热、病毒性肠炎疫苗。食槽要每天、每次饲喂时冲洗。不喂腐败、变质饲料，饮水要清洁卫生。

三、提高繁殖力的综合技术措施

目前貉的养殖技术已日渐成熟，而且增产的潜力仍然很大，如何进一步提高貉子的繁殖力，如何提高养貉的经济效益，仍是急需解决的重要问题。目前提高貉繁殖力的主要措施如下：

（一）保证合理的貉群年龄结构 貉群的年龄组成是保证稳产高产的关键。生产实践证明，2～4 岁母貉的胎产仔数和仔貉成活率最高；因此，在基础母貉群中经产貉应占 65%～70%，初产貉应占 30%～35%，产 5 胎以上的母貉不应超过 5%。老龄公貉在配种期参加配种的时间较早（配种初期）而 1 岁的幼龄公貉参加配种的时间较晚（配种中后期），要保证母貉及时受配，一般 2～4 岁公貉应占公貉总数的 60%，1 岁公貉占 40%。

（二）要保证种貉的良好体况 一般种貉体况为好，即配种前的体重公貉 6～7kg，母貉体重 5.5～6kg 为宜。为准确鉴定种貉体况，最科学的方法是利用体重指数比较法，体重指数等于体重（g）除以体长（cm）。理想的繁殖体况是长 1cm、重 100～115g。

（三）准确掌握母貉发情期，抓住时机进行配种，这是提高繁殖力的关键 因为在发情期内，交配的母貉能排出较多的成熟卵子，精子与卵子相遇而受精的机会也多，从而提高受胎率及产仔力。

（四）适时复配，以降低空怀率，提高产仔数 因为貉的卵泡成熟不是同期的，增加复配可诱导多次排卵，同时也增加受精机会。生产实践中提倡多公交配，增加复配次数，可提高繁殖力。

（五）合理利用公貉 掌握公貉适当的交配次频度，保证营养，在最短的时间内恢复其体力消耗；检查公貉的精液品质，是保证交配质量、提高公貉利用率的关键。

（六）产仔期保温工作 产仔时间早，仔貉的成活率低，可能是由于气温低而导致的仔貉的死亡率增加，这是仔貉成活率高低的关键。因此，在临产前和产仔期，要做好产箱的保温工作，即给予充足的垫草，产箱要做必要的修补和维修。另外，在母貉产仔期安排饲养员值夜班，发现母貉在笼网上产下的仔貉爬出产箱或仔貉落地上的应及时送回产箱，以防仔貉被冻死。

第五节　貉的育种技术

随着貉皮毛色市场流行的变化及毛皮色型的不断变异，貉的育种工作显得越来越重要。因为养貉不仅需要逐步扩大种貉的数量，而且要不断地提高笼养貉群的质量，以培育出适应当地饲养条件、毛绒品质优良、体型大、繁殖力高、适应市场需求的新品系或新类型，从而提高我们的养殖效益。

一、育种的目的和方向

（一）貉育种的目的　即在现有品种的基础上应用动物遗传学的基本原理和有关生物科学技术，改良其原有的遗传性，培育出在体型、毛皮品质和色泽上适应人们需求的貉种。

貉皮属大毛细皮类，其特点是张幅较大，毛长、绒厚、耐磨、保温、色型单一，背腹毛差异大等。各种毛皮动物在育种学上，都是从某一或某几个性状上，来进行选择和改良，例如：改变毛色性状或体型性状，或这两个或多个性状同时改良。育种首先要分清主次，针对市场的要求，选择几个重要的经济性状。同时要明确每一性状的选育方向，并且在一定时期内坚持不变，达到我们的育种目标。

（二）貉几种主要性状的育种方向

1. 被毛长度　貉的被毛较长，同其他毛皮动物相比尤其是针毛特别长，其背部针毛可达 11cm，绒毛可达 8cm。毛长会使毛皮的被毛不挺立，不灵活，食或粪便等黏到皮上易粘连。因此，就貉被毛长度这一性状，我们应向短毛的方向进行选育。

2. 被毛密度　貉被毛的密度与毛皮的保温性能和美观程度密切相关。如果被毛过稀，不但毛皮的保温性差，而且毛绒不挺欠美观，对其等级也有很大影响。因此我们的育种工作应巩固被毛密度大这一性状。

3. 被毛颜色和色型 貉的野生型毛色个体间的差异比较大，由青灰渐变至棕黄。按目前人们对貉皮毛色的要求，颜色越深（接近青灰）越好，因此毛色应朝这个方向选育。中国农业科学院特产研究所利用野生型貉中发现的白色突变个体，培育出白色色型的貉。白色貉皮可用来染成各种所需要的颜色，价值较高，育种上白色貉应向高纯度方向选育。对于野生型貉中未来可能出现的其他毛色突变的个体，我们应注意保护、收集和培育，以丰富貉的色型，满足人们的需求。

4. 背腹毛差异 东北地区的貉背腹毛差异较大，主要是长度、密度、颜色方面，影响了毛皮的有效利用。研究表明，貉背腹毛的差异与其体矮，四肢短有关。因此，可通过间接地选择体高这一性状，来缩小背腹毛之间的差异。

5. 体型 体型大，则皮张就大。因此这一性状应向体型大的方向培育。

二、貉的育种措施

目前貉的育种主要采取杂交育种和纯种选育相结合的方法，同时还要将育种工作同加强饲养管理结合起来，将大型养貉场专业性育种和小型养貉场的选育工作结合起来，将普及扩繁与提高质量结合起来，培育出新型优良的种貉。

（一）杂交育种 貉的杂交育种，是选用两个或两个以上具有不同遗传类型的优良貉相互交配，以繁育出具有一定杂交优势的新型种貉。例如：为了改变本场原有的体型小、毛色浅的缺点，可引入优良的乌苏里貉进行级进杂交。如果母貉用本场的，公貉用优良的乌苏里貉，将得到第一代子貉，用第一代子貉中的母貉再与优良的乌苏里貉杂交，得到第二代子貉，当杂交到所要求的一定代数时，再进行横交固定。在杂交过程中，要严格选择亲本，淘汰不理想的杂种后代，特别是选择父本时，必须进行后裔鉴定。级进杂交到几代才能自群繁育，要以杂交后代所表现的毛绒品质及生产性能而定，如果杂种后代达到了育种要求，就可以进行自群繁育。此方法不仅适用于大型养殖场，而且适合中小型养殖场的育种。

（二）纯种繁育　将具有同样优良性状的貉留种，逐年选优去劣进行繁育，使种貉的毛绒品质、体型、繁殖力及适应能力等优良性状得到不断提高，这种育种方法称作纯种选育。纯种选育能逐渐改进貉群质量。

采用纯种选育的基本方法是进行品系或品族繁殖。例如：在纯种选育中发现具有某种或多种优良性状（如深毛色、体型大等）的个体时，就以具有这种性状为核心，采用近交的方法进行繁殖，这样可获得和它同样遗传性能和血缘关系的一群后代。如果以公貉为核心，就形成一个品系（家系），称为品系繁育。如果以母貉为核心，就形成品族（家族），称品族繁育。然后再进行品系和品族间繁殖，通过纯种选育可提高貉群质量，防止品质退化。此方法对中小型养殖场育种来说很实用。

三、貉的选种与选配

（一）选种时间　对于貉的选种工作一般分为三个阶段：初选阶段、复选阶段和精选阶段，每个阶段都有其具体参考要求。在选种过程的每个阶段都要把好关，坚持常年有计划、有重点地进行，最终确定优良个体以做种用。

1. 初选阶段　在5～6月进行。成年公貉配种结束后，根据其配种能力、精液品质及体况恢复情况，进行一次初选。

种公貉的选择尤其要注意选毛绒品质优良和体型大的。选择两岁龄以上公貉时要参考它往年的配种记录和它所配母貉的产仔记录。一般应选择在配种期交配次数在15次以上，所配母貉的胎产仔数平均在7只以上的种公貉。

成年母貉在断乳后根据其繁殖、泌乳、母性情况进行一次初选。选留经产母貉时，除考虑毛绒品质和体型大小外，还应适当地考虑繁殖情况。一般要选胎产仔 7 只以上、母性好、仔貉成活率高的母貉。前一年未产仔的母貉，原因可能是多方面的：有的是漏配，有的是饲养不当使母貉过肥或过瘦造成发情不明显，使母貉失配空怀。如果是由以上原因造成的空怀母貉，可以继续饲养。

凡是患乳房炎未治愈、母性不强、仔貉成活率低、连年空怀、难产及做过剖宫产手术的母貉，一般应淘汰。当年幼貉在断乳时，根据同窝仔貉数及生长发育情况进行一次初选。当年幼貉要选双亲繁殖力强，同窝仔数 5 只以上，性情温顺，发育良好，外生殖器正常，母貉乳头数在 4 对以上的个体。初选留种的数量比留种计划要多出 40%。

2. 复选阶段 在 9～10 月进行。根据貉的脱毛和换毛情况、幼貉的生长发育及成貉的体况恢复情况，在初选的基础上进行一次复选。选留那些生长发育快、体质健壮、体型大、换毛早、换毛快的个体。将那些食欲不振、发育不良、体弱、消瘦或过肥，患有自咬等疾病的个体全部淘汰。复选阶段选留数量要比计划多选留 20%～25%，以便在精选中淘汰。

3. 精选阶段 在 11～12 月进行。在复选基础上淘汰那些不理想的个体，最后落实留种。精选种貉是整个选种工作的重点，在初选、复选基础上根据种貉条件及综合鉴定情况，最后确定所选留的雌雄种貉及其比例。复选过程中一定要注意，如果雄貉为单睾、隐睾和睾丸发育迟缓，雌貉外阴畸形或不正，应淘汰。并且对环境不良刺激（声音、气候、颜色、气味等）过于敏感的貉也不宜留作种用。

选定种貉时，若是大规模饲养，公母比例按 1∶3～4 留种，家庭小规模饲养可按 1∶1～2 留种，相对要适当多留一些公貉。种貉群的组成应以成貉为主，部分由幼貉补充，主要是由于幼貉没有配种经验，精液品质也有待检测。成、幼貉比例 7∶3～1∶1

为宜，这样有利于貉场的稳产高产。

（二）选种方法 养貉的最终目的是为了获取优质的毛皮，而皮张价值的高低取决于毛绒品质和张幅的大小。为此，选留种貉时，应考虑下列几种经济性状：毛色、毛绒密度、针毛平齐程度、背腹毛差异和体型的大小。主要以个体品质鉴定、系谱鉴定及后裔鉴定的综合指标为依据。

1. 个体品质鉴定 以毛色、光泽、密度等毛绒品质为重点进行分级鉴定。毛绒品质分级标准见表6－1。种公貉的毛绒品质最好是一级的，三级的不应留种。母貉的毛绒品质最低也应是二级的。

2. 体型鉴定 采取目测和称量相结合的方法进行鉴定，见表6－2。

表6－1 貉毛绒品质鉴定表

鉴定项目		等级		
		一级	二级	三级
针毛	毛色	黑色	接近黑色	黑褐色
	密度	全身稠密	体侧稍稀	稀疏
	分布	均匀	欠匀	不匀
	平齐	平齐	欠齐	不齐
	白针	无或极少	少	多
	长度	80～89mm	稍长或稍短	过长或过短
绒毛	毛色	青灰色	灰色	灰黄色
	密度	稠密	稍稀疏	稀疏
	平齐	平齐	欠齐	不齐
	长度	50～60mm	稍短或稍长	过短或过长

（续）

鉴定项目	等　级		
	一级	二级	三级
背腹	差异不大	差异较大	差异过大
毛色			
光泽	油亮	欠强	差

表 6-2　种貉体重、体长标准

测量时期	体重（g）		体长（cm）	
	公	母	公	母
初选（幼貉断乳时）	400 以上	1 400 以上	40 以上	40 以上
复选（幼貉 5～6 月龄）	5 000 以上	4 500 以上	62 以上	55 以上
精选（11～12 月份）	6 500～7 000	5 500～6 500	65 以上	60 以上

3. 繁殖力鉴定　一只公貉往往与几只母貉交配，因此公貉对貉群后代质量的影响远远超过母貉。成年种公貉睾丸发育良好，配种早，性欲强，配种能力强；性情温顺，无恶癖，择偶性不强，每年配种母貉 5 只以上，配种次数 10 次以上；精液品质好，所配母貉受孕率高，产仔率高，每胎产仔数多，生命力强，年龄 2～5 岁。对配种晚，睾丸发育不好，性欲低，性情暴躁，有恶癖，择偶性强的公貉应淘汰。

成年母貉则要求选择发情早（不能迟于 3 月中旬），性情温顺，性行为好，胎平均产仔数多，初产不少于 6 只，经产不少于 7 只，泌乳能力强，母性好，仔貉成活率高，且生长发育均匀，生长发育正常的留作种貉。对于发情晚，性行为不好，产仔过晚，母性不强，易惊恐，无乳或缺乳，仔貉死亡率高，胚胎吸收，流产，死胎，烂胎，难产，有恶癖的母貉必须淘汰。

当年幼貉应选择其母亲、父亲的繁殖力强，母亲性情温顺，母乳足，同窝仔数 6 只以上，生长发育正常，外生殖器官正常，且出生早（5 月 10 日前出生的）。据观察，貉的产仔力与乳头数量呈强正相关（相关系数 0.5），一般乳头多的母貉产仔数也多，所以选择当年母貉应注意其乳头的情况。

4. 系谱鉴定　是根据祖先品质、生产性能来鉴定后代的种用价值。这对当年尚未投入繁殖的幼貉选种更为重要。系谱鉴定先要了解种貉个体间的血缘关系，将在三代祖先范围内有血缘关系的个体归在一个亲属群内。然后，进一步分析每个亲属群的主要特征，把群中的个体编号登记，注明几项主要指标（毛色、毛绒品质、体型、繁殖力等），进行审查和比较，查出优良个体，并在其后代中留种。

5. 后裔鉴定　是根据后代的品质，性能来鉴定亲代的种用价值。有后裔与亲代比较，不同后裔之间比较，后裔与全群平均生产指标比较三种方法，最终选择具有最佳性状的貉仔留种。

种貉的各项鉴定材料，需及时填入种貉登记卡，供选种选配时查用。

（三）貉的选配　即有目的、有计划地确定公母貉的配对，使后代有最佳遗传组合，以达到培育或利用良种的目的。选配在貉的繁育中与选种有同等重要的作用。有的貉场选配时只把亲缘关系作为依据，避免了近亲交配，而不考虑其他形状的选配。有的采用不同于随机交配的随意放对，哪个公貉能配上就用哪个公貉配，这种由自然选择延续下来的“自然选配”，在生产中虽然对防止漏配有一定的作用，但在育种场应该控制使用。以下为貉选配的合理方法：

1. 同质选配　就是选择性状相同，性能表现一致的优秀公母貉配种，以期获得相似的优秀后代。其主要作用是使亲本的优良性状稳定地遗传给后代，使优良性状得以保持与巩固，并增加具有这种优良性状的个体。例如：在一个貉群内要深毛绒的颜色及增加毛绒颜色深的个体，则在这个性状上可采用同质选配，即选择毛绒颜色均较深的公母貉配种。

2. 异质选配 分两种情况：一种是选择具有不同优秀性状的公母貉相配，获得兼有双亲不同优点的后代。例如：选择毛色深与体型大的貉相配；选择体高与毛短的貉相配等。另一种是选同一性状，但优劣程度不同的公母貉相配，即以优改劣，以期后代能取得较大的改进和提高。例如：某一母貉其他性状都表现优秀，只有在体型这一性状上较小，则可选一体型较大的公貉与之相配，由此可见，异质选配主要作用是综合双亲的优良性状，丰富后代的遗传基础，创造新类型，并提出后代的适应性和生活力。

3. 种群选配 种群选配是根据与配双方，是属于相同的，还是不同的种群而进行的选配。所谓同种群，即指貉本身及其祖先都属于同一种群，而且都具有该种群所特有的形态和特征。貉的分布较广，由于长期适应当地自然环境，各地所产貉在许多性状上，都各具特点。如北貉体大，毛长，绒厚，色深；而南貉则体小，毛短，绒稀，色浅。即使同产于东北，不同地区的貉亦各具特点，例如：主产于黑龙江省的乌苏里貉，体矮、毛长、色深，背腹毛差异大；而产于吉林的朝鲜貉，则体高，毛稍短，色较浅，背腹毛差异小。因此，在貉育种上，根据同一或不同种群的特点进行种群选配（纯繁或杂交），有着很重要的意义。

（1）纯繁，即同种群选型，是选择相同种群的个体，进行配种。纯繁具有两个作用：一是可巩固遗传性，使种群固有的优良品质得以长期保持，并迅速增加同类型优良个体的数量；二是提高现有品质。例如：乌苏里貉毛色深和朝鲜貉体高，这两个性状可分别通过两个种群的纯繁，加以巩固和提高。

（2）杂交，即异种群选配，是选择不同种群的个体进行配种。其作用亦有两种：一是使原来分别在不同种群个体上表现的优良性状集中到同一个体上来；二是产生杂种优势，即杂交产生的后代在生活力、适应性及繁殖力诸方面，都比纯种有所提高。

4. 选配中应注意的问题

（1）要根据育种目标综合考虑育种应有明确的目标，各项具体工作都要围绕其进行，选配当然不能例外。在选配时不仅要考虑相配个体的品质，还必须考虑相配个体所隶属的种群对其后代的作用和影响。此外，要根据育种目标，抓住主要的性状进行选配。

（2）公貉的等级要高于母貉 公貉具有带动和改进整个貉群的作用，而且留种数少，所以其等级和质量都应高于母貉。对优秀的公貉应充分利用，一般公貉要控制使用。

（3）相同缺点者不配 选配中，绝不能使具有相同缺点（如毛色浅和毛色浅、体型小和体型小等）的公母貉相配，以免使缺点进一步发展。

（4）避免任意近交 近交只宜控制在育种群必要时使用，它是一种局部且又短期内采用的育种方法。在一般繁殖群和生产群应绝对防止近交，以免产生后代衰退和生产力下降。

（5）考虑公母貉的年龄 母貉的发情时间，因年龄而有差异。老龄母貉发情早，当年母貉则发情较晚。公貉也有相似的规律。因此，在制定选配计划时，应考虑与配公母貉的年龄，以免发情不同步而使母貉失配。

四、貉育种核心群

建立育种核心群是定向培育优良种貉的有效方法。育种核心群必须在人工选择（选种）的基础上，由综合鉴定最理想的一级种貉组成。育种核心群建立后，还要不断地加强纯种选育工作，对不理想的后代应严格淘汰，这样才能使核心群的质量得到不断提高，最终成为全场质量最高的一群。核心群中被淘汰的种貉，一般都比生产群种貉质量稍高，所以也可以作为生产群种貉，以便改良或更换血缘。由于随着核心群种貉不断增多，将逐渐取代生产群，近而充分发挥优良种貉的改良作用，使整个貉群的生产性能及质量不断提高。在核心群的育种工作中，应注意某些微小的有益性状的变异，并有目的地积累这种有益的变异，如果这种有益性状的变异能够遗传给后代，并逐渐发展和巩固，就会形成新的有益性状，进一步提高核心群的质量。建立良种核心群对较大的养殖场的育种工作很有帮助。

第七章　貉的屠宰取皮及毛皮初加工

养貉的最终产品是貉皮，貉皮质量的好坏直接影响着养貉的经济效益。貉皮质量的好坏不仅与品种和饲养管理有关，并且与取皮时间和屠宰加工也有很大关系。在本章主要介绍貉的取皮与毛皮初加工。

第一节　取　皮

一、取皮时间

貉的毛被一般在 11～12 月成熟，一般成年貉早于当年貉。取皮时间应由个体而定，一定要等成熟后再取，因为取皮过早、过晚都会影响毛皮质量，从而降低利用价值，要取质量好的毛皮除准确掌握取皮时间外，还要掌握观察、鉴定毛皮的成熟程序。

鉴定毛皮成熟有以下三种方法：

（一）观察毛绒　冬毛生长和成熟最晚的部位是臀部，毛皮成熟的标志是，全身毛峰长齐（尤其看臀部），底绒丰厚，具有光泽，灵活度好，尾毛蓬松。

（二）观察皮肤　将貉抓住，用嘴吹开毛绒，观察皮肤颜色，毛绒成熟的皮肤呈粉红色。

（三）试验剥皮观察　试剥的皮板，如整张的板面都呈乳白色，仅尾尖略带有青黑色，即可处死取皮。

二、处死方法

貉的处死方法很多，但都应本着选择方法简便、处死迅速、人性化、遵从动物福利、不损伤和污染毛皮等为原则确定处死方法。目前常用的方法有以下几种：

（一）药物致死法 常用药物为横纹肌松弛药阿司可林（氯化琥珀胆碱），按照每千克体重 0.75mg 的剂量，皮下、肌肉或者心脏注射，貉在 3～5min 内即可死亡。优点是貉死亡时无痛苦和挣扎，不损伤和污染毛皮，残存在体内的药物无毒性，不影响尸体的利用。

（二）心脏注射空气法 即用 10～20ml 注射器，将针头刺入心脏（心脏部位在 2～3 肋间），待看到自然回血时，推入空气 20～30ml，使貉因心脏功能遭到破坏而死亡。此方法不损坏毛皮，被毛不污染。

（三）普通电击法 将常用的 220V 电源两极分别插入貉的口与肛门，使貉因遭电击而死亡。这是目前常用处死貉的取皮方法（民间称“打貉”），值得注意的是要防止人触电。或用连接电线的铁制电极棒，插入动物的肛门，或引逗貉来咬住铁棒，接通 220V 电压的正极，使貉接触地面，约 1min 可被电击而死。

（四）窒息法 此法效率较高，一次可窒死多只动物。方法是用一个密闭的木箱、铁箱或塑料箱，根据箱的大小，一次放若干只貉，然后通入二氧化碳或其他废气。这样，只需 10min 左右就可将箱内动物全部致死。

对于小型养殖户来说，前三种方法简单易行，因此被普遍采用。

三、剥　　皮

貉皮剥取的好坏，直接关系到毛皮的质量和产品的售价。因此，必须要严格按照操作规程去做，不可妄为。处死后要尽快剥皮，尸体不要长时间放置，以免受焖而掉毛，或因尸僵冷凉剥皮困难。其具体的操作规程如下：

（一）挑裆 用剪刀从一后肢脚掌处下刀，沿股内侧（后腿里子）长短毛交界处挑至肛门前缘，横过肛门，再挑至另一侧后肢脚掌前缘，最后由肛门后缘中央沿尾腹面中央挑至尾的中部，去掉肛门周围的无毛部位。

（二）剥皮　要求将手指插入皮肉之间，借助手指的力量使皮肉分离。剥皮从后肢开始，剥到脚掌前缘时，用刀或剪刀将足趾剥出，剪掉趾骨。剥至尾部 1/3 处时，用剪柄或筷子夹住尾骨，将尾骨抽出（用力不要过猛，以防拉断）。然后再沿尾腹面中线将皮挑至尾尖，将两后肢一同挂在固定的钩子上，两手往下（头部方向）翻拉皮板，边剥边拉至前肢，成筒状。剥到尿道口时，可将尿道口靠近皮肤处剪断，边剥边撒锯末或麸皮，直到剥至前肢。前肢剥成筒状，到趾骨端处剪断。于腋下顺前肢内侧分别挑开 3～4cm，将前足完全由开口处翻出。剥到头部时，要特别小心，一定要使耳、眼、鼻、唇剥得完整无损的保留到皮板上。注意不要把耳、眼孔割大。

第二节　毛皮初加工

一、刮　　油

鲜皮皮板上附着油脂、血迹和残肉等，这些物质均不利于原料皮的晾晒、保管，易使皮板假干、油渍和透油，因而影响鞣制和染色，所以必须除掉，称刮油。为避免因透毛、刮破、刀洞等伤残而降低皮张等级，必须注意以下几点：

（1）为了刮油顺利，应在皮板干燥以前进行，干皮需经充分水浸后方可刮油。

（2）刮油的工具一般采用竹刀或钝铲，也可用刮油刀或电工刀。

（3）刮油的方向应从尾根和后肢部向头部刮。

（4）刮油时必须将皮板平铺在木楦上或套在胶皮管上，不要使皮有皱折。

（5）头部和边缘不易刮净，可用剪刀剪去。

（6）刮油时持刀一定要平稳，用力均匀，不要过猛，边刮边用锯末搓洗皮板和手指，以防止油脂污染被毛，大型饲养场可用刮油机刮油。

二、洗　　皮

刮油后要用小米粒大小的硬质锯末或粉碎的玉米芯搓洗皮张。先搓洗皮板上的附油，再将皮板翻过来搓洗毛被，以达到使毛绒清洁、柔和、有光泽的目的。严禁用麸皮或有树脂的锯末洗皮，影响毛皮质量。另外，洗皮用的锯末或麸皮一律要过筛，筛去过细的锯末或麸皮，因为太细的锯末或麸皮易黏在皮板或毛绒里，影响毛皮质量。

需大量洗皮时，可采取转鼓洗皮。将皮板朝外放进装有锯末的转鼓里，转几分钟后将皮取出，翻皮筒，使毛朝外，再次放进转鼓里洗皮。为了抖掉锯末和尘屑，再将洗完后的毛皮放进转笼里转。转鼓和转笼的速度要控制在每分钟 18～20 转，运转 5～10min 即可洗好。

三、上　　楦

洗皮后要及时上楦和干燥。其目的是使原料皮按商品规格要求整形，防止干燥时因收缩和折叠而造成发霉、压折、掉毛和裂痕等损伤毛皮。

上楦前先用纸条缠在楦板上或做成纸筒套在楦板上，然后将洗好的貉皮套在楦板上，先拉两前腿调正，并把两前腿顺着腿筒翻入胸内侧，使露出的腿口与腹部毛平齐，然后翻转楦板，使皮张背面向上，拉两耳，摆正头部，使头部尽量伸展，最后拉臀部，加以固定。用两拇指从尾根部开始依次横拉尾的皮面，折成许多横的皱褶，直至尾尖。使尾变成原来的 2/3 或 1/2，或者再短些，尽量将尾部拉宽。尾及皮张边缘用图钉或铁网固定。也可以一次性毛朝外上楦，亦可先毛朝里上楦，干至六七成再翻过来，毛朝外上楦至毛干燥。

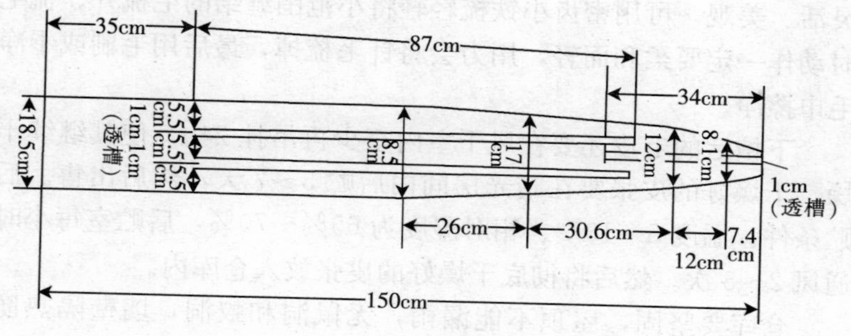

图 7－1　貉皮楦板

四、干　　燥

鲜皮含水量很大，易腐烂或焖板，为此必须采取一定方法进行干燥处理。貉皮多采取风干机给风干燥法，将上好楦板的皮张，分层放置于风干机的吹风烘干架上，将貉皮嘴套入风气嘴，让空气进入皮筒即可。干燥室的温度在 20～25℃，湿度在 55％～65％，每分钟每个气嘴喷出空气 0.29～0.36m^3，24h 左右即可风干。小型场或专业户可采取通风、提高室温的自然干燥法。

干燥皮张时切忌高温或强烈日光照射，更不能让皮张靠近热源，如火炉等，以免皮板胶化而影响鞣制和利用价值。如果干燥不及时，会出现焖板脱毛现象，使皮张质量严重下降，甚至失去使用价值。防止焖板脱毛的方法是：先毛朝里、皮板朝外上楦干燥，待干至五六成时，再将毛面翻出，变成皮板朝里、毛朝外干燥。翻板要及时，否则将影响毛皮的美观程度。

五、贮　　存

干燥好的皮张应及时下楦。下楦后的皮张易出皱褶，被毛不平，影响毛皮的美观，因此下楦后需要用锯末再次洗皮，然后用转笼除尘，也可以用小木条抽打除尘。然后梳毛，使毛绒蓬松、灵活、美观，可用密齿小铁梳轻轻将小范围缠结的毛梳开。梳毛时动作一定要柔和而轻，用力会将针毛梳掉，最后用毛刷或干净毛巾擦净。

下楦后的毛皮还要在风干室内至少再吊挂 24h，使其继续干燥。干燥好的皮张要在暗光房间内后贮 5～7 天，然后出售。后贮条件：温度 5～10℃、相对湿度为 65%～70%，后贮室每小时通风 2～5 次。然后将彻底干燥好的皮张放入仓库内。

仓库要坚固，屋顶不能漏雨，无鼠洞和蚁洞，墙壁隔热防潮，通风良好。库内温度要求不低于 5℃，不高于 25℃，相对湿度 60%～70%。

为了防止原料皮张在仓库内贮存时发霉和发生虫害，入库前要进行严格的检查。严禁湿皮和生虫的原料皮进入库内，如果发现湿皮，要及时晾晒，生虫皮须经药物处理后方能入库。

对入库的皮张还要进行分类堆放。将同一种类、同一尺寸的皮张放在一堆。堆与堆、堆与墙、堆与地面之间应保持一定距离，以利于通风、散热、防潮和检查。堆与堆之间至少留出 30cm 的距离，堆与地面的距离为 15cm。库内要放防虫、防鼠药物。对库内的皮张要经常检查，检查皮张是否返潮、发霉，这样的皮张表现为皮板和毛被上产生白色或绿色的霉菌，并带有霉味。因此，库房内应有通风、防潮设备。

干燥好的皮张可以装箱，装箱时要求平展不得折叠，忌摩擦、挤压和撕扯。要毛对毛、板对板地堆码，并在箱中放一定量的防腐剂。最后在包装箱上标明品种、等级、数量。箱内要衬垫镁纸和塑料薄膜，按等级、尺码装在箱内。

貉皮的长期存放保管，要注意以下事项：

（1）检查存放的貉皮板上是否带有油脂或残肉，因为油脂会发热升温，容易形成油浸皮板，能把皮板腐蚀成洞，残肉易生虫。所以要细心检查，把皮板上的脂肪、残肉、咀头、眼睑部位除净。

(2) 用锯末或麦麸皮搓洗毛绒。要去掉毛面上的油污。搓洗干净后，把毛绒上的杂质抖净。

(3) 用一个木床吊在空中，把整理好的貉皮整齐地存放在上面，撒些樟脑粉防虫蛀，用布包好，防灰尘污染。地上放鼠药，以防鼠害。存放皮张的仓库，要保持通风干燥，雨天时把门窗紧闭，防潮气侵入。

(4) 在7～8月份高温季节（30℃以上），注意降温，屋顶上加盖遮阳层。张家口、承德地区，气候凉爽，易保管。特别在河北省中南部，高湿、高温天气，在阳光充足时，门窗遮阳防晒，在温度低时，通风换气。有条件的地方，夏天最好存放在恒温库中。

(5) 在存放过程中，经常检查。最好过一段时间，在通风阴凉处晾晒风干，以免受潮。

第三节　影响貉皮质量的因素

貉皮是养貉业的主要产品之一，其毛绒品质、毛色、板质、张幅及毛绒密度等，决定了养貉的经济效益和市场竞争能力。影响貉皮质量的因素很多，也很复杂，简要概述如下。

一、种貉品质

人工饲养的貉均为野生驯养而来，但经过人为的育种工作，其种貉的品质均已明显超过野生的品质。人工饲养貉的皮张质量首先取决于种貉的品质，这是其固有的遗传基础所决定的。与毛皮质量直接相关的种兽品质，主要表现在如下几个方面。

(一) 毛色　要求有本品种或类型固有的典型毛色和光泽、人工培育的新色型要求新颖而靓丽。貉宜向乌苏里青壳貉的毛色选育，即针毛黑至黑褐色，底绒青至青灰色。

（二）毛质 毛质即毛被的质地，是由针毛和绒毛的长度、密度、细度等性状所综合决定。人工养殖的毛皮兽无论大毛细皮、小毛细皮均要求针、绒毛向短平齐的方向选育，针、绒毛长度比适宜，背腹毛长度比趋于一致；针毛、绒毛的密度则应向高的方向选育，毛粗度宜向细而挺直的方向选育。

（三）毛皮张幅 毛皮的张幅是按标准值及上楦后的皮张尺码来衡量的。决定皮张尺码的大小因素主要是皮兽的体长及其鲜皮的延伸率。体长及鲜皮延伸率越大，其皮张尺码亦越高。因此，种貉的选育宜向大体型和疏松型体质的方向选育。

二、地理位置

貉为季节性换毛的动物，其对日照周期的明显变化有很大的依赖性。这是自然选择条件下其野生分布长期局限在高纬度地区的结果，因此，越是高纬度地区，其毛皮品质也越好。人工饲养条件下也不例外，越往北方地区毛皮品质越好。

人工养殖毛皮动物一定要在适宜的地理纬度内，即北纬30°以北区域，同时应择优在饲料条件好的地区集中养殖，以生产质量一致的优质毛皮。北貉皮产于黑龙江省的黑河、抚远、饶河、虎林、密山等地，其张幅大，板肥厚，脂肪丰厚，毛绒长而密，尾短毛绒紧，光泽油亮，呈青灰色，质量最佳。

产于齐齐哈尔周围的北安、龙江、尚志、宁安等地的貉皮，张幅小，板肥壮，色泽光润，毛绒略薄，质量稍差。南貉皮产于江南各省，质量比北貉皮毛峰短，底绒空，但比北貉皮鲜艳美丽，而且轻便。

三、局部饲养环境

局部饲养环境主要指人工提供的棚舍、笼箱、场地等小气候条件。有棚舍、笼箱条件的皮兽比无棚舍、笼箱条件的毛皮质量要优良；暗环境饲养的皮兽较明亮环境下的毛皮质量优良；较湿润的环境比较干燥和潮湿条件下的毛皮品质优良。人工饲养应充分给皮兽创造有利于毛皮品质提高的局部环境条件。

四、季　节

不同季节动物毛被的色泽、密度、粗细度、长度及皮板的厚度、强度等，都有明显的差异。因此，适时掌握取皮时间，在人工饲养的毛皮动物屠宰前应进行毛皮成熟的鉴定。

1. 冬皮毛　绒紧密，光泽柔润，峰毛高挺平齐，皮板洁白，即到成熟期。产季稍早的，虽毛绒成熟达到冬毛程度，但尾根和臀部皮板呈暗灰色。

2. 晚秋皮　毛绒略短，有光泽，峰毛平齐，接近成熟期，臀部呈较大面积青灰色。

3. 秋皮　毛绒粗短稀薄，毛色暗淡，峰毛短略平，皮板的背、臀部呈黑色。

4. 早秋皮　毛绒粗糙，短而空，整皮板呈黑色。

5. 早春皮　毛绒长而底绒略显稀薄，毛色发暗，皮板呈黄红色或老黄色。

6. 春皮　毛长绒稀，暗淡无光，毛绒轻度黏结，皮板发黄而脆。

7. 晚春皮　毛绒渐脱落，焦脆，皮板枯干。

五、饲养管理

饲养管理对毛皮质量的影响，主要体现在饲料与营养、冬毛生长期皮兽的管理和疾病防治三个方面。

（一）饲料与营养　毛皮兽一些性状在遗传上所固有的优良毛皮品质是先天决定的，但这些优良性状必须在后天的生长发育中，通过科学的饲养，才能很好地表现和发挥出来。仅有良种但缺乏科学的饲养，也生产不出优质的皮张。毛被的生长发育主要依赖于动物性蛋白质，故饲料应保证蛋白质，尤其是皮兽冬毛生长期蛋白质的需要。

（二）冬毛生长期皮兽的管理 主要是创造有利于冬毛生长的环境条件，增强短日照刺激，减少毛绒的污损，遇有换毛不佳或毛绒缠结，应及早活体梳毛处理等。

（三）疾病防治 疾病有损皮兽健康和生长发育，间接影响毛皮的品质；某些疾病还会直接造成皮肤、毛被损伤而降低毛皮质量。加强疾病防治，尤其是代谢病和寄生虫病的防治，也是提高毛皮质量的重要措施。

六、加工质量

毛皮初加工和深加工对其质量亦有很大影响。初加工中尤其应注意下列几个问题：

1. 毛皮成熟鉴定和适时取皮。应准确进行皮兽个体的毛绒成熟鉴定，成熟一只取一只，成熟一批取一批。尤其埋植褪黑激素的皮兽更要注意，过早取皮易使皮张等级降低，过晚取皮则影响毛绒的灵活和光泽。

2. 开裆要正，否则影响皮型的规范，也降低皮张尺码。

3. 刮油要净。尤其颈部要刮净，否则影响皮张的延伸率或干燥后出现塌脖的缺陷。

4. 上楦要使用标准楦板，以便加工出规范的商品皮型。

5. 干燥的温、湿度适宜。最好采用吹风干燥，其他用热源干燥时温度和湿度均勿超高，否则闷板而掉毛，将严重降低皮张的质量。

6. 伤残痕迹

（1）刺脖 貉子在冬天习惯缩脖栖息，颈部常出现毛绒短矮，毛质次弱，底绒稀落，甚至黏结。

（2）癞貉子 由于小室潮湿，易引发貉皮肤病，体质衰弱，从毛皮表面上看，峰毛稀疏、枯燥无光，底绒黏乱，皮板表面有癞痂。

（3）油烧板　因貉子皮油性大，脂肪刮得不净，使皮板受到油的侵蚀而造成烧板。

（4）贴板　新鲜的皮板未能及时上楦晾干，而使皮板贴在一起，在加工时贴板处会掉毛。

（5）流沙和掉毛　皮板受热或受闷，使针毛脱落者为流沙，毛绒整皮脱落者为掉毛。

（6）拉沙　即毛峰磨损，轻者毛峰尖被磨秃，重者伤及绒毛。人工饲养的貉，如果小室的出入口狭小，常出现这种情况。

（7）塌脖　秋季和春后换毛期产的皮，颈部底绒欠缺或无绒，即称塌脖。

（8）塌脊　秋末产的瘦弱皮，脊背部毛短稀，绒空薄，即称塌脊。

7. 正确的整理和包装　干好的皮张及时下楦、洗皮、整理和包装。洗皮不仅除去毛绒上的尘埃污物，而且明显增加美观度。整理包装时切勿折叠和乱放，保持皮张呈舒展状，勿用软袋类包装。

综上，影响毛皮质量的因素很多，人工养殖场必须采取选种，育种，加强饲养管理，创造适宜的环境条件和提高毛皮加工质量等综合性技术措施，努力提高毛皮质量。

第四节　貉皮的质量标准和检验方法

一、貉皮的质量标准

目前尚无全国统一的收购规格，仅以黑龙江、吉林等省试行的收购规格介绍如下，供参考。

（一）加工要求　按季屠宰，剥皮适当，皮形完整，头腿尾齐全，除净油脂，以统一规定的楦板上楦，板朝里、毛向外、呈筒形晾干。

(二) 等级规格

1. 一级 正季节皮，皮形完整，毛绒丰厚，针毛齐全，绒毛清晰，色泽光润，板质良好，无伤残。

2. 二级 正季节皮，皮形完整，毛绒略空疏，针毛齐全，绒毛清晰，板质良好，无伤残，或具有一级皮质量，带有下列伤残之一。

(1) 下颌和腹部毛绒空疏，两肋或后臀部略显擦伤、擦针。

(2) 自咬伤，疤痕和破洞，面积不超过 13.0cm²。

(3) 破口长度不超过 7.6cm。

(4) 轻微流针飞绒。

(5) 撑拉过大。

3. 三级 皮形完整，毛绒空疏或短薄、或具有一、二级品质，带有下列伤残之一者：

(1) 刀伤，破洞总面积不超过 26.0cm²。

(2) 破口长度不超过 15.2cm。

(3) 两肋或臀部毛绒擦伤较重。

(4) 腹部无毛或较重塌脖。

不符合等内要求的貉皮列为等外皮。

(三) 等级比差

特等皮：125％底绒呈青灰色，针毛尖呈黑色者。

一级皮为 100％；

二级皮为 80％；

三级皮为 60％；

次级为 40％以下的貉皮。

(四) 貉皮尺码标准 分为 000，00，0，1，2，3，4 七个标准：

000 号 ＞115cm；

00 号 106～115cm；

0 号 97～106cm；

1号　　88～97cm；

2号　　79～88cm；

3号　　73～79cm；

4号　　70cm。

量皮方法：从鼻尖至尾根，求其长度，档间差就下不就上。

(五) 颜色比差　绒毛颜色（青灰色、黄褐色、灰白色、白色）、针毛颜色（黑色、褐色、灰白色、黄白色）相互配比多种比差依市场行情酌定。

二、貉皮的检验方法

检验室为不受自然直射光线干扰的清洁房间，检验台高度87cm，宽度95cm（或根据工作情况自定高低），长度根据需要而定。台面涂浅色油漆。灯由40W日光灯管4支，或80W日光灯管2支为一组，与台面平行架设，灯源与检验台面距离70cm。

(一) 毛绒检验　将皮平放于操作台上，一手按住皮的臀部；另一手捏住皮的头部，上下抖拍，使毛绒恢复自然状态。先看颈背部，后看腹部的毛绒是否丰厚、平齐、灵活、光润及毛绒颜色，有无缠结毛、蹲档、塌脖等伤残。

(二) 皮板检验　看皮型是否完整，脂肪是否去净，有无油烧板等伤残。手感皮板的厚薄，从板面颜色看季节特征及是否陈皮。

(三) 貉皮长度测量

1. 将皮放于台上，自鼻尖到尾根量出长度，确定尺码档次。

2. 后裆开割不正的貉皮，按自鼻尖到臀部最近点的垂直距离测量长度。

3. 貉皮长度介于两档之间（即上下尺码交叉线）时，就下不就上。

第八章　貉的疾病防治

第一节　貉疾病的发病原因和诊断方法

一、貉疾病的发生原因

在生产实践中，通常根据疾病是否具有传染性而将其分为传染性疾病和非传染性疾病两大类。

传染性疾病包括：病毒性传染病、细菌性传染病、体内及体外寄生虫病和真菌病等。

非传染性疾病包括：营养代谢性疾病、中毒病、内科病、外科病等。

（一）发生传染病要具备的条件

1. 传染病都是由病原微生物引起的，每一种传染病都有它特定的病原微生物存在　如犬瘟热是由犬瘟热病毒感染引起的，病毒性肠炎是由细小病毒感染引起的，巴氏杆菌病是由多杀性巴氏杆菌感染引起的。这需要通过病原分离、鉴定和免疫学诊断等方法证实。

2. 传染病具有传染性和流行性　从患传染病貉体内排出的病原微生物，可通过不同途径传播给另一健康貉，并能引起同样的临床症状。当条件适宜时，在一定时间内，某一范围内或某一地区貉群被感染，致使大面积的传播和蔓延而形成流行。

3. 具有特征性的临床表现　多数传染病都具有该病特征性的综合症状及一定的潜伏期和病程经过。如貉犬瘟热的眼、鼻变化及双相热型；貉阴道加德纳氏菌的流产和空怀。

4. 被感染的貉机体发生特异性反应　这种特异性反应是由

于机体在病原微生物的抗原刺激下，机体发生免疫反应而产生抵抗该种病原的特异性抗体，可通过不同的免疫学诊断方法如凝集反应、琼脂扩散试验、对流免疫电泳、酶联免疫吸附试验等检测出来。

5. 耐过貉能获得特异性免疫　貉耐过传染病后，一般均能产生特异性免疫，使机体在一定时期内或终生不再感染该种传染病。

（二）貉的传染病传播途径　病原体由病貉排出后，可经两种方式传播给健康貉。

1. 直接接触传播　即在没有任何外界因素的参与下，病原体通过病貉直接接触健康貉而引起的传播。这种传播方式包括交配、舐咬等。如貉的阴道加德纳氏菌感染主要通过交配传播；貉的狂犬病通常只有被病貉或病犬等咬伤并随着唾液将狂犬病病毒带进伤口时才可能引起传染。

2. 间接接触传播　即必须在外界环境因素的参与下，病原体通过传播媒介使健康貉发生传染。如貉的犬瘟热、细小病毒性肠炎、巴氏杆菌病及大肠杆菌病等。

间接接触传播形式包括：经空气传播，如飞沫、尘埃等，以呼吸道为侵入门户；经污染的饲料和饮水传播，主要以消化道为侵入门户；经污染的土壤传播，貉在笼养条件下，一般不会发生此类传播；经活的媒介物传播，如带菌或带毒的蚊、蝇、蜱、犬、鼠及人类等。

（三）细菌性传染病和病毒性传染病的区别　貉发生传染病后，首先要明确由什么病原引起的，这对有效控制该传染病十分重要。传染病通常由两类微生物引起，即细菌和病毒。鉴别依据有以下几点：

1. 治疗性诊断　细菌性传染病选择适当的抗生素经一定疗程的治疗症状明显减轻并痊愈；病毒性传染病用抗生素治疗无效或仅能引起缓解症状作用，不能治愈。

2. 经实验室诊断定性 通过对病死貉尸体剖检进行涂片镜检、分离培养和生理生化鉴定，对细菌性传染病即可定性；而病毒感染需检查包涵体或通过免疫学诊断，必要时要借助电子显微镜才能定性。病毒必须在特定的细胞中培养才能生长，在人工培养基上不生长，而且在普通光镜下看不到单独的病毒粒子。

需要强调的是，有时病毒性传染病和细菌性传染病常合并感染或继发感染，这是检查者在实验室诊断时必须要考虑的。

此外，像支原体、附红细胞体等微生物既不属于细菌，也不属于病毒，在诊断时也必须考虑。同时要结合流行病学、临床症状及病理变化综合判断。一般在排除细菌和病毒感染后，就要考虑由其他微生物引起的传染病。

二、疾病发生的一般规律

认识和掌握貉病发生的规律，有助于防治工作的开展，特别是能够主动地做好预防工作。貉病的发生受许多因素的影响，如年龄、性别、季节、其他动物的疾病等。饲养者应掌握这些规律，做到心中有数，有的放矢。

（一）貉病与年龄的关系 年龄的差异主要表现在多发和常发疾病的不同。幼貉，特别是刚离乳的幼貉，由于消化系统发育不完全，防御屏障机能尚不健全，易患胃肠道和维生素缺乏症（如红爪病）。老龄貉由于代谢机能与免疫功能减退，体质下降，患病率高，抗病力弱，且多预后不良，在发生组织创伤时伤口愈合较慢。

（二）貉病与性别的关系 母貉疾病相对要比公貉多。由于母貉要繁殖仔貉，其中产科疾病占一定比例。母貉难产、流产、惊恐症、乳房炎、缺乳较为常见。公貉主要以尿结石、湿腹症等呈散发。

（三）貉病与季节的关系 不同季节貉的发病率和多发病、

常发病种类不同。

1～3 月份气温较低，各种传染媒介及病原体的繁殖均受到一定限制，病例较少，易散发感冒、肺炎，配种期易发生咬伤，怀孕期可因饲料突变、变质引起剩食和拒食，以致造成妊娠中断，此期传染病暴发也是较少见的。

4～6 月份为貉的产仔季节，发病率相应增多，主要是流产、难产、惊恐症、缺乳、红爪病、仔貉消化不良等。

7～9 月份为酷暑盛夏，各种细菌、病毒活动猖獗，而且饲料容易腐败变质，易引起中暑、中毒及各类胃肠炎等疾病，本季节易发生传染病，应加强饲养管理和卫生防疫工作。

10～12 月份，如果饲养管理得当，发病率明显下降，但有尿窝症散发，要加强防寒保温工作，注意换晒小室垫草。

（四）貉病与其他动物疾病的关系 很多疾病能在各种动物间相互传播和感染，如犬瘟热、犬细小病毒性肠炎、狂犬病、炭疽等。当貉场附近有这些疾病流行时，应及时采取有效的预防措施。

三、临床检查方法

临床检查的目的是为了全面了解疾病的发生和发展过程，以便客观地分析病症的由来，判断病症的性质，并制定合理的防治措施。貉病的检查可通过对病貉的全面系统的临床诊断、尸体剖检、实验室检验等综合方法进行。

（一）临床诊断 总括起来可归纳为“七看三查”。

1. 七看

（1）看被毛与皮肤 健康貉体表完整无损，被毛平顺有光泽，毛绒丰厚细密，针毛长而灵活，按时脱换毛；多数患貉被毛蓬乱无光，换毛不完全或不按时脱换，被毛有缺损，皮肤裸露，非换毛季节有食毛和脱毛现象，有皮肤寄生虫、肿块、外伤，出现尿湿，通过触诊可检查肿块的温度、硬度、是否可以移动及疼痛等反应。凡被毛粗乱无光，不按期脱换毛，皮肤硬而无弹性，骨骼明显外露者为营养不良，主要是慢性疾病、寄生虫等所引起的。

（2）看精神状态　正常笼养貉活动不灵活，性情较温顺，听觉不十分灵敏，多疑，常在运动场上休息和睡觉，闻声窜入小室躲藏。患病貉则精神沉郁，不愿行走，反应迟钝，常蜷曲卧于小室内，有的肢体麻痹，以至昏迷，个别患貉则由于神经系统的疾病而出现烦躁不安、步态不稳、摇头或做圆周运动，出现尖叫如中暑、中毒、犬瘟热，受轻微刺激常有极强烈的反应，攻击人或扑咬笼网、如狂犬病。

（3）看姿势状态　观察貉起卧、运动、体位的姿势对诊断疾病很有价值。患病貉常出现全身骨骼肌强直性痉挛、运动受阻、咀嚼和吞咽困难、流涎、尾根抬起或偏向一侧，害怕声响，在受刺激时尤甚（如破伤风）；先兴奋，后意识障碍，最后后躯或四肢麻痹（如狂犬病）；三肢跳跃运动，且患肢摇摆（如骨折或脱臼），当危急病症和疾病后期，患貉多卧地不起，四肢麻痹。

（4）看尿液性状　正常尿液呈透明浅黄色。淡红色或咖啡色为含血尿，主要见于膀胱炎、肾炎、尿道出血；呈渴色或黄绿色为含胆汁尿，见于肝、胆炎症、尿窝病。另外，根据阴道分泌物的性质、颜色可区别流产、难产、子宫内膜炎等。

（5）看可视黏膜变化　可视黏膜包括眼结膜、鼻黏膜、口腔黏膜、直肠和阴道黏膜。正常时颜色为淡红色。观察可视黏膜能反应机体血液循环状况，黏膜苍白为贫血的特征，常由慢性疾病、寄生虫、内出血等引起；结膜发红，呈树枝状充血，多见于脑炎、中暑、高热；可视黏膜黄染，多见于肝肾变性、寄生虫、溶血性疾病；黏膜出血，多见于巴氏杆菌、炭疽；黏膜发绀，多见于心力衰竭、食盐中毒。眼睑肿胀，有黏液性至脓性分泌物，甚至将上下眼睑黏在一起，多见于犬瘟热、维生素A缺乏症。

（6）看饮食和粪便。包括以下三个方面：

①食欲　要注意采食的速度、数量和时间，根据情况区分为食欲减退、废绝、亢进。同时注意采食当中咀嚼、吞咽有无异常现象，有无呕吐症状，有无流涎表现。

②饮欲　饮水不足，机体新陈代谢就不能正常进行，会使机体抵抗力降低，促使疾病的发生和发展。饮欲增加，多见于伴有腹泻、食盐中毒和发热的疾病，以及新陈代谢旺盛时（配种期的公貉，产仔期的母貉）；饮欲不佳，是多种疾病的症候；饮欲废绝一般是疾病的后期，如不及时补液很容易造成病貉死亡。

③粪便的形状、颜色、气味和数量　健康貉的粪便呈圆柱形长条状，一般呈黄褐色，根据饲料种类不同而有差异，饲喂同一饲料的貉群，排便颜色应基本一致，柔软有光泽。当普通胃肠炎时，粪便常混有黏液、脓液、假膜、血液或其他异物，颜色呈灰色、黄绿色、蛋黄色、绿色、粉红色，性状为黏稠、稀软、胶冻样、水样便，也有的干硬如羊粪。貉传染性肠炎初期粪便呈黄色牛粪状，进一步呈黄色或污绿色粥状便，有恶臭，再进一步发展为粉红色或混有血液的水样便。

（7）看鼻镜和呼吸　检查鼻镜、鼻黏膜、呼吸频率和呼吸方式。正常鼻镜湿润发亮，鼻镜干燥是发热的表现，鼻镜皮肤龟裂，被覆干燥痂皮见犬瘟热等病。正常鼻黏膜湿润淡红，只有少量无色透明液体，但不流鼻汁。当患犬瘟热、感冒、肺炎时，鼻黏膜发炎、肿胀，流出浆液性至黏液性或脓性鼻汁，有时伴有鼻孔堵塞现象，肺坏疽时鼻汁有恶臭味，有时伴有咳嗽。正常为胸腹式呼吸。当胸腔疾病气胸、胸膜炎、肺炎时呈腹式呼吸为主，当腹腔疾病腹膜炎、腹水、胃肠膨胀时以胸式呼吸为主。正常呼吸节律 23～43 次/min。频率增加见于热性病和心肺、胸膜疾病，频率减少见于中毒、濒死期和上呼吸道感染等疾病。

2. 三查

（1）查体温　体温的变化是疾病的重要症状之一，体温检查是临床诊断不可缺少的项目。用体温计插入肛门直肠内 3～5min

记录结果，正常体温为38.1～40.2℃，超过体温范围0.5℃以上为发热。体温升高见于各种传染病和全身性感染，部分炎症也可引起发热；体温下降，多见于中毒、失血、濒死期。

（2）查心跳次数　捕捉患貉休息10min后听取心音或触诊尾中动脉，正常为70～146次/min。频率加快多见于发热性疾病和心、肺疾病；频率减少多见于中毒症、濒死期。

（3）查呼吸数　以每分钟腹围活动的次数为呼吸次数，正常的呼吸是均匀而有节律的，一般为23～43次/min。

（二）尸体剖检　尸检是貉病诊断的重要步骤。对病死尸体进行剖检可以确定器官、组织的病理变化，迅速查找发病原因，认识疾病的实质，同时验证生前诊断和治疗的正确与否。

1. 剖检程序及病理变化　剖检人员应穿好工作服和胶靴，戴手套、口罩，记录剖检病貉号码、年龄、性别、死亡时间、临床诊断情况，并做好剖检记录。

（1）外表检查　检查尸体营养状况，尸体消瘦多见于慢性疾病，肥胖多见于急性病。同时注意体表有无外伤、肿胀、脱毛等现象。尸僵，一般情况下尸体在数小时内发生，同一条件下急性死亡或肥胖貉多见，肌肉发生强烈收缩的病（如破伤风）发生较快，尸僵不全多见于败血症。尸斑，动物心脏停止跳动后，由于重力作用，血流向最低部位呈青紫色，可确定动物的死亡体位和姿势。尸腐，由于酶类的作用，尸体很快腐败，肥胖和败血症死亡的尸腐发生较快，这样的尸体诊断价值不大。天然孔变化，口腔流出泡沫样液体（如狂犬病），流出血液（如炭疽）。

（2）皮下检查　皮下脂肪的颜色，有无肿胀、出血、浸润及淋巴结的变化。

（3）肌肉检查　颜色、光泽、有无出血、淤血、坏死。肌肉有白色条纹常见于白肌病，肌肉呈暗红色常见于食盐中毒。

（4）剖腹检查　有无异味，蒜味多为砷中毒，葱味多为磷中毒。腹腔有无渗出物及其颜色、数量，有血液为内脏破裂，有粪便为胃肠穿孔或破裂。肝脏外形大小、重量和体积、质地，边缘、小叶是否清晰，有无出血及切面变化。肾脏形状大小，有无肿胀，包膜剥离情况。切开后观察肾皮、髓质界线，有无出血、坏死、梗死和脓肿，有无结石。脾脏大小、颜色及切面情况，脾髓、脾小梁和滤泡是否明显。胃肠浆液、黏膜的颜色，有无出血、充血、溃疡灶，肠系膜淋巴结的变化。膀胱浆液、黏膜有无出血、肿胀、结石。子宫状态，有无出血、充血、胚胎。

（5）剖胸检查　检查胸液的数量、颜色、性质，渗出物的性质（浆液性、纤维素性、化脓性），有无粘连，胸膜是否有出血斑点。心包有无炎症，心包液的数量和性质，有无出血斑点，心内外膜的变化。肺脏颜色、大小、质地，气管内有无分泌物及性质。正常肺浮于水面，水肿肺沉于水中，肝样变肺沉于水底，气肿肺漂于水面。

（6）脑的检查　打开颅腔，观察脑膜有无出血、充血、淤血，是否有肿瘤。脑膜充血现象主要见于狂犬病、中毒、中暑等疾病。

2. 病料的采取和送检

（1）病料的采取

①检查细菌　无菌采取液体病料盛装在灭菌的试管或小瓶中，加塞密封；固体病料可存放于甘油缓冲盐水中。

②检查病毒　低温是保存病毒的重要条件，采取的病料应尽快冷藏。无菌采取的液体病料可直接装入灭菌的试管或熔封在细玻璃管中，固体病料可浸入50%甘油缓冲盐水中。

③病理检查　选择病变与健康交界处的组织，切取3～5块，每块不小于1cm×1.5cm×1cm，固定液为10%福尔马林溶液（固定脑时用5%）。

（2）病料的送检　采取的病料应立即送检。短时间内（夏季不超过20h，冬季不超过2天）可将病料放入带冰块的保温瓶中送到检验单位，短时间不能送检的，必须用化学药品保存。供细菌学检查的放于50%甘油缓冲生理盐水中，供组织学检查的放于10%福尔马林溶液中。如需邮寄，可用油纸、油布包装好，装入小箱内密封投邮。

（三）实验室检查 基本与畜禽兽医常规检查一致。只是血检时，采血部位为趾部和隐静脉，弃去第一滴血后采血，采血后局部要消毒。有关细菌检查、细菌培养、动物试验、病毒包涵体检查及间接血凝试验等，将在貉传染病部分讲述。

四、貉病的治疗技术

（一）貉的捕捉与保定 貉的捕捉是养貉的一项基本技术，在日常管理、配种、接种、治疗过程中，必须捕捉和保定。貉的犬齿比较锋利，捕捉和保定时应防止咬伤和跑貉。徒手保定时可一手持木棍在貉眼前晃动，以分散其注意力；另一只手瞅准机会迅速抓住尾巴，并从笼中拉出提起，将颈部夹在腋下，或将其固定在地上或操作台上，如有捕捉板、捕捉钳、捕捉网或捕捉套等，可用其卡住貉颈部或兜住全身，在助手协助下即可进行诊治。也可采用药物保定法，即用2%淀粉溶液将水合氯醛稀释成10%的溶液给貉灌肠（水合氯醛用量每千克体重为0.3～0.5g）。或用氯胺酮肌肉注射，剂量每千克体重为6.5～9mg。

这里介绍两种制作方法，简单、安全的捕貉工具：

1. 捕貉套

（1）器材　钳子一个，木棍或竹竿一根（直径2.5cm，长100cm），废旧三角带一条（边宽1～1.2cm，长150～200cm）或与其直径相当尼龙绳一条，铁圈一个（直径3cm），铁丝三截。

（2）制作方法　用铁丝将三角带的一端与木棒一头固定三道，在中间铁丝上安装铁圈，三角带另一端从圈中拉出。

（3）使用方法　用三角带形成的圈套住貉脖子后即拉紧三角带，从笼中提出貉，一手持竿，一手提貉尾保定。

2. 捕貉夹　取两根直径8～10mm、长90cm的钢筋，在钢筋一端15cm处制作或弧状，两弧之间距离7～8cm。此夹可请铁匠铺加工。使用时，用捕貉夹夹住貉的颈部，提出笼，用一手抓住貉夹；另一手提貉尾保定。

（二）给药方法　给药的方法和途径是否正确，直接影响药物的作用和效果。为了使药物在动物体内充分发挥疗效，可根据药物的性质、作用和治疗目的，采取不同的给药方法。

1. 消化道给药方法

（1）口服法　对于尚有食欲的貉，可将药物混入饲料内任其采食；对于食欲欠佳或药物异味较大而不宜自食的，可将药物粉碎后混以矫味剂（蜂蜜、白糖）调成糊状，用木棍或镊柄等将药涂于病貉舌根或口腔上颚部，让其自行咽下。大群投药时，要特别注意计算好用药量和将药物与饲料混合均匀，以免出现药物中毒或药量不足。

（2）胃管投药法　当病貉拒食，药物剂量大，或需补充水分及中毒时洗胃，可采用胃管（人用鼻饲管或导尿管）经口（用带孔木棒）轻轻插至咽部，待貉吞咽时顺势插入食管内，深度22～26cm，另一端连接漏斗或注射器，即可进行洗胃、投药、排气等，但要防止误投入气管内，造成异物性肺炎或因窒息而死亡。

（3）直肠灌注法　将药物直接通过肛门注入直肠内，药物既可在局部发生作用，也可通过直肠黏膜吸收发生作用。常用于麻醉、缓泻、补液、手术前清理肠道等。可使用导尿管，一端插入直肠8～10cm，另一端连接漏斗或注射器。药液注入肠内取出胶管后捏紧肛门5～10min，使药液充分在肠内发挥作用，此法用药不被肝脏破坏。灌注前器具应注意消毒，药液温度应接近体温。

2. 注射给药方法　注射是一项常规治疗技术，当貉不能经口给药，或药物在肠道内易被破坏和很难吸收，而又需要迅速发挥药效时均采用此法。

（1）皮下注射　注射的部位可选择皮肤疏松、皮下组织丰富而又无大血管处，如腹下、股内侧、肩胛、颈部。注射时无须剪毛，用70%酒精或无色碘酊消毒。无刺激性的药物或皮下吸收迅速的药物应采用皮下注射。还可应用于补液（等渗溶液），但用量一般不超过120ml，分多点注射。

（2）肌肉注射　是临床上最常见的给药方法，较皮下注射吸收快。一切不适宜皮下注射，有刺激性的药物或油质性注射液，应采用肌肉注射。部位选择肌肉丰富的颈部、臀部、股内侧。用左手拇指和食指压住注射部肌肉，右手持注射器，稍直立迅速进针。

（3）静脉注射　若注射的药物刺激性大，输液量多，急救注射迅速吸收，应采用此法。部位为颈静脉或后肢隐静脉，以人用5～7号针即可。补液数量要视心脏和脱水程度而定，输液速度宜慢。注射时要严格消毒，防止药液漏在血管外或将空气注入血管内。

（4）腹腔注射　是常用的补液手段，效果与静脉输液几乎相同。药物要选择无刺激性的生理等渗溶液。补液量大要预温后注射，以减少刺激和感染，并且要保证无菌注射，以免造成腹膜炎。

3. 子宫洗涤法　此法适用于黏液性或化脓性阴道炎、子宫内膜炎的治疗，对恢复患貉的生殖机能有良好作用。用导尿管插入5～7cm，反复冲洗，排尽液体后向子宫内注入适量的抗生素溶液，以利抗菌消炎，促进痊愈。

第二节　养貉场疾病综合防制措施

一、貉病防治的基本原则

“以防为主，防重于治”是貉病防治的基本原则。貉由野生到笼养，仍保留着不同程度的野性，在缺乏保定方法的情况下不易接近，诊断疾病相对困难，投药也不方便。与家畜比较，貉对一般疾病有较强的抵抗力，因此常常不显露早期症状，经验不足或观察不仔细则难以发现，等到症状明显时一般多已病重，如果治疗不及时，往往导致最终死亡。

在预防上应主动控制疾病的发生，貉场应在科学饲养管理的同时，制定常年防疫卫生条例和预防接种方案，并坚决贯彻执行。

在诊疗上要“早发现，早诊断，早治疗”。要做到这一点，就应经常对貉群作细心观察，每天喂貉时是检查健康状况的最好时机，从貉的精神状态、饮食欲、排粪尿等过程中及时发现病例。

在药物应用上应根据貉的特点加以考虑。在确定病性以后，用药必须掌握少而精的原则。即所用药物的体积不宜过大，投药的次数不要过多，药物的剂型要注意使用方便，尽可能选用那些使用方便、药效持久和作用迅速可靠的特效药物。在药物投给上，能通过饲料给药或自食的不应强行灌服，能皮下或肌肉注射的不要静脉注射，能在通常情况下进行的不宜保定进行，以减少对貉的惊扰和不必要的损伤。

二、养貉场的防疫卫生

貉饲养场坚持“以防为主、防重于治”的原则，具体要抓好以下几方面的工作：

（一）建立经常性的卫生防疫制度 貉场出入口应设消毒池（槽），内装生石灰，一切人员进入貉场必须经此消毒。貉场工作人员必须在入场后更换工作服和胶靴，严禁将工作服穿出场外，工作服应定期消毒。非本场人员不得随意进入貉场。随时注意附近畜、禽及野生动物的疫情，及时采取预防措施。引进种貉要来自无疫病污染的健康场，引种时必须进行检疫，入场后先要隔离饲养 15 天，确认健康方可混入大群。严禁猫、狗窜入场内，并做好灭鼠工作。对病貉应早期诊断和及时治疗，死亡的尸体必须在指定地点进行病理剖检，检后的尸体和污物应焚烧或深埋，用过的器械应进行彻底消毒，皮张按规定消毒后方可利用，经常清理粪便，运到离貉场500m以外堆积，进行生物热处理。

（二）搞好饲料卫生，要把好“病从口入”关 喂貉的饲料一定要营养均衡、新鲜无霉败。进入饲料室的饲料必须经过检查，严格执行卫生检疫制度。饲料品质的优劣，一般用肉眼即可进行鉴定，各种饲料鱼、肉类、乳蛋类、谷物、干饲料、蔬菜等都不能有发霉变质现象。新鲜饲料可生喂，轻度变质饲料可用高锰酸钾液洗涤后生喂或蒸煮后饲喂，严重变质饲料不准饲喂。生熟冷热及各类饲料要分别存放，饲料不可反复冻融，也不要突然改变饲料配方与日粮结构。饲料调制速度要快，每次应在临分食前完成。调制后对加工器械和用具要及时洗刷干净。

（三）加强消毒工作 貉的笼舍和地面定期于“三前”（配种前、产仔前、分窝前）、“两后”（检疫后、取皮后）以火焰或石灰乳、1%～3%氢氧化钠溶液喷洒消毒一次；工作服和捕捉工具可每月消毒一次（用紫外线消毒30min或流通蒸汽消毒30min）；饲料加工调制机械和用具，在每次加工使用后，当即用0.1%高锰酸钾或热碱溶液洗刷消毒；貉的饮食用具应每周以0.1%高锰酸钾溶液消毒一次。

（四）定期预防接种 接种疫苗可有效地预防传染病的发生。疫苗注入机体后，经一定时间（一般2周），可产生抗体，获得对该病的坚强免疫力。各种疫苗均有其特异性，不同的传染病使用不同的疫苗。目前，对貉病我国已生产有犬瘟热疫苗、犬细小病毒肠炎疫苗、狂犬病疫苗、肉毒梭菌疫苗等。免疫期一般为6个月，每年可于7、12月份各注射一次。各种疫苗的用量、用法及注意事项可参照所附说明书。预防注射要求及时、准确、不漏注，疫苗采购、运输、保存与使用要合理，切忌用失效疫苗，以免贻误预防时机。

（五）发生传染病的扑灭措施　发生传染病时，应立即向有关部门报告，并组织有关人员采取紧急预防措施。要对疾病及时进行诊断，为了早日确诊并得到有效治疗，本地不能确诊应立即送检病料。对貉群进行全面检疫，隔离病貉。被病貉污染的环境、笼舍、小室、用具等，应立即消毒。病性确定后，为迅速控制和扑灭疫病的流行，应进行紧急预防接种（假定健康群），以挽救未感染貉（病貉不注射疫苗），提高貉群的免疫力和抗病力。

第三节　貉常见病毒性传染病及其防治措施

一、貉犬瘟热

貉犬瘟热是由犬瘟热病毒引起的急性、热性、高度接触性传染病。其主要特点为双相型发热，眼、鼻、消化道等黏膜炎症，以及卡他性肺炎、皮肤湿疹和神经症状。本病已广泛存在于貉饲养国家，我国貉养殖场也时有发生，给貉养殖业造成了巨大的经济损失。

（一）病原　犬瘟热病毒（Canine distemper virus）属副黏病毒科，麻疹病毒属。病毒粒子直径在123～175mμm。病毒形态呈多形性，但大多数病毒粒子为球形，呈螺旋形结构，核酸型为RNA。

病毒存在于病兽的鼻液、唾液、眼分泌物、血液、脑、淋巴结、肝、脾和尿液中。犬瘟热病毒有很强的抵抗力，在干燥环境中能存活1年；耐低温，－70℃冻干毒，可保存毒力一年以上；在－10～－4℃条件下可存活6～12个月；对热敏感，55℃经60min、60℃经30min死亡。对普通消毒剂敏感，2%氢氧化钠溶液、3%福尔马林溶液、5%石炭酸溶液均能迅速将其杀死。

（二）流行特点　在自然条件下，犬科动物犬、貉、狐等最易感，其次是鼬科动物（如水貂等）。

各种动物可相互感染犬瘟热。不同年龄、性别对犬瘟热的敏感性不同，幼貉比成貉发病率高，幼貉发病率为50%～70%，死亡率为80%～90%，成年貉发病率为30%～40%，死亡率为30%～50%，公貉高于母貉。患病貉或带毒貉是本病的传染源。病毒可以随病貉的口、鼻、眼分泌物或代谢物排出，这些分泌物、代谢物可以直接传染给易感动物，也可通过垫草、饲具等间接传染给未发病的健康貉。主要传染途径是呼吸道、消化道黏膜。本病没有明显季节性，一年四季都可发生，秋冬季发病率较高。

（三）临床症状 其临床特征为：双相热型，即体温两次升高，达40℃以上，两次发热之间间隔几天无热期；结膜炎，从最初的羞明流泪到分泌黏液性和脓性眼眦；鼻镜干燥，病初流浆液性鼻汁，以后鼻汁呈现黏液性或脓性；阵发性咳嗽；腹泻，便中带血；脚垫发炎、变硬；肛门肿胀、外翻；上皮细胞发炎、角化并出现皮屑；运动失调，抽搐，后躯麻痹。病程多为2～4周。由于病毒作用，机体抵抗力下降，各种病原菌可乘虚而入，常并发肺炎、肠炎。

以上是貉犬瘟热的最典型临床症状，但有时在发病个体及引起犬瘟热发生的原因不同，其临床症状不一定都表现得那么突出，但眼、鼻呼吸系统和消化系统的变化在95%以上病例都能见到。神经型犬瘟热多发生于未免疫貉群中并首次暴发，因免疫失败而发生的犬瘟热，呈典型经过，一般仅表现高热、眼和鼻的变化。

（四）病理交化 尸体被毛蓬乱、污秽不洁，眼角有分泌物附着。肛门周围污染。皮炎，皮肤增厚，爪掌肿大。内脏无特征性变化，肝脏肿大，质脆混浊，胆汁充盈，胆囊增大；脾脏肿大，慢性者萎缩；肠系膜淋巴结肿大、充血；胃肠黏膜卡他性、出血性炎症；肾脏略肿大，被膜下有出血点；膀胱黏膜充血或出血，有的无变化；肺叶边缘肝样变性或肺叶出血性炎症。其他器官无明显变化。

（五）诊断　根据病史、流行特点和典型的犬瘟热临床症状，易于作出初步诊断。但确诊必须依靠病毒分离、鉴定和血清学等实验室诊断。

1. 包涵体检查　犬瘟热病毒在所有易感动物器官的上皮组织、网状内皮系统、大小神经胶质细胞、中枢神经系统的神经细胞和脑室细胞、膀胱、胆囊、胆管、肾和肾盂上皮细胞内，都有嗜酸性包涵体形成。犬瘟热病毒包涵体具特异性，而且检出率很高。

检查膀胱黏膜上皮包涵体方法很简单。其方法如下：取清洁脱脂载玻片，滴加一滴生理盐水。用外科圆刃刀刮取膀胱黏膜上皮少许，在载玻片上与盐水混合均匀，涂片。自然干燥，或甲醇固定2～3min，再用苏木精染色20min，水洗，以0.1%的盐酸将涂片分化1～2min，再用水冲洗，然后加1%的伊红，染3～5min，洗去染料，镜检。

在光学显微镜下可观察到，细胞核呈浅紫色，细胞质呈淡玫瑰色，包涵体呈红色。包涵体通常在细胞质内，细胞核内较少见，大小为核的1/2～1/4，在涂片中含有包涵体的细胞数目很不相同，但也有可能达到100%。一个细胞内可能有1～10个包涵体。包涵体具有多形性，其形状常为圆形、卵圆形，偶见与核连接的新月形，包涵体有清楚的界线和均匀的边缘。具有典型临床症状而死亡的貉，包涵体较多。

活体检查：用灭菌脱脂棉签浸润生理盐水后，在病貉眼结膜上稍用力擦拭一下，经涂片染色后也能检查到包涵体。

2. 中和试验　利用已知的病毒抗原检查未知的抗体。

一般感染6～7天后血清中即出现中和抗体，30～40天达到高峰。通常被检血清经56℃ 30min灭活，按常规方法分别与恒量犬瘟热病毒混合，放在4℃冰箱中过夜，各取出0.1ml接种于7天鸡胚绒毛尿膜或鸡胚细胞上，观察鸡胚的变化，经6天后；

如果出现病变说明没有犬瘟热抗体；不出现病变则表明被检血清中有犬瘟热抗体。

3. 动物试验 选未接种本病疫苗的2～3月龄健康幼犬、仔貉为实验动物。以无菌采取具典型临床症状的病貉的脑、肝、脾及血等组织，加生理盐水及双抗制成1∶10倍的乳剂，给供试动物接种5～10ml，7～12天发病，出现典型症状。

上述方法结合流行情况和症状即可确诊，有条件的还可以用免疫荧光抗体诊断法和免疫酶标技术诊断法。

（六）治疗 抗生素类药物对此病无效，但能控制继发感染。可用犬瘟热高免血清进行治疗，每只应用4～10ml，3天后再用一次，有一定的效果。对病貉隔离治疗，特别是对初期发生犬瘟热的病貉首先注射大剂量（20～30ml）抗犬瘟热血清，皮下分点注射或加地塞米松静脉注射效果更佳。同时用抗生素肌注或静注控制消化道和呼吸道炎症。如庆大霉素，每次8万IU，每天2次；乳酸环丙沙星，每次10mg，每天2次。配合维生素C、维生素B_1、维生素K_3辅助治疗。无食欲的以5%的葡萄糖生理盐水输液，腹泻严重的静脉输入5%的碳酸氢钠5～10ml。此外，干扰素、转移因子、病毒唑、黄芪注射液等对犬瘟热的治疗都有协同作用，可抑制病毒蛋白的合成。

（七）防制措施 为预防和控制本病的发生，必须严格遵守防疫措施，贯彻防重于治的方针。

1. 应用犬瘟热疫苗进行特异性免疫接种，是预防本病的根本方法 目前我国制造的犬瘟热疫苗均为活毒疫苗，免疫持续期为6个月，选择适宜时机进行接种可有效预防貉犬瘟热的发生。通常于每年的1月中旬前对种貉群进行一次免疫，剂量为每只皮下注射3ml，第二次免疫是在仔貉断乳后15～30天再加强免疫一次。同时也要避免仔貉的过晚接种，如断乳后超过21天，母源抗体对仔貉已没有保护作用，此时极易受犬瘟热病毒的侵袭，随时可发生犬瘟热感染，因此对仔貉的免疫要认真对待。

2. 建立健全严格的卫生防疫制度是预防本病的保证 因为该病的主要传染来源，是病狗和带毒动物，所以养貉场应杜绝野狗串入场内，场内设备一律不能外借，严禁从疫区或发病场调入种貉，貉场工作人员要配备工作服，不准穿回家或带出场外。调入种貉时一定要先打疫苗，观察15天后方可运回，进场后要隔离观察7～15天，才能混入大群正常管理。

3. 发病貉场应立即上报疫情，早期确诊，隔离病貉，进行对症治疗 为了防止并发病可应用抗生素，但对本病唯一的办法是用犬瘟热疫苗对健康貉进行紧急预防接种，可以很快控制本病的流行。一旦确定貉群为犬瘟热感染，对全群貉应立即进行紧急接种（已出现症状的建议不接种），剂量可增加到正常免疫量的2倍。

4. 对病貉污染的笼舍用火焰法消毒或毒菌净喷洒消毒 粪便用生石灰铺盖，并及时送到场外，堆积生物发酵处理。地面用3%氢氧化钠溶液喷洒，食盆、水盒、饲料加工用具用热碱水刷洗后清水冲洗。工作服用0.5%～1%福尔马林喷雾消毒。皮张应彻底消毒。病貉尸体，一律焚烧。在流行期间及在流行停止1个月内禁止对外出售种貉或串换种貉。

5. 发生犬瘟热貉场应实行封锁，严禁种貉输出 当最后一只病貉康复或死亡后30天，方可解除封锁，并且进行一次终末消毒。本病愈后至少带毒6个月。因此，在半年内禁止貉的调出调入。年末最好不留作种用，一律淘汰取皮，彻底消毒后，重新引进已接种犬瘟热疫苗的貉作种用。

二、貉病毒性胃肠炎

又称传染性肠炎，是由细小病毒引起的一种急性、热性、高度接触性传染病。特征是高热、出血性肠炎和心肌炎。本病发病急，传播快，流行广，发病率和死亡率都很高，多呈暴发性经过。本病于1984年8～9月在黑龙江省部分地区首次发生，继而在各地貉场和养貉专业户的貉群中流行，是危害养貉业的重大传染病之一。

（一）病原 貉传染性肠炎病毒属于细小病毒科，细小病毒属，在电子显微镜下为直径 23～28mμm 的球形粒子病毒，基因组成为单股 DNA。颗粒形态多为六角形或圆形，呈二十面对称囊膜，病毒衣壳由 23 个长 2～4mμm 的壳粒组成。

本病毒对外界环境有较强的抵抗力，在污染的貉舍里能保持 1 年的毒力，于 56～60℃存活 60min，pH 3～9 稳定。病毒对酒精、乙醚、氯仿等有抵抗力，煮沸能杀死病毒，0.5%福尔马林、3%氢氧化钠溶液均可将其灭活。病毒在 40℃、22℃、25℃条件下能凝集猪和恒河猴的红细胞，此特点对本病的诊断有重要意义。

（二）流行病学 本病的易感动物为犬科动物，如貉、犬、狐、狼等均可感染发病。传染源为患病动物和带毒动物，在其发热和有明显临床症状的传染期，不断向体外排出具有强大毒力的病毒，通过被污染的饲料、饮水、食具、用具、工作人员的手套和衣物及笼舍、小室、垫草传染给健康貉，未经消毒或消毒不彻底的注射器、注射针头、体温计和手术器械也可起间接传播作用。夏秋虻、蚊、蜱等吸血昆虫或非易感的鸟兽如乌鸦、麻雀及各种鼠也能助长本病的传播。病死貉、犬尸体的随意抛弃，常可招致本病的蔓延。配种、串笼时，使病、健貉直接接触更容易造成传染。

本病无明显的季节性，全年均可发生，但以 7～9 月份多发。幼貉发病率和死亡率高于成貉。在一定的地区如果防制措施不当，可连续几年发生，呈地方性流行。病死率达 40%～100%。

（三）临床症状 病貉精神沉郁，食欲减少直至完全废绝，拱腰蜷缩于笼内，似有腹痛症状。呕吐、腹泻症状明显，呕吐物开始呈黄水状，有的带有少量食物残渣，后期均为胃液。腹泻物颜色各不相同，早期为黄白色、粉红色，亦有黄褐色，后期则为咖啡色、巧克力色或煤焦油状；有的带有血样物或粉红色黏膜样物；有的粪便呈不规则的圆柱状，到后期极度衰竭死亡。病程短则1～2天，长者5～6天死亡。少数能耐过，多为发育不良或成僵貉，即使长大，也多不能繁殖。成年貉发病症状较轻，呈一过性腹泻，且多能治愈。

（四）剖检变化　以急性卡他性、纤维蛋白性乃至出血性肠炎变化为特征，即以肠及其淋巴结组织病理变化为主。貉尸极度消瘦，眼球下陷，结膜发绀，眼角有黏性眼眵，肛门污染，血液黏稠、呈暗红色，肌肉淡红、干燥。肠道的变化为特征性的，小肠外观有的呈鲜红色，切开可见血样内容物；有的呈黑红色，切开可见少量黏稠的煤焦油样内容物，有的混有黑色血凝块；有的肠段增厚，肠管变粗，但管腔稍窄，黏膜形成厚的皱折，有的肠段黏膜淤血，黏膜脱落，因而肠壁变薄呈半透明状，肠黏膜出血，部分病例为全肠道弥漫性出血，多数病例以空肠、回肠出血为重，有的直肠和盲肠黏膜可见条状出血、胃容积扩大2～3倍，胃壁明显变薄，形似气球，其内容物为淡红色稀薄液体或黏稠的红褐色液体。胃黏膜淤血，部分脱落，有边缘不整的溃疡和糜烂，肠系膜淋巴结明显肿大，为正常的5～20倍。

肝脏肿大，呈暗红色，有散在的黄色变性病灶。胆汁充盈，呈绿色。急性死亡的心肌及心内膜有灰白色或黄色变性病灶，心包积液。有的病例呈现肺水肿。

病理组织检查可见小肠上皮细胞核内和胞浆内包涵体，肠黏膜细胞变性。

（五）诊断　依据流行病学、临床症状和剖检变化可作出初步诊断。高热、顽固性腹泻、出血性胃肠炎、急性心肌炎变化，仔貉发病率高于成貉，应用抗生素和磺胺类药物治疗无效，细菌学检查为阴性等亦可作出初步诊断，进一步确诊需经实验室检查。

1. 包涵体检查　取小肠黏膜刮下物涂片，进行HE染色，过程与犬瘟热包涵体检查方法相同。在小肠黏膜上皮细胞内见周边规整圆形的红色核内和胞浆内包涵体。

2. 动物接种 选择来自非疫区、未接种过本病疫苗、断乳2周以上的健康仔貉、幼犬为实验动物。无菌采取濒死期病貉或死后不久的貉肝、脾、肠、血等，加双抗各2 000IU，用生理盐水制成1∶5倍的乳剂。实验动物经口投给15～20ml或腹腔注射3～5ml，经1周左右后发生肠炎典型症状，即可确诊。

3. 血凝试验（HA）和血凝抑制试验（HI）是简便可靠，快速的特异性诊断方法 此法在96孔U型微量塑胶反应板上进行，其原理是该病毒对猪和恒河猴的红细胞具有良好的凝集作用，可以检查粪便样品，也可以检查血清样品。

电镜和免疫电镜、荧光抗体技术、免疫扩散试验、血清中和试验等多种诊断方法也可用于诊断本病。

（六）治疗

1. 当发生貉细小病毒性肠炎流行时，首先应对全群进行紧急接种，由于该疫苗注射后产生抗体较快，一般于免疫后7～15天流行即停止。该疫苗为灭活疫苗，因而对处于潜伏期感染貉也同样会产生一定的免疫保护，紧急接种的剂量可为正常免疫剂量的2倍。

2. 特异性治疗方法：可使用痊愈狗、貉血清或全血，每只20～30ml，加入青霉素15万IU，链霉素10万IU效果更佳，可腹腔注射或皮下多点注射。可控制细菌性并发病，减少死亡。

3. 根据临床表现进行对症治疗，防止肠道菌继发感染，可使用庆大霉素、卡那霉素、诺氟沙星、乳酸环丙沙星等注射；特异性治疗，给病貉皮下分点注射高免血清，每天一次，每只10～20ml，连用3天；对拒食的貉，静脉输入5%的葡萄糖溶液，每天1次，每次150～250ml；脱水严重的，输入复方氯化钠溶液100～200ml；为防止心肌炎发生，还要考虑使用三磷酸腺苷（ATP）及辅酶A。

（七）防制措施

1. 疫苗预防接种，是预防本病最可靠的方法。目前国内仅有灭活苗，其产生免疫力时间较长，免疫期短，在未发生本病的貉群进行预防接种效果尚好，一般每年接种两次，第一次在仔貉分窝后2～3周后，每只肌肉（或皮下）注射0.5ml，隔15～21天每只再注射1ml，同时对成貉接种1ml。第二次接种应在留种后，对全部种貉接种，每只接种1ml。

2. 严格执行兽医卫生制度，做好防病工作。在做好预防接种的同时，必须搞好兽医卫生监督工作，严防野犬、猫和畜禽类进入貉场。种貉必须从非疫区引进，经过检疫，进行预防接种后，隔离观察一个月以上确认健康者再混入大群。

3. 发病后立即上报疫情，取样检查，早期确诊。病貉隔离饲养，对症治疗。耐过病貉到取皮期淘汰，健康貉实行紧急接种。

4. 对病貉污染的笼箱用火焰消毒，粪便用生石灰铺盖并及时清出场外，地面用10％氢氧化钠溶液消毒，食盆、水盒、料桶等用0.1％高锰酸钾消毒。饲养人员工作服用0.5％福尔马林喷雾消毒。病貉尸体一律焚烧。

5. 本病流行过程中常混合感染，故应用抗生素防止并发症。硫酸庆大霉素，每只2万～4万IU，对体衰病貉给予10％葡萄糖、维生素B_1 1ml、维生素C 1ml皮下多点注射补液。对腹泻剧烈者，给予黏膜保护药物。治疗应专人负责，针头专用。

6. 了解疫情，及时做好防范工作。发病后立即改善饲料，给予营养丰富、适口性强的优质饲料，以促进食欲，维持体况，增强抗病力。

7. 饲料、垫草要确保清净，不变质，日常的消毒工作要严格按规定执行，搞好杀虫、灭鼠工作；病死动物严格检查；尸体进行无害化处理；皮张要经过消毒。

三、狂犬病

狂犬病是由狂犬病病毒引起的一种人和动物共患的传染病。主要侵害中枢神经系统，其临床特征是患病动物呈现狂躁不安和意识紊乱，最后发生麻痹死亡，病死率为100%。

(一) 病原 狂犬病病毒为弹状病毒科、狂犬病毒属。病毒粒子的大小在100～150nm，有嗜神经性，主要存在于动物的中枢神经组织、唾液腺和唾液内。在唾液腺和中枢神经细胞浆内形成包涵体，称内基氏小体。病毒耐低温，对热敏感，在37℃下病毒可生存24h，60℃经5min、100℃经2min即被杀死。狂犬病毒对石炭酸和氯仿有较强的抵抗力，在1%～5%福尔马林溶液中经10min可被杀死。在尸体内可存活45天，在50%的甘油中，于冰箱内能保存1年。

(二) 流行病学 在自然条件下，所有温血动物对狂犬病毒都有易感性。患病和带毒动物是本病的传染源。貉患病主要是由于窜入场内的带毒犬或其他带毒兽咬伤引起的。饲喂患病动物及带毒动物的肉类也是导致貉发生狂犬病的重要原因。本病的发生没有年龄和性别的差异，一般无明显的季节性。

(三) 临床症状 貉的狂犬病潜伏期为2～8周，最多11周；病程3～7天，最长达20天。

1. 初期 病貉初期行为反常，不回小室，在笼内不时地走动或奔跑。有的蹲在小室内，在笼内有攻击行为，扑人或攻击邻笼的动物；食欲减退，呈现大口吞食而不咽，粪便干涸多为球状，流涎不明显，口端有水滴，体温无变化。

2. 中期 随着病情的发展，兴奋性增强，狂躁不安，在笼内急走或奔跑，啃咬笼网及笼内食具、攀登笼网，爬上、爬下。有痒觉，啃咬躯体，吃掉自己的尾巴和趾爪。向人示威发出叫声，追人捕物，咬住东西不放，异食、捕咬其他貉，食欲废绝，凝视，眼球不灵活。

3. 后期　病的后期，表现衰竭，喜卧。步态不稳，后躯行动不自如，负重困难，很快发展到前肢不能站立，倒在笼内。轻者以两前肢支撑或跪式向前爬行，或以臀部为轴原地打转；最终全身麻痹、死亡。死前体温下降，流涎，舌麻痹露出口外。

（四）病理变化　无特征性病理变化，死貉营养状态良好，少数尸体（例）出现程度不同的皮肤及尾巴缺损。尸僵完全，口角附有黏稠液体；肝脏暗红色或土黄色，增大，切面外翻流出酱油样凝固不全的血液。肝脏肿大，呈暗红色或土黄色，质脆易碎，切面流暗红色黏稠液体；胆囊肿胀，胆汁盈充；脾脏肿大、呈紫红色、有出血点。胃空虚，有的有异物，黏膜充血、出血，或胃内存有黄褐色胶冻样液体。肠黏膜呈弥散性出血，肠腔内有黄色黏稠液体。部分肠段黏膜有坏死灶。大、小脑均为非化脓性脑膜炎。在海马角神经节细胞见到嗜酸性（红毛）胞浆包涵体，并在脑血管周围出现管套现象。

（五）诊断　根据高度兴奋、食欲反常、后肢麻痹、异嗜、胃内存有异物等典型临床特症，结合本地有狂犬病流行即可初步诊断，确诊需要做实验室诊断。

1. 包涵体检查　用手术刀片将海马角横切，以载玻片轻压于切面上作印片，未干前以含碱性复红和美兰的 Seller 氏染液浸 1～5s，水洗、干燥后镜检。在神经细胞浆内见到内基氏小体（HE 染色，呈红色）。

2. 动物实验　用疑似狂犬病的病貉脑组织（无菌采取）1：10 倍悬液给兔或小鼠作脑内或皮下感染。白鼠脑内接种 0.025～0.03ml，一般用 8～12 只白鼠，8～10 天出现麻痹死亡。家兔 0.25～0.30ml 脑内接种，于接种后 2～3 周麻痹死亡。死后取脑组织作内基氏小体检查。

（六）治疗　无法治疗，一旦发现动物被狂犬咬伤或狂犬窜入，应立即接种狂犬病疫苗。出现典型狂犬病症状的病兽应宰杀，消灭传染源。

（七）防制措施 目前世界上尚无有效的方法用于治疗已发病的病例。预防狂犬病的发生必须接种疫苗。疫苗的种类有动物脑组织灭活苗、鸡胚化弱毒疫苗和狂犬病的基因工程疫苗。平时的预防措施主要是贯彻“管、免、灭”的综合性防制措施。管：加强对家犬及一切狂犬病隐性感染率高的动物管理，使它们不能咬伤人和其他动物，从而也就切断了狂犬病传播的主要途径。免：主要是加强对家犬及一切狂犬病多发动物的免疫，提高易感动物的抵抗力，动物体内的抗体能够中和进入体内的病毒，也避免了狂犬病的传播。灭：扑杀一切发病的动物和野犬，消灭狂犬病的主要传染源。被狂犬病可疑动物咬伤后的处理，首先应当用肥皂水冲洗伤口，以去除黏附在伤口部位的病毒，对咬伤的动物进行紧急接种，疫苗应用越早，效果越佳。

四、伪狂犬病

伪狂犬病，又称阿氏病，是由伪狂犬病病毒引起的多种动物共患的一种急性传染病。病的特征是发热、奇痒、脑脊髓炎和神经节炎，近几年欧、美各国的伪狂犬病仍广泛传播。我国伪狂犬病也比较常见。猪多发，呈隐性经过，肉食毛皮动物多由吃了屠宰厂猪的下脚料而引起发病。

（一）病原 伪狂犬病病毒为疱疹病毒科，疱疹病毒属。本病毒含双股 DNA，病毒的直径为 100～150mμm。能在兔和豚鼠的睾丸组织中培养繁殖。各种途径都能使鸡胚感染，在绒毛尿囊膜上接种，可产生小点状病灶，一般 3～5 天鸡胚死亡。

病毒在发病初期存在于血液、乳汁、脏器和尿中，后期存在于中枢神经系统。本病毒对外界环境的抵抗力很强，于 8℃存活 46 天，24℃存活 30 天。病毒在 50%甘油中于 4℃条件下，可保存数年；在 0.5%盐酸溶液和 2%氢氧化钠溶液中 3min、5%石炭酸溶液中 2min、2%福尔马林溶液中 20min 可被杀死。加热 60℃30min，70℃20～30min，80℃10min 病毒可被杀死，100℃

瞬时能杀死病毒。

（二）流行特点 在自然条件下，貉非常易感。病兽和带毒的肉联厂的下杂和肉类饲料是主要传染来源，带毒猪和鼠类也是不可忽视的传染源，病毒侵入机体的主要途径是消化道，也可经呼吸道、皮肤、损伤的黏膜和生殖道感染。本病没有明显的季节性，但以夏秋季多见，常呈暴发流行，初期死亡率很高。

（三）临床症状 貉的潜伏期为6～12天。表现拒食，流涎，呕吐，精神沉郁，对外界刺激敏感，眼睑和瞳孔高度收缩。用前爪搔颈、唇、颊等处的皮肤，搔痒动作间隔2～4min，损伤部皮肤、肌肉组织发炎、出血、肿胀。由于侵害中枢神经，常引起四肢麻痹，病程仅1～2天，很快死亡。

（四）剖检变化 因本病死亡的貉，营养良好，在鼻及口腔内和嘴角周围出现多量粉红色泡沫样液体，肝、脾、肺、肾等器官均充血，浆膜和黏膜有出血点，有的病例胃黏膜有点状溃疡，小肠有卡他性炎症变化，脑膜轻度充血。

（五）诊断 根据流行特点和临床特征可作出初步诊断，但确诊本病必须进行实验室检查。可采取大脑、延脑、小脑、海马角、肝、脾、肺等病料置50%甘油盐水中送实验室检查。

1. 动物接种试验 取病料制成悬液，加入青、链霉素，低速离心后取上清液接种家兔，皮下或肌肉注射1ml。凡出现奇痒、啃咬、皮肤损伤、四肢麻痹及死亡者判定为阳性。

2. 免疫荧光法 取脑组织压片或切片，用荧光抗体染色，于神经节细胞的胞浆及核内见到荧光，即可判为阳性。本法具有特异性高、灵敏和快速等优点。

（六）防制措施 本病尚无有效的治疗方法，抗血清治疗有一定效果。

平时要对肉类饲料，如猪及其他副产品进行兽医卫生检疫，凡认为是可疑的，必须做无害化处理；严防狗、猫窜入场内，并加强灭鼠。

发现本病后，应立即停喂被伪狂犬病病毒污染的肉类饲料，更换新鲜、易消化、适口性强、营养全价的饲料。同时应用抗生素控制继发感染，隔离病貉和可疑病貉。耐过貉应隔离至打皮期取皮，并进行彻底消毒。也可应用家畜用的伪狂犬病疫苗进行预防接种，免疫期1年，效果很好。

五、传染性脑炎

貉传染性脑炎是由犬腺病毒引起的以眼球震颤，高度兴奋，肌肉痉挛，感觉过敏，共济失调，呕吐，腹泻，便血为特征的急性、败血性、接触性传染病。本病具有发病急、传染快、死亡率高等特点。我国近些年来，由于养貉业迅速发展，在个别的养貉场也发生此病。

（一）病原 貉传染性脑炎病原体是腺病毒科腺病毒属的脑炎病毒。该病毒能通过赛氏（Seits）滤器，含有双股DNA，分子量 $20\times10^6\sim25\times10^6$。其大小为70～90mμm。浮密度（CsCl）1.33～1.35g/cm³，沉降系数为795S。

本病毒能凝集人（O型）、鸡和土拨鼠的红细胞。并有相当强的抵抗力，在37℃于26～29天灭活，在60℃于3～5min失去活性；在室温条件下，可存活10～13周；在注射器上，附着的病毒可存活3～11天；低温冷藏9个月仍有感染性；紫外线照射2h后，才失去活力，但仍有免疫原性。病毒最适pH 6.0～8.5。对乙醚、氯仿有耐受性，在0.2%福尔马林中24h后才能灭活。

本病毒在各种细胞上培养繁殖难易程度不同。在鸡胚细胞上很难生长繁殖。在幼犬肾上皮细胞及其他组织细胞上，能生长繁殖，使细胞发生病变。在雪貂和仔猪、猴、豚鼠、地鼠的肾原代细胞和仔猪肺组织细胞上，能生长繁殖，使细胞发生病变，形成核内包涵体。

本病毒对内皮细胞和肝细胞有亲和力，在细胞内形成核内包涵体，感染本病，可获得长时期的免疫力。

（二）流行病学 本病没有明显的季节性，一年四季均可发生，但多发冬春两季，无年龄、性别及品种之分，1岁内的幼貉感染率和死亡率高。本病除犬、彩狐、银黑狐、北极狐及貉易感外，在自然条件下也曾见狼、猫、浣熊等病例材料。据有关材料介绍，康复带毒兽能自尿中排毒达6～9个月之久。由此可见，康复兽和隐性感染动物，均能成为本病的传染源。其感染途径主要是呼吸道及消化道，也有胎内感染，体外寄生虫为媒介也不能排除。传染途径为被病原微生物污染饲料、饮水及饲具等。

（三）临床症状

1. 肝炎型 貉的临床表现多以急性经过。病初精神轻度沉郁，食欲稍减，渴欲增加，鼻镜干燥，皮肤黄染，流水样鼻液和眼泪，体温高达40～41℃，稽留3～5天。随着病程进展，则出现呼吸加快，脉搏增数，眼睛无神，呕吐，下痢，初期黄色水样稀便，后转为黏稠带血，乃至黑色似煤焦油样，并有恶臭，肛门周围被粪便污染，尿液深黄。病兽拱背卷腹，喜卧小室，食欲废绝，步态踉跄，全身无力，口腔出血，可视黏膜苍白、黄染。部分病例出现神经症状，病程2～7天而死，死亡率10%～20%。

2. 脑炎型 病貉突然发病，站立困难，食欲废绝，鼻镜干燥，四肢麻痹，视力减弱，间歇抽搐，口角流涎，对外刺激敏感。狂跳、倒地痉挛，体温高达40～41.5℃。随病程进展，抽搐间歇缩短，衰竭倒地昏迷，濒死期较长，病程1～2天死亡，致死率高。

（四）病理变化 其特征是血管损害，随继主要发生于肝脏的退行性变化和少量炎性变化，网状组织细胞系统的普遍激活和核内包涵体的形成。进而以细胞的毁坏及非化脓性脑膜炎变化。

1. 肝炎型 病变有其特征性，尸僵完整，营养中等，个别皮下水肿，全身脂肪黄染。淤血，呈暗紫色。肝肿大，小叶明显，质地硬，表面与实质均呈黄褐色或淡红色。胆囊壁高度水肿，明显增厚，胆汁浓稠。脾肿大1～5倍，色淡红或暗红，切面多汁。肾肿胀，略呈圆形。被膜紧张，外观及切面为土黄色或煮肉色，三界不清，皮质有出血点。胃肠黏膜呈弥漫性重度出血，重者似血肠样，内容物呈暗红或黑色黏稠状，有恶臭。肠系膜血管充盈，其淋巴结充血肿胀。血液稀薄，凝固不全。部分病例有血样腹水。

2. 脑炎型 肝肿大，呈黄褐色或淡红色，小叶明显，质脆。胆囊壁肥厚，胆汁浓稠。胃肠呈不同程度弥漫性出血，内容物黏稠呈黑褐色。肾轻度浑浊肿胀，呈灰黄色。个别肺有淤血及出血变化。心外膜有散在性出血点。脑膜高度淤血及出血，个别病例颅底出血。其他脏器无显著变化。

(五) 诊断 根据流行病学、临床症状和病理解剖学变化，可作出初步诊断。最终确诊还需要实验室检查，常用的实验室检查与血清学检查方法如下。

1. 病原分离 应用犬或猪肾原代细胞，进行病毒分离培养。可根据犬传染性脑炎（传染性肝炎）病毒致细胞病变的特征，出现单个的圆形折光细胞，并在细胞单层内出现空泡，小岛样病变细胞堆积成较大团块，如葡萄样，形成核内包涵体加以确认。

2. 血清学中和试验 中和抗体在感染后一周即出现，持续时间也长，适于中和抗体的测定和免疫水平的判定。通常用组织培养中和试验法，实用效果很好。

3. 血凝及血凝抑制 取典型病变肝、脾组织，制成1∶2悬液，离心取其上清与人的“O”型红细胞和标准阳性血清，做血凝及血凝抑制试验，其凝集价为1∶8，凝集抑制价为1∶2。

4. 皮内反应 应用病死的感染动物实质脏器悬液离心上清液，加入甲醛灭活，然后用于皮内接种，观察局部有无红肿出现判定。无菌取典型病变肝组织，以0.2%甲醛生理盐水制成1∶5悬液，50℃20min灭活，给2只健康幼犬皮内0.1ml接种，结果局部出现典型红肿。

此外，免疫荧光抗体技术、间接血凝、炭凝集法，也可以用于本病的诊断。然而比较有实用价值的是用免疫荧光抗体检查扁桃体涂片和肝脏涂片或用活组织标本染色检核内包涵体或病毒（抗原），可提供比较确实的早期诊断方法。

（六）治疗　发热初期，可用高免血清进行特异性治疗，但在病的中后期用血清治疗，效果不理想。此外，丙种球蛋白也能起到短期的治疗效果。有的主张给病貉注射维生素 B_{12}，成年貉每只注射量为 350～500μg，幼貉每只注射 250～300μg，持续给药 3～5 天，同时随饲料给予叶酸，每只量为 0.5～0.6mg，持续喂 10～15 天。

（七）防制措施　除了加强饲养管理，搞好防疫卫生外，还应进行预防接种，这是行之有效的预防本病的根本办法。平时预防每年定期接种 2 次狐貉脑炎弱毒疫苗，间隔 6 个月免疫一次，可有效预防该病的发生。

发生貉传染性脑炎时，应将病貉和可疑病貉一律隔离、治疗，直到取皮期为止。对污染的笼具应进行彻底消毒。地面用 10%～20%漂白粉或 10%生石灰乳消毒。

被污染的（发过病的）养殖场到冬季打皮期应进行严格兽医检查，精选种兽。对患过此病或发病同窝幼貉以及与之有过接触的毛皮动物一律打皮，不能留作种用。

发病时要紧急接种。对病貉的治疗在病初大量注射抗狐貉脑炎病毒高免血清有效，但对急性脑炎病例无效，为防止继发感染可选用乳酸环丙沙星和庆大霉素控制。在使用抗血清和抗生素的基础上，每天注射 2 次辅酶 A，每次 200～500IU，维生素 C，每次 0.1～0.2g。

第四节　貉常见细菌性传染病的防治措施

一、貉巴氏杆菌病

貉巴氏杆菌病又称出血性败血症，是由多杀性巴氏杆菌引起的以败血症及内脏器官出血性炎症为特征的急性传染病。临床上以大叶性肺炎，肝肿大，脾肿大、出血，出血性肠炎为特征。常呈地方性流行，给貉饲养业带来很大的经济损失。

（一）病原 多杀性巴氏杆菌为两端钝圆、粗短、两极浓染的革兰氏阴性小杆菌，不形成芽孢，无运动性，有的可形成荚膜。一般经人工培养菌体荚膜消失。需氧和兼性厌氧。普通培养基可生长，加少许血液或血清则生长良好。普通肉汤呈轻度混浊，底部少量沉淀，表面形成菌环。血清琼脂（或鲜血）平板培养基、37℃经18～24h后为淡灰白色、湿润黏稠、圆形露珠样菌落。45°折光镜检，呈明显的荧光。依荧光性分Fg（蓝绿色荧光）和Fo两型。

（二）流行病学 所有毛皮动物对巴氏杆菌均易感，幼龄毛皮动物更易感。饲喂因巴氏杆菌而死亡的畜禽肉及其下杂是本病的主要传染源，病原体往往通过肉类饲料及其副产品（如兔骨架、畜禽下杂）带入貉场。本病也可由污染的饮水、饲料等经消化道传播，或由咳嗽、喷嚏排出病菌经呼吸道传播，以及经损伤的皮肤、黏膜传播。此时，若经消化道感染，多呈散发，或促进巴氏杆菌流行。本病无明显季节性，但以春秋季多发。

（三）临床症状 潜伏期为1～5天。貉群突然发病，病貉主要表现为食欲不振，精神高度沉郁，体温升高，鼻镜干燥，呼吸困难，有时呕吐、下痢，粪便中有血液和黏液。机体消瘦，有时痉挛，常在痉挛中死亡，有的病貉从鼻孔流出血样泡沫。死亡前病貉体温降低。

（四）病理变化 病死貉的口腔、鼻腔内有酱色液体，主要病变在胸腔，胸腔积有血水；气管黏膜充血、出血，肺严重充血、出血，肝样病变，呈大叶性肺炎变化；心脏出血，心包积有血液。肝脏肿大，充血，色淡质脆；脾脏淤血、肿大。胸膜下有出血点，出现浆液性、纤维素性渗出物。胃内空虚，浆膜面有出血斑，黏膜面有酱色液；肠浆膜面有出血斑点，内容物少，呈胡萝卜色，肠道上最明显的病变在盲肠，可见盲肠黏膜严重出血，有一些溃疡灶，深达肌肉层，直肠黏膜条状出血；膀胱内空虚，黏膜严重出血。

（五）诊断 依据流行病学、临床症状、剖检变化可以作出初步诊断，如要确诊还必须通过细菌学检查和动物实验。

1. 细菌学检查

（1）涂片镜检 取新鲜病料心血、肝、脾、淋巴结涂片，以瑞氏染色、革兰氏染色后镜检，发现两极着色的革兰氏阴性小杆菌。

（2）分离培养 以无菌操作用接种针从死貉的心血、肝脏、脾脏取病料，划线接种于普通琼脂培养基或鲜血平板培养基上，37℃经 24h 培养，检查菌落形态。特点为灰白色、小而透明露珠状菌落，不溶血。45°折光观察，Fo 型橙色荧光，Fg 型蓝绿色荧光。

（3）纯培养 在平板培养基上，选定菌落镜检，确定后将培养物移植斜面培养基上，再行培养，以便进一步鉴定。

（4）生化鉴定 将纯培养物镜检后进行生化鉴定。分解葡萄糖、蔗糖和甘露醇，不分解鼠李糖，MR 试验（－），健基质（＋），注意与鼠疫杆菌、土拉伦杆菌、溶血性巴氏杆菌鉴别。

2. 动物试验 用新鲜病料血、肝、脾、淋巴结 1g 加生理盐水制成 10 倍悬液，接种易感动物，小白鼠 1ml，家兔 4～5ml，腹腔注射，发病或死亡后，以脏器或心血涂片镜检，发现该菌。

（六）治疗 发现疫情，立即将病貉和可疑病貉隔离，应用敏感药物环丙沙星和氧氟沙星进行治疗。健康貉注射巴氏杆菌疫苗和抗生素进行紧急预防。每天用过氧乙酸带兽消毒貉舍 2 次，重点消毒病貉舍，地面用生石灰消毒，粪便等用 0.5％的热碱水或 2％来苏儿进行喷洒消毒，每天 1 次，连用 1 周；食槽及饮水槽彻底清洗消毒，每天 2 次。发病期间停喂现有饲料，更换清洁、无污染的饲料，肉类饲料一律熟喂，供给新鲜清洁无污染的饮水。将病死貉尸体无害化处理后深埋，彻底清除病原。

（七）防制措施 加强卫生防疫和消毒工作是预防本病的关键。

1. 严格检查饲料，排除可疑饲料，确诊后立即采取综合性防治措施。

2. 观察貉的精神状态、饮食欲、粪便情况，将食欲、精神、粪便正常的貉隔离，对病貉及时进行治疗，全群投喂磺胺嘧啶进行药物预防。

3. 应用抗出败多价血清作被动免疫和治疗，同时应用经药敏实验敏感的抗生素和磺胺类药物。并注意对症治疗，可给予维生素 E、肝乐、维生素 C、葡萄糖等以达到强心、补液、保肝、解毒的目的。

4. 貉场地面铺洒生石灰或 10%石灰乳，笼舍火焰消毒，水盒、食盆、饮食用具先用碱水刷洗后用清水冲洗。清除粪便，堆积发酵，尸体无害处理。

5. 及时排除可疑饲料、添加滋补类饲料，以增加貉的抗病力。

6. 应用巴氏杆双型（Fo、Fg）菌苗进行接种，貉场要合理布局，各种动物不得混养，以防交互感染。定期消毒，严禁喂有病或死亡原因不明的畜禽肉及下杂是预防本病的关键。

二、大肠杆菌病

貉大肠杆菌病是由大肠杆菌引起的一种传染病，主要侵害幼龄皮毛动物，常呈现败血症状，伴有下痢、血痢，并侵害呼吸器官或中枢系统。成年母貉患本病常引起流产和死胎。以顽固性下痢、痉挛、衰竭和败血症为其临床特征。

（一）病原 大肠杆菌属于肠杆菌科，埃希氏菌属，为革兰氏阴性杆菌。脏器涂片常呈两极着色。无芽孢，有鞭毛，能运动，需氧或兼性厌氧。在普通琼脂培养基上生长良好，为松软的灰白色黏液性圆形菌落。溶血性大肠杆菌在血琼脂培养基上呈乙型溶血。伊红美兰培养基上为紫黑色菌落，麦康凯培养基上为红色菌落。能发酵葡萄糖、乳糖、麦芽糖和甘露醇，产生靛基质，MR（+），VP（—），H_2S（—），枸橼酸利用试验（—）。抗力不强，一般消毒剂（如石炭酸、3%氢氧化钠、福尔马林）经5min杀死。55℃经60min、60℃经15～30min杀死。对庆大霉素、红霉素、多黏菌素等敏感。

（二）流行病学　本病的暴发流行与饲养管理、兽医卫生等因素有关。大肠杆菌是一种条件性致病菌，发病因动物的种类、年龄、个体生理机能和免疫状态不同而有差异，表现出不同的症状和发病率，成貉极少发病，新生仔貉易感并伴有严重的下痢和败血症。患病貉为长期带菌者。病貉和带菌貉是大肠杆菌病的主要传染源，污染的动物性饲料（肉、鱼、乳、蛋）是貉及其他毛皮动物大肠杆菌经常发生的因素。营养不全价、蛋白质偏低、小室不洁、保温性差、气候变化异常是本病发生的诱因。若因喂患大肠杆菌病的畜禽肉及副产品而发生本病，则常呈暴发性经过。

（三）临床症状　因动物体的抵抗力、大肠杆菌的毒力、血清型的不同，疾病潜伏期变动范围也不同，一般为3～10天。

病貉精神沉郁，被毛粗乱，食欲减退或废绝，并出现腹泻。病初排黄绿色稀便，后期拉水样便。有的粪中带有血液或脱落的肠黏膜，灰色或灰褐色，气味腥臭，貉肛门周围和后肢皮毛被污染，病貉机体虚弱不能站立，颤抖，体温升高，但四肢发凉，眼眶下陷，全身脱水，皮肤弹性下降，貉迅速消瘦，很快死亡，有的病例出现神经症状，表现阵发性全身抽搐，四肢强直，角弓反张，口吐白沫。一般呈急性经过，病程3～5天。

慢性病例多见于成年貉，以下痢为主要症状，病程约1个月。妊娠母貉发生本病后，病貉精神沉郁，食欲下降，大批流产和死胎。

（四）剖检变化 尸体消瘦，心包有少量积液，心内膜下有点状或带状出血，心肌成淡红色。肺颜色不一致，常有暗红色水肿区，切面流出淡红色泡沫样液体。肝脏充血、肿大，有的有出血点；胃肠道主要为卡他性或出血性炎症病变，肠管内常有黏稠的黄绿色或灰白色液体，肠壁菲薄，黏膜脱落，布满出血点；肠系膜淋巴结肿大，充血或出血，切面多汁；膀胱积尿，呈黄色浑浊样。

（五）诊断 根据流行病学、临床症状及病理变化可以作出初步诊断，确诊需进行实验室检查。

1. 镜检 取实质脏器和心血涂片，本菌为中等大肠杆菌，革兰氏染色阴性，美兰染色常两极浓染。

2. 分离培养 在普通琼脂和肉汤中即能生长。在SS琼脂上，大肠杆菌多数被抑制而不能生长，少数生长的细菌，产生深红色菌落。在麦康凯培养基上，长出扁平、直径1～2mm的粉红色菌落；在普通肉汤中呈均匀浑浊，有粪臭气味；三糖铁琼脂培养基上培养基底部全部变成黄色。

3. 血清学鉴定 以纯培养物与大肠杆菌多价血清作玻板凝集试验。2～3min内出现凝集者判为阳性。然后再用单价血清进行同样的凝集试验，凝集后方能写出大肠杆菌的抗原式，确定菌型。

4. 动物实验 大肠杆菌是动物肠道常在的条件性致病菌，多数无病原性，同时动物死后，肠道中的大肠杆菌移行到内脏。因此，进行细菌学检查，应需用濒死期扑杀的病貉或刚刚死亡的病貉，并应进行本动物回归试验。

（六）治疗

1. 发病貉场、貉舍用百毒杀1∶600倍液消毒，用具等用0.1%高锰酸钾溶液浸泡消毒，每天1次，连续3天，以后隔天1次，每50kg饲料中添加新霉素5g、益生素80g，全群添加，连用5～7天。

2. 未发病的貉注射大肠杆菌多价苗，改善饲养环境，除去不良饲料，调整饲料配方，降低饲料中动物性饲料的含量，增加植物性饲料。

3. 发病的貉根据药敏结果立即选择最敏感的药物丁胺卡那霉素口服液饮水，严重病例不能饮食的貉采取肌肉注射方法，剂量按每千克体重15～20mg，每天2次，连用5天。发病幼貉肌注庆大霉素8万IU，每天2次，连用3天。

（七）防制措施

1. 加强饲养管理，搞好环境卫生，给予营养丰富的全价优质饲料，并注意饲料和饮水的卫生，以提高貉的抗病能力。

2. 加强怀孕期和泌乳期饲养，注意多汁饲料的补给，以确保胎儿和仔貉的健康发育，仔貉初生后获得充足、良好的乳汁，以满足仔貉的生理需要。

3. 为防止传入新的致病性大肠杆菌，应注意外来人员及引进种貉的消毒检疫工作。

4. 定期进行免疫预防，在健康母貉配种前15～20天内，注射大肠杆菌和副伤寒多价灭活苗，间隔7天注射2次；健康仔貉可在30日龄起接种上述疫苗2次。

5. 定期投喂土霉素、四环素及以0.1%高锰酸钾水让仔貉自饮，可达到预防目的。

6. 早期确诊，早期治疗，合理用药。选用土霉素、新霉素、庆大霉素及磺胺脒等药物治疗，均获一定疗效。最好是及时分离到大肠杆菌，做药敏试验，再确定首选药物。值得注意的是单纯满足个体治疗是不够的，必须进行集群性治疗，方能收到良好效果。对严重发病、连年发病貉场，应采取免疫学方法进行防治，可取得更佳的防治效果。

三、沙门氏菌病

沙门氏菌病又称副伤寒，是由沙门氏菌引起的幼貉急性传染病。主要特征是发热、下痢、肝脾肿大及败血症。易与肠炎相混，常和犬瘟热、病毒性肠炎并发。由于饲养量增加、饲养管理不善和卫生防疫工作跟不上，导致了部分养殖场貉沙门氏菌病的发生和流行。

（一）病原 沙门氏菌属是肠道杆菌科中的一个重要菌属。本属细菌为两端钝圆的中等大肠杆菌，革兰氏染色阴性，不产生芽孢，也无荚膜，绝大部分沙门氏菌有鞭毛、能运动，在普通培养基上生长良好，需氧及兼性厌氧，最适生长温度为37℃。本菌对干燥、腐败、日光等因素具有一定的抵抗力，在外界条件下可生存数周，60℃ 1h、70℃ 20min 致死。对冷冻有一定的抵抗力，如在冰冻土壤中能过冬，在－25℃能存活10个月。对化学消毒剂的抵抗力不强，一般消毒药，5%石炭酸、0.2%升汞5min即可杀死本菌。对新霉素极敏感，且不产生耐药性。

（二）流行病学 自然条件下貉易感，发病和带菌貉是本病的主要传染源，可以由粪便、尿、乳汁、流产胎儿等途径排出体外。本病主要是由于吃了污染本菌的饲料和饮水而经消化道感染，也有经呼吸道、生殖道、眼结膜感染的报道。健康带菌动物当机体抵抗力下降时，病原菌活化而造成内源感染，病菌连续通过易感动物后，其毒力增强，造成传染病的扩大。本病一年四季均可发生，一般散发或呈流行性，环境污秽、潮湿、粪便不及时清除，饲料和饮水供应不良，气候恶劣、疲劳、饥饿、长途运输及其他不良因素等，均可促进本病的发生。

（三）临床症状 潜伏期为3～20天。依发病快慢及临床表现分急性、亚急性、慢性三型。

1. 急性 病貉精神沉郁，食欲废绝，体温升高41～42℃。腹泻，有时呕吐，衰竭痉挛，经2～3天死亡。

2. 亚急性 主要表现胃肠机能紊乱。食欲废绝，沉郁，下痢，粪便呈水样，混有黏液、血液。病貉消瘦，贫血，衰弱无力，卧于笼中，后期麻痹、衰竭而死亡。

3. 慢性　顽固性腹泻，贫血，严重脱水，毛焦蓬乱，结膜发绀，常出现眼结膜炎，病貉极度衰竭，经2～3周死亡。孕貉发病出现大批流产。

（四）剖检变化　从外观看病死貉尸僵不全，尸体消瘦，脱水，眼窝塌陷，可视黏膜苍白。肺水肿，有出血性炎症；肝脏肿大呈土黄色，有散在坏死灶，脾、肾肿大，表面有出血点（斑）；胃肠黏膜水肿、淤血或出血，十二指肠上段发生溃疡；小肠后段和盲肠、结肠有轻微炎症，肠黏膜出血、坏死，大面积脱落，粪便呈明显的黏液性出血性肠炎变化；肠系膜及周围淋巴结肿胀、出血，切面多汁。病至后期，严重者心脏伴有浆液性或纤维蛋白性渗出物的心外膜炎和心肌炎。

（五）诊断　据流行病学、临床症状、病理变化仅可作出初步诊断，最后确诊需经实验室检查。

1. 镜检　取病料涂片，可见革兰氏阴性的中等大肠杆菌。

2. 分离培养　常用SS琼脂培养基进行选择培养，形成与背景颜色一致的菌落。

3. 血清学诊断　诊断本病的血清学方法主要为凝集反应，有试管凝集反应和玻片凝集反应两种，一般前者用于感染本病后血清中和抗体效价的测定，据抗体效价判定动物是否感染过本病，后者多用于细菌鉴定和分型。

（六）治疗

1. 对病貉及时隔离，加强饲养管理，圈舍及食具用百毒杀进行全面消毒；拉稀严重者停食1～2次，只喂给口服补液盐或易消化的食物，严禁喂给高蛋白质难消化的饲料。

2. 大群用药敏试验结果较好的恩诺沙星纯粉进行治疗，每克对20～30kg水食，2次/天投服，连用3～4天。病情严重者可配合敏感药物进行肌肉注射，如继发其他病毒性病，如非典型性病毒性肠胃炎或犬瘟热，可在另一侧肌注犬六联血清0.5支，地塞米松0.25mg，1次/天，连用2天，病貉基本能恢复正常并痊愈。

（七）防治措施

1. 禁止饲喂患本病或可疑污染的饲料。被污染的饲料应采用煮沸处理，牛奶、蛋应熟喂。饲料中加喂嗜酸菌乳，对预防本病有良好效果。

2. 特异性预防　可接种沙门氏多价福尔马林菌苗，幼貉可分2次，间隔5天，每次1～2ml，免疫期为7～8个月。

3. 发病貉场要严格消毒，病愈貉取皮期打皮。大规模貉场应定期对各种饲料进行污染度和营养成分测定，以便合理搭配饲料，从而控制传染病的发生。

四、破伤风

（一）病原　病原体是破伤风梭菌，为革兰氏阳性厌氧菌，无荚膜，能运动，能形成芽孢，芽孢有很强的抵抗力，煮沸1～3h才死亡，3%福尔马林24h、5%石炭酸15h、碘酊10min死亡，干燥条件下可生存10年以上，破伤风细菌的芽孢广泛存在于自然界中，尤其是患病区的土壤、饲料、饲草、粪便及被貉污染的垫草中均含有破伤风细菌的芽孢。

（二）流行病学　本病是人兽共患的传染病，没有季节性，多散发，春秋两季雨水多时易发。主要经创伤感染，当侵入创口小而创伤深、创口结痂或被污染物封闭时，创腔内为缺氧状态，芽孢转变为菌体，开始生长繁殖，在生长过程中产生破伤风毒素，作用于神经末梢，被吸收后沿神经纤维到达中枢神经系统，使动物发病，产生一系列神经症状。

（三）临床症状　潜伏期一般7～21天。主要症状是病貉对外界刺激的反应性增高，全身骨骼肌发生强直性痉挛。病初精神沉郁，运动障碍，四肢弯曲，有食欲但采食咀嚼困难，张口、吞咽也困难，常把嘴插入食盆中而不能进食。以后出现全身性肌肉痉挛性收缩，吞咽困难，口内含残食并发臭，舌边缘常有咬伤和和齿压痕。两耳直立不能转动，眼球凹陷，鼻孔扩张，背肌坚硬，尾根高举或偏向一侧，不能自如活动，惧怕声响。当受到突然刺激时，表现惊恐不安，呼吸浅表，心悸亢进，心律不齐，排粪迟滞，体温正常。后期常因饥饿和自体中毒而死亡。

（四）病理剖检 内脏无明显变化，黏膜、浆膜可能有出血点，四肢和躯干肌间结缔组织呈浆液性浸润，肺充血、水肿或有异物性肺炎症状。

（五）诊断 患破伤风的病貉其症状比较特殊和明显，可根据肌肉的强直和痉挛，反射兴奋增高，体温和食欲正常，便可确诊，但对经过较慢的和发病轻的病例，要注意与急性肌肉风湿病加以区分，其不同点是，肌肉风湿病的体温升高，兴奋性不高，触诊患病部位有痛感。

（六）防治措施

1. 用破伤风血清及类毒素治疗和预防本病，每年做一次预防接种。

2. 发现有外伤时，应立即处理伤口，可用1％高锰酸钾溶液洗，或用5％的碘酊处理创面，破坏其厌氧环境。

3. 如已发病，可扩创重新消毒处理，用青霉素消灭病原，可皮下注射破伤风抗毒素，以中和毒素。肌肉注射氯丙嗪，以解痉镇静。病后期，由于饮食困难，造成体质消瘦、营养不良，需补糖补液。此外，要加强对患貉的护理，将病貉放在阴暗或避光的圈舍或笼舍内，减少人员接触，保持环境安静，精心饲养，对饮食困难的，可人工灌喂牛奶、豆奶汁或稀粥营养饲料，使病貉获得营养，增强抗病能力。

4. 尽量减少或杜绝外伤的发生，对产箱内壁火焰消毒，窝内保温用的垫草要用非疫区的洁净干草。如垫草来自发病区，要用碱水洗涤、曝日晒干再用。保温所用的垫草，也一定要用非疫区的洁净干草或用碱水洗涤、曝晒、晾干后再用。

五、貉加德纳氏菌病

貉加德纳氏菌病是由加德纳氏菌引起的貉繁殖障碍的重要细菌性传染病之一。它能导致母貉阴道炎、子宫颈炎、子宫内膜炎，公貉的睾丸炎、附睾炎及引起母貉流产和空怀、公貉性功能减退、死精、精子畸形等。

（一）病原 加德纳氏菌为多形性，无荚膜，无鞭毛，革兰氏染色不稳定的细菌，形态近球、球杆至杆状，呈单个、成双、短链排列。在普通琼脂培养基上不生长，在加有血清和全血的普通琼脂平板上虽生长，但很贫瘠。在胰蛋白琼脂平板和胰蛋白液体培养基上生长良好。初次分离培养时，在5％～10％的二氧化碳环境下生长更佳，继代培养时在普通环境下生长良好。生长的最适温度为37℃，最适 pH 7.6～7.8。对氨苄青霉素、红霉素及庆大霉素敏感，对磺胺类耐药。

（二）流行病学 不同年龄、不同性别的貉均可感染。该病于配种期间最易传播，尤其在感染群，貉配种后感染率明显升高，最高可达群的30％以上，经对国内流产、空怀貉血清学检验证实，加德纳氏菌感染率达42％以上。但通常是母貉感染率明显高于公貉，老貉比青年貉感染率高，病貉为该病的传染源，本病主要通过交配传染，外伤也是不可忽略的感染途径。怀孕貉感染该菌可直接传播给其胎儿。

（三）临床症状 该病菌主要侵害泌尿生殖系统，造成炎症，虽对动物的生命影响不大，但对繁殖影响较大。本病的突出临床症状就是受配貉多数于妊娠后20～45天出现流产及在妊娠前期的胎儿吸收，流产前母貉从阴门排出少量污秽物，有的病例出现血尿，流产后1～2天，母貉体温稍升高，精神稍不振，食欲减退，随后恢复正常。公貉常出现血尿，在配种前，感染阴道加德纳氏菌的公貉性欲降低。

（四）剖检变化 病变主要在生殖与泌尿系统。可见母貉的阴道炎、子宫颈炎、子宫炎、卵巢囊肿、尿道感染、膀胱炎、肾脓肿。

（五）诊断 在排除饲料质量、饲养管理等非传染性因素后，可怀疑本病，妊娠期饲料质量不佳，饲料不稳定，营养不全价，管理粗放，受惊扰，环境不安定和突然的外界刺激，都可造成空怀和流产。有少量母貉常出现习惯性流产，因此在诊断时必须考虑到上述因素。

微生物学诊断：采集流产胎儿、胎盘、流产貉阴道分泌物，公貉的包皮分泌物，以5%的兔血胰蛋白胨琼脂平板进行分离，选取37℃培养48h的β溶血菌落进行接触酶和氧化酶试验，如两者均为阴性再进行生理生化试验和形态学鉴定。

血清学诊断：阴道加德纳氏菌虎红平板凝集抗原可对感染貉诊断定性。具体方法如下：

先用碘酊对貉爪局部消毒后，剪断貉一个爪尖，用灭菌小试管收取0.3～0.5ml全血，置室温1h，2 000r/min离心10min，收集血清检验。

取一洁净玻板，划出4cm×4cm方格，标上待检血清编号，用微量加样器更换吸头吸取各被检血清30μl，分别加在与编号对应的方格中央，然后于各血清方格内加入室温预热0.5h并经充分振荡的抗原30μl，分别用牙签搅拌，使抗原与血清充分混合，于凝集箱上适当预热，3～5min内判定结果。每板各设标准阴性、标准阳性血清及抗原对照。

判定标准："＋＋＋＋"，抗原与被检血清100%凝集，很快出现很大的凝集块，液体完全清亮。"＋＋＋"，有75%凝集，出现较快，液体几乎透明。"＋＋"，有50%凝集，出现较慢，液体半透明。"＋"，仅有25%粒状凝集，出现迟缓，液体混浊。"－"，不出现任何凝集颗粒，液体均匀混浊。

感染的最终判定：凡出现"＋＋"以上凝集者判定为阳性。

（六）防治措施 利用血清学诊断方法检测貉群，检测出的阴性貉立即接种加德纳氏菌疫苗；检测出的阳性貉，应采取隔离饲养，至冬季取皮淘汰或以药物（氨苄青霉素）治疗一个疗程（3～5天），可完全将体内菌杀死，但加德纳氏菌抗体尚存，待过15～30天，体内残存抗体已基本消失，此时再注射疫苗预防，即能达到有效保护，这样的貉仍可作种用。

六、貉魏氏梭菌病

魏氏梭菌病又称肠毒血症，是由魏氏梭菌引起的一种急性传染病，以剧烈腹泻为主要特征。我国近年来有许多貉饲养场流行此病。

（一）病原 病原菌为梭状芽孢杆菌属产气荚膜杆菌科，也称产气荚膜梭菌，多为直或稍弯的梭杆菌，两端钝圆，大小为3～8μm×0.5～1.0μm，革兰氏染色阳性，厌氧，无鞭毛，不能运动的大肠杆菌。在动物机体中形成荚膜是本菌的特征。能形成芽孢，芽孢呈圆形或椭圆形，当芽孢位于中央且比菌体大时，则菌体呈梭状。芽孢具有较强的抵抗力，煮沸15～30min内死亡，A和F型菌的芽孢能忍受煮沸1～6h。魏氏梭菌毒素，煮沸30min被破坏。

（二）流行特点 潜伏期的貉和患病貉是本病的主要传染源。貉因食入污染的饲料，经消化道感染。不同年龄、不同性别、不同品种都可感染发病。本病呈散发或地方性流行，一年四季均可发生，但多在夏、秋季流行。

（三）临床症状 潜伏期12～48h。本病多呈超急性或急性经过，往往见不到明显的临床症状即突然死亡。病程稍缓者可见厌食或拒食，行走无力，呕吐，排稀便，呈绿色并含血液。后期出现痉挛和麻痹，于昏睡状态下死亡。发病急，无任何临床症状而突然死亡，病程一般12～24h。

（四）剖检变化 皮下组织水肿，胸腔内混有血样的渗出液。肋膜、胸膜、膈肌有出血点或血斑。肝脏肿大，呈黄褐色或黄色、质脆、脂肪变性。胃黏膜充血、肿胀、有溃疡面。小肠及大肠黏膜出血，外观似血肠样，肠内容物充满紫黑色血液；肠系膜淋巴结肿大、出血；脾切面呈紫黑色；肾质地稍软，皮质和髓质出血。

（五）诊断　由于本病发病急、病程短，根据流行病学、临床症状等不容易作出诊断。细菌学检查和毒素测定可提供可靠的诊断依据，病料主要采取一段回肠或盲肠，两端结扎，保留肠内容物，同时采集实质脏器、肠系膜淋巴结或肠内容物作涂片和分离培养。

1. 细菌学检查

（1）涂片检查　将病料直接涂片，革兰氏染色镜检，魏氏梭菌为革兰氏阳性大杆菌，具有明显的荚膜。

（2）分离培养　采取新鲜病料接种于肝片肉汤培养基中，发育迅速，在5～8h即混浊，并产生大量气体，气体穿过干酪蛋白凝块，使之变成多孔样海绵状，这种现象称为“暴烈发酵”，可应用于本病的快速诊断。也可将病料直接在血清葡萄糖琼脂平板上划线接种，培养后挑取典型菌落镜检，如与涂片检查菌特征一致，可初步确诊。

2. 动物试验　取本菌培养物0.1～1.0ml，接种于豚鼠皮下，局部迅速发生严重的气性坏疽，皮肤呈绿色或黄褐色，湿润，脱毛，易破裂，局部肌肉不洁，呈灰褐色的煮肉样，易断裂，并有大量的水肿液和气泡。通常在接种后12～24h死亡。用培养物喂幼兔，可引起出血性肠炎而死亡。

3. 毒素检查　将回肠或盲肠内容物用生理盐水2倍稀释，然后5 000r/min离心20min，上清用微孔滤膜除菌，取滤液2～4ml给家兔耳静脉注射。先小量注射，30min后无反应再较大剂量注射同一动物或另一动物。如毒素含量较高，小量注射即可使兔于10min内死亡。如毒素含量低，兔可能于注射后30～60min卧下，呈轻度昏迷，呼吸加快，经1h可能恢复。健康动物肠内容物滤液，注射后不引起反应。

（六）防制措施 本病无特异疗法，由于发病急，病程短，不易发现，治疗效果不理想。治疗该病高度敏感的药物有氧氟沙星、乳酸诺氟沙星、新霉素和氯霉素等，一般新霉素按每千克体重10mg投于饲料中喂给，1天2次，连续3～4天。

防止饲料腐败、酸败或发霉，质量可疑的饲料不能喂貉。不可随意改变饲料的配比或突然更换饲料，当发生本病时，将病貉隔离饲养和治疗。对病貉污染的笼舍彻底消毒，粪便及污染物送指定地点生物热消毒。

七、仔貉链球菌病

链球菌病是由链球属中的致病性链球菌所引起的人类和毛皮动物共患的一种传染病。在临床上可分为败血症型、脑膜炎型、关节炎型、淋巴结脓肿型等。

（一）病原 菌体形态为革兰氏阳性球菌，多数呈短链排列，少数长链排列。在马丁肉汤和厌气肉肝汤中均能生长，菌液有絮状沉淀。在血琼脂培养基上，菌落圆形，中央突起，周围有明显的β-溶血圈，直径7～9mm。在pH 9.6肉汤和6.5%氯化钠肉汤中均不生长。

（二）流行病学 幼龄貉易感，常以窝为单位群发。其病原可能与饲料、饮水、笼具、垫草等污染及饲喂被链球菌污染的畜禽肉及内脏有关。

（三）临床症状 病貉临床症状不明显，急性的3～5天死亡，死后鼻腔流出血水。发病仔貉精神委顿，食欲下降或不吃食，明显消瘦，行动迟缓、两后肢麻木站立不起来，背部呈紫红色，有出血斑点，有的仔貉腹泻，有的还出现便秘，运动失调。

（四）病理变化 剖检，肺有明显瘀血和出血，有的出现化脓性或纤维素性胸膜炎病灶，肺与胸膜粘连，胸腔有暗红色胸水。皮下血管充血，腹股沟处淋巴结肿大、充血，肠系膜淋巴结充血、心包、腹腔有大量的淡黄色积液、肝胆肿大、脾肿大呈紫灰色，边缘钝；肾脏肿大，表面有淤血，切面有出血点，肠内容物为红褐色，脑膜血管充血并有出血点。

（五）诊断　根据临床症状、病理剖检并结合实验室检验，诊断仔貉感染链球菌病，采取了综合防治措施，使疫情得以控制。

（六）防治措施　控制本病的关键在于注意环境卫生，定期消毒；注意饲料卫生，经常检查饲料，不喂发霉、变质饲料，特别是动物源性饲料如：鱼粉、肉骨粉、动物下脚料，特别是长期储存的冷冻肉食品；不喂来源不明的、病死的动物下脚料；发现本病要及时治疗。

1. 隔离病仔貉，笼舍地面用2%～5%火碱、饲养用具用10%漂白粉消毒。

2. 加强饲养管理，搞好舍内外环境卫生。

3. 发病仔貉选用高敏感药物头孢唑林钠每千克体重10～50ng，进行肌肉注射，每天2次，连用3天。全群按常规剂量使用土霉素片，粉碎后拌入饲料中，连用7天。

八、貉结核病

结核病是由结核分支杆菌引起的人兽共患传染病。本病的特点是在机体组织中形成结核结节性肉芽肿和干酪样的坏死灶。

（一）病原　结核分支杆菌属分支杆菌属，分为牛型、人型和禽型三型。本菌为整齐的直或稍弯曲的细长杆菌，不形成荚膜和芽孢，无鞭毛，不能运动，为革兰氏染色阴性菌。用抗酸染色法，菌体被染成红色。结核杆菌是专性需氧菌，本菌对外界环境条件，尤其对干燥、湿冷等具有较强的抵抗力，对自然界的理化因素抵抗力较强，外界存活时间长，在干燥痰中能存活10个月，粪便及土壤中能存活6～7个月，但对温度特别敏感，直射阳光下，几分钟至几小时可使之死亡。对湿热抵抗力弱，60℃湿热

30min 即可杀死，5%来苏儿 40h，才能杀死，而在 70%酒精及 10%的漂白粉中很快死亡。

（二）流行特点 结核菌主要是经过消化道、呼吸道侵入体内，污染了结核菌的肉类饲料和乳品是主要的传染来源，污染的笼舍、食具和场地也是不可忽视的传染源。本病没有季节性，一年四季均可发生，但多见于夏秋两季。环境潮湿，饲料营养不良，卫生条件不好，以及多种动物混养，有助于本病的发生和传染。

（三）临床症状 潜伏期为 1～2 周，病程一般为 40～70 天。病貉不愿走动，食欲减退，进行性消瘦，常躺卧，被毛无光泽。当侵害肺部时，表现咳嗽和呼吸困难，有些病貉鼻、眼有较多的浆液性分泌物。有些病例出现带血下痢，有些病例死前 1～2 周出现后肢麻痹。

（四）剖检变化 病貉尸体营养不良，结核病变常发生在肺内。在肋膜下及肺组织深部，触之如豌豆或黄豆大的单在钙化结节，切面见有浓稠凝块和灰黄色脓性物。有的侵害气管和支气管，形成空洞，其内容物进入气管而排出体外。肠系膜淋巴结肿大，充满黏稠凝块状灰色物。

（五）诊断 貉结核病缺乏特征性临床症状，因此临床诊断困难，但可根据病理剖检和细菌学检查确诊。病理解剖的主要特点是，患病器官发生特异性、大小不等的干酪样和钙化变性的结核结节。细菌学检查：对病灶直接涂片，进行抗酸性染色，镜检见到红色短杆状菌，即可确诊。动物接种：将病料制成悬液，注射于豚鼠皮下 1ml，阳性反应者，10 天后出现硬结，并逐渐增长，3 周后破溃，1～2 个月内患全身性结核而死亡，从病灶中可分离出结核菌。

（六）防治措施 结核病的免疫至今尚无突破。貉结核病不仅治疗困难，而且疗程长，用药量大，治疗意义不大。

预防结核病的发生要严格控制饲料，对结核病畜的肉类，应煮熟饲喂。每年打皮前，凡结核阳性的貉，一律打皮淘汰，只留健康貉做种用。对病貉用过的笼子用火焰喷灯或2%氢氧化钠溶液消毒、地面用漂白粉喷洒消毒。

九、布鲁氏菌病

布鲁氏菌病是由布鲁氏菌引起的一种人兽共患慢性传染病。临床上以流产、子宫内膜炎、睾丸炎、腱鞘炎、关节炎等为主要特征。

（一）病原　布鲁氏菌有6个生物种、19个生物型，我国有流行的4个生物种，羊布鲁氏菌、牛布鲁氏菌、猪布鲁氏菌和犬布鲁氏菌。本菌初次分离时多呈球杆状，次代培养牛、猪种布鲁氏菌渐成杆状。该菌无芽孢、无鞭毛，在大多数情况下不形成荚膜，为革兰氏阴性细菌。本菌在自然界中抵抗力较强，在污染的土壤和水中可存活1～4个月；65℃ 15min、70℃ 5min即死亡，煮沸立即杀死；对一般消毒药敏感，1%～3%石炭酸、0.1%升汞、2%来苏儿、5%石灰乳数分钟可杀死本菌；对青霉素不敏感，链霉素、庆大霉素、卡那霉素对本菌均有抑制作用。

（二）流行特点　患病动物和人是本病的传染源。貉、狐、貂均易感，家畜中牛、羊、猪最易感，也是经济动物危险传染源。传染源通过多种途径排菌，如流产物、阴道分泌物、尿、粪便、乳汁等，公貉精液中也有大量病菌存在，随配种散布传染。布鲁氏菌具有高度的侵袭力和扩散力，可以通过皮肤、黏膜接触感染，还可以由食入被污染的饲料、水等经消化道传染，也可由吸入被污染的空气经呼吸道感染，也可由交配经生殖道感染。本病无季节性，但以春季产仔季节多见。一般公貉比母貉感染率高，成年貉比幼貉发病多。

（三）临床症状　潜伏期短者两周，长者可达半年，多数病例为隐性感染。发病时，多呈慢性经过，早期除体温升高、结膜炎等外，无明显可见症状。母貉表现流产、产后不孕和死胎。

(四)剖检变化 貉无特征性变化，常见脾脏肿大、肝脏充血、淋巴结肿大，有时出血。

(五)诊断 布鲁氏菌病临床表现多样化，而特征症状又较少，故诊断应采用综合方法判定。进行细菌学检查才能最后确诊。

(六)防治措施 目前布鲁氏菌病，尚无有效的治疗方法，一般采用淘汰病貉来防止本病的流行和扩散。布鲁氏病疫区的动物，每年需定期检疫两次，阳性者及时淘汰。加强饲养卫生管理，对笼舍定期消毒，尤其是被污染的场所应用10%石灰乳或5%火碱水等消毒。对流产的胎儿、胎衣、羊水和阴道分泌物应妥善处理，严格消毒、深埋或焚烧。流产胎儿落下的地方和羊水流到的地方，应当立即用10%石灰乳或10%漂白粉彻底消毒。对检疫阴性者可试用家畜布鲁氏菌病疫苗进行预防注射。

十、貉化脓性子宫内膜炎

化脓性子宫内膜炎是我国对貉开展人工授精以来出现最多的一种疾病，感染的主要病原为“绿脓杆菌”，后来发现并证实在自然交配的貉群中也有该菌感染。

(一)病原 主要病原为绿脓杆菌，混合感染的细菌还有大肠杆菌、金黄色葡萄球菌、化脓性棒状杆菌、化脓性链球菌、变形杆菌和沙门氏菌，但绿脓杆菌为感染的优势菌。绿脓杆菌(p. aeruginosa)又称铜绿色假单胞菌，大小为1.5～3.0μm×0.5～0.8μm，单在、成对或偶尔成短链，在肉汤培养物中可以看到长丝状形态，能形成芽孢及荚膜。菌体有1～3根鞭毛，能运动。易被普通染料着染，革兰氏染色阴性。绿脓杆菌对外界抵抗力较强，在潮湿的环境中能长期生存，并对干燥也有一定的抵抗力，把菌株置于滤纸上放置室温可存活3个月。对热抵抗力不强，100℃ 30min可以杀灭。对某些消毒剂较敏感，1%石炭酸5min可以被杀灭，500～1 000mg/L含氯消毒剂10min。0.2%～0.5%

过氧乙酸 10min 可杀灭。

（二）临床症状　貉发生该病时，体温升高至 40～42℃，精神沉郁，鼻镜干燥，食欲减退或废绝，从阴门排出灰色、灰黄、灰绿或酱油色脓性物。

（三）剖检变化　子宫显著增大，浆膜出血，子宫壁肥厚，子宫腔内充满大量的呈灰绿或酱油色脓性物，子宫黏膜出血，黏膜完整性被破坏。

（四）诊断　根据临床症状及剖检变化可作出初步诊断，确诊可通过细菌学检查。

（五）预防

1. 注射“绿脓杆菌多价灭活疫苗”预防。注射时间在配种前 15 天进行（仅用于种母貉）。

2. 使用 0.1%的新洁尔灭，严格对外阴部、阴茎及其周围进行消毒。

3. 人工授精操作间内要设有安装紫外灯的隔离间，要备有无菌服和拖鞋。地面、桌面应严格用消毒液（百毒杀）消毒，在此环境下进行精液稀释。

4. 输精器具要煮沸消毒 30min 以上。

5. 操作技术要熟练和稳，发情鉴定要准。

6. 输精次数限制在 3 次为宜，最大可能地减少对子宫黏膜的刺激。

7. 最后一次输精完毕后，肌肉注射庆大霉素 8 万 IU，青霉素 G 钠 80 万 IU。

（六）治疗

1. 使用 0.1%的高锰酸钾液冲洗子宫，每天 1 次（在注射垂体后叶素 1h 后进行）。

2. 垂体后叶素，肌注，每次 1.5 万 IU，每天注射 1 次（在冲洗前进行）。

3. 庆大霉素 8 万 IU，青霉素 G 钠 80 万～160 万 IU 分别进行肌肉注射或混合后通过输精针注入子宫。

4. 妥布霉素 80mg，青霉素 G 钠 80 万～160 万 IU 分别肌肉注射，或混合后通过输精针注入子宫。

5. 庆大霉素 8 万 IU，每天上午静脉注射，青霉素 G 钠 80 万 IU，每天下午静脉注射，连续 3～4 天。

第五节　寄生虫病

一、弓形虫病

弓形虫是一种广泛寄生于人和温血动物有核细胞内的致病原虫，可引起人和动物弓形虫病，在世界范围内广泛分布。本病严重威胁着人类和动物的生命健康。

（一）病原及病史　本病的病原体为粪地弓形虫，属于顶器门的一种组织原虫。世界各地流行的弓形虫都是一种，但有株的差异，弓形虫为细胞内寄生虫，由于发育阶段不同，其形态各异。猫是弓形虫的终末宿主（但也为中间宿主）。在肠道内无性繁殖和有性繁殖，最后形成卵囊，随粪便排出体外。卵囊在外界环境中，经过孢子增殖发育为含 2 个孢子囊的感染性卵囊。卵囊呈圆形或椭圆形，两层卵壁，无色、无微孔，大小平均为 $10\mu m \times 12\mu m$。

弓形虫有很强的抵抗力，在外界环境中能存活很长时间。在中间宿主体内，弓形虫可在各组织脏器的有核细胞内进行无性繁殖；急性期形成半月形的速殖子（又称滋养体）及许多虫体聚集在一起的虫体集落（又称假囊）；慢性期虫体呈休眠状态，在宿主脑、眼和心肌中形成圆形的包囊（又称组织囊），囊内含有许多形态与速殖子相似的慢殖子。

弓形虫对中间宿主要求不严格，哺乳动物、鸟类、爬行类、鱼类和人都可以作为它的中间宿主。

貉吃了被猫类粪便污染的食物或含有弓形虫速殖子或包囊内

的中间宿主的肉、内脏、渗出物、分泌物和乳汁而被感染。速殖子可以通过皮肤、黏膜而感染，也可通过胎盘感染胎儿。本病没有严格的季节性，但以秋冬和早春发病率最高，可能与寒冷、妊娠等导致机体抵抗力下降有关。猫在7～12月份排出卵囊较多。此外，温暖、潮湿地区感染率较高。

（二）症状　病貉精神萎靡，体温升高至40.0～41.5℃，呈稽留热型。咳嗽，食欲不振或废绝。黏膜苍白，呼吸困难，出血性腹泻，呕吐。听诊肺部呼吸音粗粝，有湿啰音。怀孕母貉发生流产或早产，尿少且尿色深黄。体表淋巴结肿大，大腿内侧、腹部等处有可见紫红色出血斑。有的病貉后期出现神经症状，抽搐、共济失调，甚至麻痹。病貉后期卧地不起，体温下降，衰竭死亡。病程多为10～15天。

（三）剖检变化　心内外膜有出血斑点，气管黏膜有出血点；肺脏充血、水肿；肝脏肿大、充血、淤血；胃、小肠黏膜充血、出血，胃底部发生溃疡，肠腔内常有大量的血液和黏液；肾脏肿大，被膜下有出血斑点，膀胱黏膜有点状或条纹状出血；脑膜血管充血、水肿，有的脑实质水肿；全身淋巴结肿大，个别充血、水肿；胸水、腹水增加。

（四）诊断　该病的临床症状和病理变化有一定的诊断价值，但不足为诊断的依据。特别是本病易与神经型犬瘟热混淆，因此，在流行病学分析、临床症状等综合判定后，还必须依靠实验室检查，方能最后确诊。

1. 病原体的分离　因弓形虫细胞内寄生，用普通人工培养基是不能增殖的，因此必须接种于小鼠。

方法如下：将病料（肺、淋巴结、肝、脾或慢性病例的脑及肌肉组织）用生理盐水10倍稀释（每毫升含1 000IU青霉素和0.5mg链霉素），各以0.5ml接种5～10只小白鼠的腹腔内（无小白鼠，家兔也可以）。则小白鼠于接种后2周内发病，此时取小白鼠腹水1滴，涂片，镜检，可发现典型的弓形虫。若初代接种的小白鼠不发病，可于1个月后采血杀死，检查脑内有无包囊。对包囊检查呈阴性者，可在采血的同时做血清学检查，只有血清学检查也呈阴性时，方可判定为阴性。

2. 弓形虫检查 将病理材料切成数毫米小块，用滤纸除去多余水分，放载玻片上并使其均匀散开和迅速干燥。标本用甲醛固定10min，以姬姆萨染色液染色40～60min后干燥，镜检，可发现半月牙形的弓形虫。

另外，近年来用荧光抗体法检查弓形虫，即在荧光色素中用荧光异硫氰酸盐，被染上的半月形虫体呈荧光的黄绿色。

3. 血清学检查 主要有色素试验、补体结合反应、血细胞凝集反应及荧光抗体法等。其中色素试验由于抗体出现早、持续时间长、特异性高，适合各种宿主检查，故采用较为广泛。

（五）防治措施

1. 将病貉隔离饲养，彻底清扫貉舍及周围环境，并进行消毒。

2. 对病貉肌注或口服磺胺嘧啶钠，每千克体重20～25mg，1～2次/天，连用3～5天；同时根据病貉的不同情况，进行补液、止吐、止血等对症治疗。未发病的貉按预防量连续注射3天。

3. 本病也可使用中药治疗，常用槟榔、连翘、蒲公英、柴胡、麻黄、桔梗、黄柏、黄芩等驱虫、解毒的中药组方进行治疗。

二、貉绦虫病

绦虫病是由于貉吃了被绦虫幼虫感染的鱼、肉等食而引起的。它主要寄生在貉的小肠中。貉体内的各种绦虫的寄生寿命较长，可达数年之久。绦虫孕节有自行爬出肛门的特性，极易扩散虫卵，对人、兽危害最大。

（一）病原及病史 绦虫为不透明的带状虫体，背腹扁平，左右对称，呈白色或乳白色。有很多节片，其内部结构为纵列的多套生殖器官。多为雌雄同体。虫体由头节、颈节与许多体节连接而成，体节的数目因虫体种类不同差异很大，由几个到几千个不等。其长度由数毫米至数米不等。

貉体内各种绦虫寿命可达数年之久。绦虫孕卵体节可自行爬出宿主肛门，故虫卵极易散布，不但貉群之间互相污染，而且还污染环境。用含绦虫蚴的鱼类、家畜脏器喂貉，也会造成绦虫病的流行。绦虫卵对外界环境的抵抗力较强，在潮湿的地方可生存很长时间，只有在阳光直射或热的氢氧化钠、石炭酸等作用下才能被杀死。由于野生貉食物中有田鼠等啃齿类动物（中绦期宿主），加之有的养貉户用熟制不完全的囊虫猪肉喂貉，因而致使部分貉感染绦虫病。

（二）症状　病貉初期无明显症状，中期由于虫体迅速发育，病貉表现食欲亢进；后期，患貉体质瘦弱，精神怠倦，被毛粗糙无光，针毛不齐，绒毛不整，结膜苍白，食欲不振，消化不良，便秘与下痢交替，肛门瘙痒，高度衰弱，当侵害神经中枢后，常发生抽搐和惊厥。虫体成团时可堵塞肠管，导致肠梗阻、肠套叠而死。

（三）诊断　根据临床症状，结合粪检虫卵结果加以判定。

（四）治疗

1. 取槟榔 9～12g 砸烂研细，与适量玉米面红糖制成舔剂，成年貉 1 次吸服，喂前应使貉绝食 12～15h，每隔 7～10 天喂 1 次，一般 1～2 次即愈。

2. 应用药物丙硫咪唑，体重 4kg 以下瘦弱貉 20mg/kg，体重 4kg 以上较健壮貉 30mg/kg。投药前使患貉绝食 14～16h，然后用少量优质饲料，将药拌匀，一次放入食碗内口服。服药后经 4～5h，患貉排出绦虫。

3. 灭虫丁：剂量按每千克体重 0.2mg，皮下注射；7 天后重复注射 1 次，或用复合灭虫丁胶囊，口服，对貉体内外的各种线虫、绦虫、疥螨均有较好的疗效。

4. 5%佳灵三特注射液，按每千克体重 0.1ml 注射，间隔 7 天再注射一次（此药用量小，无毒副作用，杀虫谱广）。

（五）预防 每季度驱虫 1 次，母貉应在配种前 3 周进行。粪便要很好堆积起来进行生物发酵，来源不清的畜禽内脏要熟喂，保持笼舍和环境卫生；应用溴氢菊酯等药物灭蚤和虱；也要注意灭鼠。

三、貉滴虫性肠炎

貉滴虫性肠炎是由五鞭毛滴虫引起的以幼貉黏液性出血性腹泻，成年貉慢性腹泻为特征的一种传染性原虫病。2005 年首先在河北省唐山市发生大流行，病死率很高，给养貉业造成极大的经济损失。

（一）病原 虫体呈卵圆形或梨形，长 6～14μm，前有 5 根鞭毛。可在犬、猫、猴、人及啮齿类的结肠内繁殖，不需中间宿主，以纵分裂法繁殖，在粪便中可存活数小时至 8 天。

（二）流行病学 饲养密集、貉舍通风不良、粪便蓄积过多、卫生条件较差是本病发生的主要原因。粪便、饲料、饮水是该病的主要传播途径，貉最初感染可能与饲养场内养鸡或饲喂貉生鸡蛋有直接关系，说明通过鸡将组织滴虫间接或直接传播给貉，这可能是该病的一种重要传播途径，有待进一步研究证明。

（三）临床症状 本病多发生于饲养管理及环境卫生条件差的貉场，主要侵害幼貉。临床表现为精神不振、食欲减退或废绝，排黏稠、恶臭的脓性血便，病貉迅速消瘦和脱水，眼球塌陷，被毛逆立无光，后肢瘫软或站立困难，肛门周围黏有多量的黏稠粪便，逐渐贫血，嗜睡，直至衰竭而死。病程 3～5 天，最后因高度衰竭和自体中毒死亡。

（四）诊断 根据流行病学情况，夏季发生，幼貉群发，慢性腹泻的症状和镜检可见运动的虫体，可以诊断为滴虫性肠炎。

取盲肠内容物或新鲜不成形粪便少许放在载玻片上，加1滴生理盐水混匀，加盖玻片，镜下检查（×150），可见组织滴虫呈活泼的钟摆式运动，运动的虫体可伸缩，表现形态多变，一会呈圆形，一会又呈倒置的梨形。用复红染色，尚可见到近于圆形的有一根鞭毛的滋养体（成虫）和无鞭毛的滋养体。

（五）剖检变化 可视黏膜苍白，眼窝深陷，皮下脂肪消失；盲肠有出血点和高粱米粒大溃疡性坏死，坏死灶散在分布于盲肠黏膜表面，盲肠内充满脓血样粪便；结肠出血，内容物呈黏稠的黄色或黑色；直肠黏膜弥漫性出血，黏膜增厚。

（六）治疗 及时隔离，治疗病貉，全群用药物预防，组织滴虫对通常使用的抗生素或驱虫药不敏感，临床选用甲硝唑治疗，效果较好。

甲硝唑，按每千克体重25mg剂量内服，一日2次，连用5～7天。新诺明拌料，按饲料量的1%添加，连用3～5天。

（七）预防

1. 降低饲养密度，做好灭蝇工作；
2. 保持良好的通风，饮食具每天清洗消毒及环境定期消毒；
3. 保持饲料和饮水卫生；
4. 定期对貉的粪便进行化验，及时诊断检测，发现病情及时用药。

四、旋毛虫病

旋毛虫病是世界性人畜共患寄生虫病之一，本病是由旋毛虫的成虫寄生于肠管和它的幼虫寄生于横纹肌所引起的肠旋毛虫病和肌旋毛虫病的总称，这两型旋毛虫病在貉体依次发生。

（一）病原 旋毛虫是一种很细小的线虫。雄虫长1.4～1.6mm，雌虫2～4mm。幼虫0.1～0.12mm。成虫寄生于宿主小肠的肠壁上，称为肠旋毛虫，呈盘香状蜷曲于肌肉纤维之间，形成包囊，呈梭形黄白色小结节，长 300～500μm。旋毛虫对外界环境因素具有较强的抵抗力，对低温有更强的耐受力。在 0℃时，可保持 57 天不死。但高温可以杀死肌型旋毛虫，一般在 70℃时，可以杀死包囊内的旋毛虫。如果煮沸或高温的时间不够，肉煮的不透，肌肉深层的温度达不到致死温度时，其包囊内的虫体仍可保持活力。

（二）流行特点 旋毛虫分布于世界各地，几乎所有的哺乳动物均能感染旋毛虫病。因此，旋毛虫实际上存在着广泛的自然疫源。貉多因采食旋毛虫感染的动物性饲料而感染。

（三）临床症状 貉感染旋毛虫经过若干天，粪便中出现带血液的黏液，食欲不振。病貉多躺卧，有时出现跛行，眼睑浮肿，体温升高 1～2℃。经过 2～3 周，逐渐恢复。寄生在小肠里的成虫吸取营养，分泌出毒素，致使貉消化紊乱，表现呕吐、下痢。寄生在肌肉里的幼虫，排出的代谢产物或毒素，刺激肌肉疼痛。

（四）剖检变化 患病貉尸体消瘦。有时发现头、颈部皮下水肿，小肠黏膜充血，个别发生溃疡。在横纹肌内有单在出血灶。撕去膈肌的肌膜，在充足的阳光下，肉眼可见针尖大，半透明、稍隆起、乳白色的虫体包囊。

（五）诊断 生前不易诊断，通常结合临床症状、病史调查初步诊断。死后诊断通常按肉品检验规程处理。其检查方法为取膈肌左右角各一小块，再剪成麦粒大的肉块 24 块，用厚玻璃片压片镜检（20～50 倍），发现包囊或尚未形成包囊的幼虫即可确诊。

（六）防治措施 旋毛虫病由于生前不易诊断，以致治疗研究不多。应用丙硫咪唑治疗可收到良好效果。甲苯咪唑为广谱驱虫药，对肠内外各期旋毛虫均有效。按每天每千克体重 300mg，分 3 次服用，连用 5～8 天。收效快而稳固，无副作用。

预防主要是加强兽医卫生检验，对一些可疑的肉类饲料或来自旋毛虫病多发区的动物肉，一律要高温煮沸处理，为保证肌肉深层达到100℃，在煮沸前应将肉切成小块后高温处理，以彻底杀死虫体。

五、貉毛虱病

貉毛虱病是由毛虱引起的永久性外寄生虫病。病貉啃咬或用爪搔扒躯体局部，一般多见于颈部，背侧颈后至肩前或摩擦胸腹侧及腕掌的背面，出现针、绒毛断折缺损。

（一）病原　貉毛虱为虱目、食毛亚目，小型无翅的毛虱。体小扁平，呈黄白色或灰白色。体长1.8～2mm，头大而扁，比胸部宽。口孔位于头部下面，口器为咀嚼型，以啮食毛、皮屑为生。有发达的角质上腭与微小的下腭，触角分为三节。复眼退化。胸部分为三节，活动自如，腿短，适于奔跑，有两个跗节，跗节末端有一爪，便于在毛丛中攀缘。腹部背板及腹板清晰，有6对气孔，腹部由8节组成，每一腹节的背腹后缘均有成列的毛，雄性尾端钝圆，雌性尾端分两叉。毛虱具有宿主的专一性。

貉毛虱为不完全变态，并且只在动物体表上完成其发育。以毛、表皮的鳞片为食，但有时也吞食动物皮肤损伤流出的血液和渗出物。雌毛虱产卵以特别黏液黏着于被毛的近根部。5～10天孵出幼毛虱，经2～3周变为成虫，其间蜕化2～5次。整个发育期为3～4周。

（二）流行特点　貉毛虱病是一种接触性外寄生虫病，通过直接接触或间接接触传播。由于运输或密集饲养而造成传染扩散；被污染的垫草及用具也可造成传染。

（三）临床症状　一般患貉骚乱不安，常呈犬坐姿势，用后爪蹬挠背部或啃咬胸腹侧，乃至掌前部及腕部。被毛粗乱，针绒毛断、秃，形成面积不等的针绒毛残缺，多发生在颈后、肩前、胸腹侧、掌背腕前。轻者患貉无明显的异常现象，食欲、精神状态正常。严重者除局部被毛缺损外，还有全身症状，即营养不良，消瘦，被毛蓬乱、脱落，不愿活动，食欲不振。局部变化多在冬季能看到，肢体某部出现脱毛或缺损。由于毛虱在体表毛丛中移动频繁，一种劣性刺激造成痒觉，所以患貉不安，擦磨躯体，啃咬患部。重者由于营养不良和被毛大面积缺损，导致死亡。此病主要造成毛被缺损，影响毛皮质量，或失去毛皮的经济价值。

（四）诊断 将患貉抓住，在被毛缺损部位的毛丛中检查，有黄白色似皮屑样小昆虫爬动，经显微镜检查可以确诊。

（五）防治措施 为彻底消除貉体表上的毛虱，可用0.5%～1%敌百虫或0.125mg/kg溴氢菊酯进行药浴。药浴时要在温暖的室内或夏天进行，以防感冒。同时要将动物体浸在药液中，将口鼻露出水面，以防中毒。如果在严冬季节除虱，可用20%蝇毒磷乳粉，加白陶土配成0.5%蝇毒磷药粉（即20%蝇毒磷粉25g加白陶土975g）用纱布袋往全身的毛丛中撒布，一周后重复用药一次很快痊愈。为了预防毛虱病，兽舍要经常打扫，消毒，保持通风干燥，垫草要勤换、常晒，护理用具也应定期消毒。对新引入的貉必须认真检查，有毛虱者应先灭虱，然后再合群。

六、貉螨病

螨病是由疥螨科和痒螨科所属的螨寄生于毛皮动物的体表或表皮下所引起的慢性寄生虫性皮肤病。本病在貉饲养场广泛流行。

（一）病原 螨类是不完全变态的节肢动物，其发育过程包括卵、幼虫、若虫和成虫四个阶段。

1. 疥螨 钻进宿主表皮挖凿隧道，虫体在隧道内进行发育和繁殖。在隧道中每隔相当距离即有小孔与外界相通，以通空气和作为幼虫出入的孔道。雌虫在隧道内产卵，每个雌虫一生可产40～50枚卵，经2～3天从卵内孵化出幼虫，幼虫爬到皮肤表面，在毛间的皮肤上开凿小穴，在里面蜕化变为若虫，钻入皮肤，形成狭而浅的穴道，并在里面蜕化为成虫。

2. 痒螨 雌虫大小为0.32～0.5mm，雄虫为0.2～0.42mm，虫体呈椭圆形，污白色。雌虫产出几十到100个虫卵，在适宜的条件下，经3～4天从中孵出6条腿的幼虫，此幼虫经过若干天脱皮之后，变终末稚虫，再经蜕皮后变为成虫。

（二）流行特点 貉通过直接接触或间接接触互相传播本病。病貉是主要的传染源，病貉和健康貉直接接触可以传播本病。如饲养密集、配种均可传播。通过接触污染的笼舍、食盆、产箱及工作服、手套等也可间接传播。猫、犬是貉的重要传染源。秋冬季节，尤其是阴雨天气，有利于螨虫发育，故螨病蔓延较广，发病较重。春末夏初，兽体换毛，通气改善，皮肤受光照充足，疥螨和痒螨大量死亡，这时症状减轻或完全康复。

（三）临床症状

1. 疥螨 剧痒为本病的主要症状，且贯穿于整个疾病过程中，一般先发生在脚掌部皮肤，后逐渐蔓延到飞节及肘部，然后扩散到头、尾、颈及胸腹内侧，最后发展到为泛化型。感染越重，痒觉越剧烈。其特点是病貉进入温暖小室或经运动后，则痒觉更加剧烈使之不停地啃舐，以前爪搔抓，不断向周围物体摩擦，从而加剧患部炎症，同时也向周围散布大量病原。貉由于身体皮肤广泛被侵害，食欲丧失，有时发生中毒死亡。但多数病例经治疗预后良好。

2. 耳痒螨 初期局部皮肤发炎，有轻度痒觉，病貉时而摇头，或以耳壳摩擦地面、小室、笼网，并以脚爪搔抓患部，引起外耳道皮肤发红、肿胀，形成炎性水疱，并有浆液渗出。渗出液黏附耳壳下缘被毛，干涸后形成痂，厚厚地嵌于耳道内，如纸卷样，堵塞耳道。有时耳痒螨钻入内耳，损伤骨膜，造成鼓膜穿孔，此时病貉食欲下降，头呈90～120°转向病耳一侧。严重病例，可能延至筛骨及脑部，则出现痉挛或癫痫症状。

(四) 诊断 对有明显症状的病貉，根据发病季节及患部皮肤变化，确诊并不困难。对症状不够明显的病貉，需采取患部皮肤上的痂皮，检查有无螨虫才能确诊。方法是用钥匙或圆刃外科刀，于患部和健康交界处的皮肤上刮取皮屑，直到出血为止。取适量病料装入试管内，加入 10%氢氧化钠溶液至试管 1/3 处，煮沸至痂皮、被毛溶解。静止 15～20min，由管底吸取沉渣滴于载玻片上，低倍镜检查，发现虫体和虫卵即可确诊。也可将病料直接置玻璃片上，滴加几滴煤油，盖上另一块载玻片，互相搓动几次，待皮屑透明即可镜检。也可将病料置平皿内，于黑色背景下稍稍加热，肉眼如发现白色小点缓慢爬动者即可确诊。

临床上应于真菌病鉴别，主要不同点：螨病在全身部位都可感染，外观除脱毛外，病变部因啃咬和摩擦而出血，形成厚的痂皮，病变部形状不规则；真菌感染痒感轻微，病变部多数呈界线明显的圆形癣斑，痂皮脱落后呈现鲜红色湿润，表面呈糜烂样并常带有残毛。如采集病料处理后用显微镜检查，两者更易区别。

(五) 防治措施 螨病有高度的接触传染性，遗漏患部，散落病料，都可造成新的感染。治疗螨病需采取下列措施，剪毛去痂，为使药物能和虫体充分接触，将患部及其周围 3～4cm 处的被毛剪去，将被毛和皮屑收集于污物筒内焚烧或用杀螨药浸泡，用温肥皂水冲刷硬痂和污物。重复用药，治疗螨病的药物，对螨的卵大多没有杀灭作用，因此，即使患部不大，疗效显著，也应治疗后隔 5～7 天再治 1～2 次，以便杀死新孵出的幼虫，不让一个螨漏网，以达到彻底治疗的目的。治疗螨病的药物和处方很多，有些已经停用，现介绍目前几种常用药。

阿维菌素：又叫虫克星，是首选药，一般颈部皮下注射每千克体重 0.02ml，隔 7 日 1 次，连用 3 次即可治愈。但近几年从治疗效果来看，貉螨对阿维菌素有产生抗药性的倾向。因此，剂量可考虑稍微加大。如按每千克体重 0.03～0.04ml 使用，隔 5

日 1 次，效果较为显著。

通灭：由美国辉瑞公司生产，该药治疗螨病比阿维菌素效果明显，且毒性小，一般使用 1～2 次即可治愈。

螨净：为瑞士汽巴-嘉基有限公司生产的有机磷化合物，具有高效、低毒、生物降解快、安全幅度大、无副作用和不良反应等特点，配成 250mg/kg 药液，治疗效果达 100%。

双甲脒：为国产新型杀螨药剂。以 500mg/kg 浓度大面积涂擦或药浴，安全可靠，治疗效果良好。

当貉发生螨病时，要进行逐步检查，发现病貉立即隔离治疗。对病貉使用过的笼具用 2%～3%热克疗林或来苏儿溶液消毒。最好在治疗病貉后，立即用上述药浴液对笼具和环境进行彻底消毒，不留隐患。引入新的品种时，应进行严格检查，并隔离饲养一段时间，确定无螨病时再混群饲养。饲养人员与病貉接触后，应注意消毒，避免散布病原。

七、蛔 虫 病

（一）病因　蛔虫病是蛔虫寄生于貉的小肠内所引起的寄生虫病。蛔虫在肠壁中产卵，并随粪便排出体外，虫卵在自然环境下形成幼虫，幼虫又随饲料或饮水经口腔进入小肠，破坏肠黏膜后，幼虫随静脉血进入心脏、肺、气管、咽喉及胃，使这些器官肿胀充血、脂肪变性或坏死，导致蛔虫性肝脏病、蛔虫性肺炎等病。蛔虫在小肠中产卵，机械性刺激小肠黏膜，分泌毒素，使貉的消化机能紊乱。

（二）临床症状　成貉轻度感染时，一般没有明显的症状。严重者表现消瘦、贫血、下痢和便秘互相交替、呕吐，粪便中有虫体。幼貉感染时，体温升高，下痢，消瘦，食欲减退。有的因吸收了蛔虫产生的毒素而中毒，呈痉挛性的抽搐和嗜睡等，严重者高度衰竭而死。

（三）防治　从貉的粪便中检出虫卵或虫体即可确诊。对病貉要隔离饲养，粪便、虫体应烧掉或深埋，笼舍用具要严格消毒，防止传播。

驱虫方法：

1. 用土荆芥油1份，蓖麻油2份制成混合荆，每天每只服1ml，1月龄的仔貉服用时需加温到30～35℃。

2. 用驱蛔净（四咪唑）每千克体重0.03g，配成5%的溶液混在饲料内喂服。

3. 用精制敌百虫，每千克体重0.1g，混合在饲料中喂服。

4. 驱蛔灵、枸橼酸哌哔嗪每千克体重0.2g，混入饲料中喂服。

八、附红细胞体病

附红细胞体病是由附红细胞体寄生于脊椎动物红细胞表面或血浆中而引起的一种人兽共患传染病。该病多为隐性感染，在急性发作期出现黄疸、贫血、发烧等症状。

（一）病原 附红细胞体属于立克氏体目，无形体科的附红细胞。附红细胞种类很多，已命名的有13种，附红细胞体是一种多形态的微生物，大小0.2～0.6μm。在电子显微镜下观察，附红细胞体呈球状、杆状或链状。

附红细胞体有很强的运动能力，能主动的前进、后退、扭转、伸屈、滚动和上下沉浮。一旦附着红细胞表面后就停止运动。附红细胞体不能通过细菌滤器，革兰氏染色阴性，姬姆萨染色呈紫色和蓝色，瑞氏染色为蓝粉色。

附红细胞体不能在人工培养基上生长繁殖，实验室常用敏感动物分离培养。附红细胞体对干燥和化学药品的抵抗力低，用消毒药几分钟杀死，但在低温条件下可存活数年。在冰冻凝固的血液中可存活31天，在加15%甘油的血液中－79℃时能保持感染力80天。

（二）流行特点 该病在夏、秋季节多发，因为这个季节蚊、蝇及吸血昆虫猖獗，由于它的叮咬可以造成本病的传播。本病可以单独发生，但多继发于某些传染病或某些应激情况下导致机体抵抗力下降而发生流行。

（三）临床症状　病貉表现精神委顿，不愿站立，呕吐，食欲不振，甚至废绝，体温升高到 40～41℃；鼻部干燥、脱皮；结膜初期苍白，后期黄染；被毛粗乱、无光泽。病初排出少而硬的黑色粪便并覆以黏液和血液，后期腹泻；脱水严重，尿少，黄褐色或棕红色。脚掌皮肤龟裂、增厚，爪子无光泽，卧地不起。有的出现神经症状。

（四）剖检变化　尸体消瘦，可视黏膜黄染，肛门松弛稍有外翻。血液稀薄，浆膜黄染，全身淋巴结水肿出血；皮下脂肪及心冠脂肪黄染成胶冻状。肺脏淤血、出血呈紫黑色；心包积液，心肌松软。脾脏肿大、变软呈暗红色。肝脏肿大并有许多灰白色坏死点，胆囊充盈，胆汁浓稠呈黄褐色。腹腔积液，肾脏肿大呈土黄色，表面有出血点。肠系膜淋巴结肿大，切面多汁，肠黏膜充血，肠腔内积有暗红色黏液，胃底出血。

（五）诊断　根据流行病学和临床症状可以初步诊断附红细胞体病，但要确诊，必须进行实验室诊断。

1. 采新鲜末梢血管血或心血滴加在载玻片上，加等量的生理盐水，用牙签混匀，加上盖玻片于高倍油镜下观察。在暗视野下，可检出附着在红细胞上的病原体，红细胞因被病原体附着而呈锯齿状、菜花状、星芒状等；红细胞边缘可见许多球形、豆点形的附着物，血浆中游离的附红细胞体有很强的运动性；在红细胞内也可见到附红细胞体，且具有较强的折光性，附红细胞体中央发亮，形似空泡。红细胞虫体感染率高的可达 90%以上。

2. 血液涂片用姬姆萨染色镜检，可见红细胞上的附红细胞体呈蓝紫色有折光性，外围有白环。大小不一，直径为 0.25～0.75μm。每个红细胞上附着的数目不等，少则 3～5 个，多者 10～20 多个。

（六）治疗

1. 隔离病貉，对圈舍及周围环境进行彻底消毒。

2. 西药　对发病貉肌肉注射长效土霉素注射液、贝尼尔溶液（每千克体重3.5mg），每天1次，交替进行。对于食欲废绝、病情严重的病貉，交替肌肉注射长效土霉素、5%的贝尼尔溶液（每千克体重6mg），同时静脉注射5%葡萄糖氯化钠溶液、维生素C等药物。

3. 中药　水牛角12g、黑栀子9g、桔梗3g、黄芩3g、赤芍3g、生地3g、玄参7g、连翘壳5g、丹皮3g、紫草3g、生石膏18g，加水500ml，煎开后20min取汁，按每千克体重10～20ml计算，分早、晚2次饮用。

4. 饲料中添加复合维生素、含硒微量元素进行辅助治疗。严重贫血病貉，配合使用生血素、维生素C、维生素B注射液，深部肌肉注射。连用3～5天，即可痊愈。

5. 高热不退者，可配合肌肉注射或静脉注射双黄连注射液，一般为每头40～80ml，2次/天，连用3天。高热不退达42℃时，肌肉注射安乃近注射液。

6. 附红细胞体病的一个显著特征是低血糖、酸中毒，因此治疗时要防止低血糖、酸中毒，对发病貉静脉注射5%葡萄糖氯化钠溶液200～500ml。

（七）预防

1. 注意环境卫生，定期消毒。对患貉和貉舍、垫草、粪便、工具等要彻底消毒；对无患病貉舍也要做好消毒工作；对病死貉要采取深埋等无害化处理。夏秋季必须搞好消灭蚊蝇工作，严格控制蚤与虱子等吸血昆虫和疥螨的孳生，重视外科器械和注射器的消毒，这是预防本病和减少发病的重要措施。

2. 加强饲养管理，饲料应营养全面，降暑防寒、防潮，减少不应有的意外刺激避免应激反应机体抵抗力下降，而导致本病的发生。

3. 大群注射疫苗时，注意针头的消毒，要一兽一针，以防造成疫病的传播。

4. 鸡、猪、牛及其他动物副产品做饲料时必须熟制后再用。

5. 注意检疫。应结合临床症状采血涂片方法全群采血检查。在引进外地貉种时应注意检疫，限制疫区内貉引入，避免本病传入；若周边已有疫情发生，则应采取有效措施，积极预防，隔离饲养。

第六节　貉营养代谢病及其防治

一、维生素缺乏症

维生素缺乏症，是动物体内维生素缺乏或不足所引起的综合性疾病。在貉的饲养过程中比较常见。貉对维生素的要求较高，如果日粮中维生素缺乏或不足，严重影响貉的生长发育、繁殖和毛皮质量，是影响貉饲养业发展的严重疾病之一，在饲养过程中，必须引起足够的重视。

（一）维生素 A 缺乏症　维生素 A 具有防止夜盲症和干眼症，促进骨骼、牙齿的正常生长发育，保护上皮细胞完整的功能，增强毛皮动物的免疫力和对疾病的抵抗力的作用。毛皮动物体内维生素 A 不足，会引起以上皮细胞角质化为特征的疾病和干眼病，骨组织生长受阻。

1. 发病原因

（1）饲料中维生素 A 含量不够或补给不足，达不到貉体的需求量。

（2）日粮中维生素 A 遭到破坏、分解、氧化、流失、吸收障碍等，如饲料贮存过久脂肪酸氧化，或调料不当。

（3）貉本身患有慢性消化器官疾病，严重影响了营养物质的吸收和利用。

（4）混合料中添加了酸败的油脂、油饼、肉骨粉及陈腐的蚕蛹粉等氧化了的饲料，使维生素 A 遭到破坏，导致维生素 A 缺乏。

2. 临床症状 当貉饲料中维生素 A 缺乏或不足时，经 1～3 个月即出现临床症状，会引起黏膜上皮干燥和过度角化，尤其是眼结膜、生殖器官的黏膜病变更为严重。病貉视力减弱，反应迟钝，眼睑肿胀，眼球突出，严重者头部肿胀，角膜混浊，并伴有神经症状。繁殖期缺乏维生素 A 时，公貉表现性欲减退，睾丸缩小，精子活力不强，精子畸形和死精子等；母貉发情不正常，性周期紊乱，造成失配、空怀、流产、死胎或胚胎吸收；当仔貉患维生素缺乏症时，生长发育停滞，出现消化机能紊乱、下痢、体质衰弱、换牙推迟和进行性消瘦。

3. 剖检变化 头部皮下水肿，有胶样浸润。喉部出血，心内膜呈点状或条状出血，肺部有炎症，支气管内有血样气泡，脑膜有出血点。

4. 诊断 本病在临床上没有典型症状，不易判定。必须通过对饲料进行全面分析，从中找出依据，结合临床症状和剖检变化，并试用维生素 A 治疗有明显效果等，进行综合诊断。

5. 治疗 除改变单一日粮，补给青绿饲料和动物性饲料外，可用下列药物治疗：

（1）浓鱼肝油丸（每丸含维生素 A 10 000IU、维生素 D 1 000IU），成貉 1 丸/次，2 次/天；幼貉酌减。

（2）维生素 A 糖衣丸（每丸含维生素 A 2 500IU），成貉 2 次/天，4 丸/次；幼貉 1～3 丸。

（3）维生素 A、D 注射液（1ml 含维生素 A 5 万 IU），成貉每次 1ml；幼貉酌减。

6. 预防

（1）合理搭配饲料，注意加工方法，避免饲料中维生素 A 遭到破坏。

（2）不喂酸败、变质饲料，经常补给维生素 A，每天每只

1 000～2 000IU。特别在准备配种期、妊娠期、哺乳期要加喂维生素 A 或鱼肝油。鱼肝油必须新鲜，酸败的禁用；否则，不但起不到治疗和预防作用，反而对貉有害。

(3) 为了补充维生素，在日粮中应有足够量的脂肪。

(4) 为了改善抗干眼素的同化作用，日粮中可添加维生素 A 和维生素 E，新鲜脂肪和酵母。

(二) 维生素 D 缺乏症　维生素 D 是骨正常钙化所必需，有促进肠道钙和磷的吸收，促进骨骼和牙齿的正常生长发育的作用。维生素 D 长期缺乏会影响钙、磷代谢，成年貉会发生骨质软化症，使骨钙脱失，造成骨质脆弱易折，仔貉会发生佝偻病，骨质钙化不全、变形，影响生长发育。虽然貉由于自身的生理特点不利于维生素 D 的吸收，但在常规饲养过程中养殖户多采用鱼作为饲料，一般不易出现维生素 D 的缺乏；而早期断乳的仔貉，由于人工喂养时日粮中钙、磷比例失调，缺乏无机盐、维生素及蛋白质时，或者仔貉患胃肠炎病，饲养于阴暗而不洁的笼舍或缺少紫外线照射时，均易发生本病。

1. 病因

(1) 饲料单一、不新鲜，维生素 D 添加量不足。

(2) 饲料中钙、磷比例失调；饲料霉败。

(3) 动物体受光不足。

(4) 动物体慢性胃肠炎、寄生虫病等都可导致维生素 D 吸收不好或缺乏。

(5) 先天性维生素 D 缺乏常由于怀孕母体营养失调或缺乏、阳光照射和运动不足，饲料中缺乏矿物质、维生素 D 和蛋白质所致。

另外，动物肝、肾有病，使肝细胞的线粒体中含维生素 D－25－羟化酶即能催化维生素 D_3 转化为 25－羟胆化固醇的作用受到影响而致病；先天性必需酶类如 25－OH－D－1－羟化酶的缺乏可导致本病的发生。

2. 临床症状 仔貉易发生本病，主要表现在生长的最旺盛时期。佝偻病的发生呈渐进性发展。病的初期兴奋性增强，食欲减退，异嗜，不爱活动，逐渐消瘦，生长发育停滞，被毛蓬乱，常常发生胃肠道机能紊乱，有时出现强直性全身痉挛。病情严重时，病貉精神沉郁，步履蹒跚，肌肉松弛，关节肿大，腭骨肿大，牙齿松动，肋骨下端明显凸起，患貉前后肢不能正常负重而爬行，脊柱弯曲，腰椎骨下陷呈塌腰状。更甚者，病貉不能站立，拖地行走。同时伴有严重的消化机能紊乱，出现便秘或便秘与腹泻交替出现，但多见便秘。后期严重时衰竭死亡。

3. 剖检变化 骨质疏松（特别是骨端处）、脆弱，肋骨上出现软骨珠，四肢骨弯曲，呈X状，有的由于肋骨变形而导致胸腔狭窄，并伴有肺炎和胃肠卡他。

4. 诊断 根据临床症状，骨骼变形，肋骨与肋软骨之间交界处膨大，呈串珠状，脊柱向上隆起呈弓形弯曲，前肢弯曲，异嗜，跛行等可以确诊。

5. 治疗

（1）肌肉注射维生素D 2万IU/次，每周1次，连用3～5次。也可口服骨化三醇，同时补充钙剂。

（2）对病情严重或疗效较差的患貉，肌肉注射同化激素苯丙酸诺龙，每次2～4ml，每2周1次。同时，适当增加饲料中的蛋白质含量，使其较好地发挥同化作用。

（3）肌肉注射维丁胶钙，每次2ml，1天1次，连用5～7次。同时在日粮中适量添加骨粉。经过1个月的治疗，病情明显好转，但个别病情较重者仍表现出不同程度的跛行。

（4）如果大批发生佝偻病，要调节饲料中的钙磷比，不要单一的补钙，最好用比较好的鲜骨或骨粉，养貉场内要适当地调节光的强度便于维生素D前体的转化。

6. 预防

（1）在饲养管理上注意改善光照条件。

（2）仔貉生长期间，在日粮中每天每只添加鲜骨30g或骨粉3g，最好在日粮中混合一定量比例的鱼、兔头和骨架。

（3）每天每只补喂鱼肝油0.5～1.0ml。

（三）维生素E缺乏症 维生素E（生育酚）能维持动物正常的生理机能，防止肌肉萎缩，具有抗氧化作用，与硒具有协同作用。维生素E不足会引起貉不发情、不妊症。母貉表现配种期拖延，不孕和空怀数增加；新生仔貉萎靡、虚弱、无吸乳力，死亡率增高；公貉表现性机能消失，精子生成机能障碍。营养良好的貉在秋季突然死亡，应该考虑到维生素E的不足。缺乏维生素E是发生脂肪组织炎的重要原因之一。

1. 病因 维生素E缺乏主要病因：

（1）饲料（日粮）中补给不足或缺乏。

（2）饲料质量不佳引起维生素E失去活性或被氧化，如动物性（肉类）饲料冷藏不好，贮存时间过长，使肉类脂肪氧化酸败，特别是喂脂肪含量高的鱼类饲料更易使饲料中维生素E遭到破坏。

2. 临床症状 当貉维生素E缺乏或不足时，其繁殖机能受到破坏，母貉配种期拖延，不孕和空怀数增加及流产，产仔数减少；仔貉虚弱，易死亡；公貉性机能减退或消失，精子生成障碍。表现代谢机能障碍时，为黄脂肪病，肝中毒性营养不良。

3. 诊断 根据貉群的繁殖情况分析，可以作出初步诊断，该病的确诊，还必须进行日粮的分析。当饲料中发现脂肪迅速氧化（贮存较久的马肉、鱼、海兽肉、脂肪等），而在饲料中又没有补充维生素E时，即可确诊为本病。

4. 治疗 对维生素E缺乏或不足的病貉，最好肌肉注射维生素E注射液；详细使用方法请参阅药品说明书，也可以口服维生素E丸，但喂前要用温水泡开，不要把干维生素E胶丸放在饲料里，因为干药丸易被貉挑出。

如果伴有食欲不佳和黄脂肪病出现可以采取综合治疗。

（1）维生素E或亚硒酸钠维生素E合剂，用量请看药品说明书，维生素E每千克体重5～10mg，维生素B_1或复合维生素B注射液0.5～1ml，分别肌肉注射。

（2）维生素E每千克体重5～10mg，青霉素每千克体重10万～20万IU，维生素B注射液0.5～1ml，分别肌肉注射，每天一次。直到病情好转，恢复食欲。消炎类抗生素可以根据场或单位具体情况，用青霉素、土霉素及磺胺嘧啶、喹诺酮类的药物均可。

（3）除药物疗法外，还可以食饵疗法，在饲料中投给新鲜、含维生素丰富的饲料小麦芽（小麦芽一定要小，不要用麦苗）及新鲜的动物性饲料，如豆油、蛋黄、鲜肝等。

5. 预防 视饲料的质量适当添加一定量维生素E，可以防止维生素E的缺乏和黄脂肪病的发生。特别是长期饲喂含脂肪高的，而且库存时间又长的海产品及肉类；更要注意预防此病的发生。不喂贮存过久的鱼、畜禽肉类及其下杂，尤其在配种期和妊娠期，一定要保证饲料的新鲜度，在日粮中补加新鲜的肝和麦芽，或在正常标准日粮的基础上，每天补给维生素E预防量每千克体重5～10mg，治疗剂量每千克体重15～20mg。

（四）维生素C缺乏症 维生素C又叫抗坏血酸，或抗坏血维生素，广泛参与动物机体多种生物化学反应，最主要的功能是参与胶原的生成和氧化还原反应，能刺激肾上腺皮质激素的合成，促进肠道内铁的吸收，使叶酸还原成四氢叶酸，具有抗应激和提高抗病力作用。在热应激条件下，补加维生素C能提高存活率，并可促进增重。动物体内能合成维生素C，并满足正常生长发育，一般不会缺乏。但是，由于貉妊娠的应激反应，由生理上影响到胃、肠机能的改变，会出现减食、厌食，或短时间（几天）拒食。而出现营养缺乏，体内维生素C不足，就会导致胎儿维生素C缺乏症（红爪症），于出生后第一周内发病。

维生素C缺乏症是仔貉多发病。维生素C缺乏，引起骨生成受破坏，毛细血管通透性增强和血细胞生成障碍，仔貉有红爪病症状。

1. 病因 主要原因是哺乳期母貉体内维生素C缺乏或不足所致。

（1）饲料内维生素C含量不足或机体消耗量增高。

（2）肝脏机能不健全。

（3）在饲料加工中，骨粉与维生素C一起饲喂，维生素C的有效成分易受到破坏。

（4）蒸煮温度过高和时间过长或遇碱性物质，维生素C易造成破坏。

2. 临床症状 仔貉易发生，1周龄内仔貉患病常被称为“红爪病”。四肢水肿是新生仔貉红爪病的主要特征，关节变粗，趾垫肿胀，患部皮肤紧张和高度潮红。随病程发展趾间形成溃疡或龟裂，脚掌正常或伴有轻度充血。患病仔貉发出尖锐叫声，不间断地前进（乱爬），向后仰头，似打哈欠。患病仔貉不能吸吮母貉乳头，结果使母貉发生乳腺硬结，母貉开始不安，沿笼子拖拉仔貉，甚至咬死仔貉。

3. 剖检变化 胸腹、肩胛及足部皮下水肿和黄疸，胸腹部肌肉常出现斑块状出血，软组织及齿龈出血。

4. 诊断 根据临床症状、病理剖检变化可作初步诊断。进一步检查母貉初乳中维生素C的含量。正常成年母貉乳汁内含抗坏血酸为0.7～0.87mg/dl，而病仔貉的母乳含0.1～0.48mg/dl抗坏血酸。

5. 治疗 可将维生素C配成3%～5%溶液，用滴管滴入发病仔貉口腔，每次1ml，2次/天，直到水肿消失；溃疡严重时，局部涂紫药水；在保证母貉饲料全价的情况下，饲料中可适当添加维生素C和维生素B_{12}。

对病情严重者，可皮下注射3%～5%维生素C溶液，一次1～2ml，每天一次，连续注射3天，隔3日后再注射一次。

6. 预防 貉的饲养要做到防重于治，出现问题应及时发现，迅速采取有力措施。

（1）日粮营养必须全价，妊娠母貉不喂存放时间过长和质量不好的饲料。对于妊娠反应的母貉，要提供适口性好、富含维生素C的饲料，如青菜、胡萝卜、水果、牛奶、新鲜无病的动物肝脏等，或在日粮中补充适量的维生素C。

（2）产仔后5天内，坚持检查仔貉，对发病的仔貉投给3%～5%的维生素C溶液，每只每次1.0ml，口服可用滴管喂给，每天2次，直至水肿消失为止。维生素C溶液要当天配制，当天用完。

（3）发现母貉乳头发育不整，要将仔貉定期放到母貉乳头上吸奶。产后第一天要挤出患病仔貉的母貉乳房中的乳，这有利于乳汁的分泌，预防乳房炎和由此而引起的母貉咬死仔貉的情况。

（五）维生B_1缺乏症 维生素B_1（硫胺素）的主要功能参与能量代谢，需要量与摄入的能量直接相关。维持神经组织和心脏的正常功能，维护肠道的正常蠕动。提高动物的食欲，防止神经系统的疾病发生。

1. 病因

（1）饲料单一、动物厌食、患有吸收功能低下的胃肠病、寄生虫和衰老等因素影响维生素B_1的吸收和利用。

（2）饲料搭配不合理，饲料中维生素B_1含量不足，或酵母使用不当。

（3）饲料陈腐、不新鲜、腐败变质冷藏时间过长，饲料偏碱，长期饲喂生淡水鱼。

（4）饲料加工调制不当，破坏了B族维生素，如生喂淡水有鳞鱼和生鸡蛋都能破坏B族维生素，因为淡水鱼体表，软体动物、蚕蛹和蛋清等有破坏硫胺素酶，导致饲料中维生素B_1被破坏，动物体得不到维生素B_1。

（5）维生素B_1添加剂质量不合格，质量不准也是导致维生素缺乏的原因之一。

2. 临床症状　维生素 B_1 不足时，会引起多发性神经炎，病貉表现厌食或拒食，消化机能障碍，目光迟钝，鼻镜干燥，有时腹胀、下痢，有的呕吐白沫或血沫，全身蜷缩，消瘦，被毛蓬乱，步态不稳，可视黏膜苍白。随着病程的发展，出现痉挛，角弓反张，共济失调，后躯麻痹不能站立，呈匍匐前进。妊娠母貉可导致孕期拖长、胚胎吸收、难产、死胎、产后母貉缺乳，仔貉发育停滞，生命力弱，死亡率增高。

3. 剖检变化　貉体消瘦，皮下无脂肪，脾萎缩，心肌扩张，松软，心包积有淡红色液体，胃肠空虚或充满煤焦油状便，肝呈脂肪变性，血液浓稠。妊娠后期死亡的母貉，子宫角糜烂，胎儿进入腹腔，腹腔有积液，脑膜呈灰白色，有对称性散在出血点。

4. 诊断　根据貉群大批剩食，共济失调，痉挛，抽搐，后躯麻痹，昏迷，嗜睡，体躯蜷缩等症状，用维生素 B_1 注射液试探治疗，效果明显，可以确诊。在诊断过程中还要注意与脑脊髓炎和食盐中毒的区别。

5. 治疗　当确定貉发生维生素 B_1 缺乏症时，可用以下方法治疗：

（1）维生素 B_1 5～10mg，土霉素 0.25g，一次口服。

（2）肌肉注射维生素 B_1 或复合维生素 B 0.5～1ml。

（3）若在妊娠后期出现流产、烂胎时，可在注射维生素 B_1 的同时，注射维生素 E 和青霉素 30 万～40 万 IU。在貉饲料中投给维生素 B_1 粉，病情很快好转恢复正常。

6. 预防　首先要在母貉饲料中补充足量的维生素 B_1 制剂，增加富含维生素 B_1 的饲料，如新鲜的肝、瘦肉及酵母等。以淡水鱼为主的动物性饲料，必须熟制后才能喂貉，以防这类鱼体内所含的硫胺素酶破坏维生素 B_1。

（六）维生素 B_2 缺乏症　维生素 B_2（核黄素）主要参与碳水化合物、脂肪和蛋白质代谢中某些酶系统的组成成分。

1. 病因 饲料单纯、缺乏青绿饲料，酵母、鱼粉或这些成分质量低劣，动物厌食，患有消化吸收障碍病和胃肠道寄生虫病等。

2. 临床症状 貉核黄素缺乏或不足时，生长发育缓慢、逐渐消瘦、衰弱、食欲减退。引起神经机能紊乱、后肢不全麻痹、步态摇晃、痉挛及昏迷状态。心脏机能衰弱，全身被毛脱落，毛色变浅。母貉发情期推迟，长期缺乏，造成不孕。新生仔貉畸形，腭分开，骨缩短。5 周龄仔貉完全无毛或在哺乳期呈灰白色绒毛，具有肥厚脂肪皮肤，腿部肌肉萎缩，运动机能衰弱，全身无力，晶状体混浊，呈乳白色。

3. 诊断 根据维生素 B_2 缺乏的症状，并对日粮进行分析即可作出诊断。

4. 治疗 发现该症时，及时对仔貉注射或口服维生素 B_2，治疗剂量为每千克体重 0.5mg。每天 2 次。同时增加母貉日粮中肝、酵母、蛋及乳的含量，在饲料中添加复合维生素 B 添加剂或精品维生素 B_2。

5. 预防 增加饲料中的维生素 B_2，尤其日粮中含脂肪量大的饲料，需要增加维生素 B_2 的给量，尤其妊娠和哺乳期需要维生素 B_2 较多。

（七）维生素 B_6 缺乏症 维生素 B_6（吡哆醇）对肉食毛皮动物来说，就是必需的维生素之一，主要与蛋白质代谢的酶系统相联系，也参与碳水化合物和脂肪的代谢，涉及体内 50 多种酶，与红血细胞的形成有关。

1. 病因 饲料单一；动物有胃肠炎，饲料中的有效成分不能很好地吸收；或有寄生虫病等而引起维生素 B_6 缺乏或不足。

2. 临床症状 维生素 B_6 缺乏表现依动物性别和生理状况不同症状不一样，貉繁殖期维生素 B_6 不足，妊娠期母貉空怀率高，仔貉死亡率高，成活率低，妊娠期延长。公貉配种期，性功能低下，无精子，睾丸发育不好，无配种能力。仔貉生长发育高度落后，皮炎、癫痫样抽搐、小细胞性低色素性贫血及色氨酸代谢受阻；健壮公貉尿结石与维生素 B_6 不足有关。

3. 诊断　根据临床症状和对日粮的分析，可以作出诊断。

4. 防治措施　给予病貉易消化的富含维生素 B_6 的饲料，如肉、蛋、奶等。及时补给维生素 B_6 制剂，能收到良好的效果。合理计算日粮中维生素 B_6 的含量，特别是妊娠期和发情期更要重视。推荐用量：每千克日粮中发情期 1.2mg，被毛生长期 0.9mg。生长后期每千克体重 0.6mg。

（八）维生素 B_{12} 缺乏症　维生素 B_{12}（氰钴酸）是几种酶系统的辅酶，促进胆碱、核酸合成，促进红细胞成熟，防止恶性贫血；促进幼兽生长。

1. 病因　日粮中谷物性饲料比例过大；长期投给广谱抗生素及磺胺类药物；地方性缺钴。

2. 临床症状　维生素 B_{12} 缺乏时貉表现贫血，可视黏膜苍白，消化不良，肝脂肪变性，食欲丧失。妊娠期维生素 B_{12} 缺乏，会使仔貉死亡率增高，母貉吃掉仔貉的数量也同样增加。

3. 治疗　用维生素 B_{12} 注射液治疗效果比较好，每千克体重 10～15mg，肌肉注射，1～2 天注射一次，直至全身症状改善消失，停止用药。

4. 预防　按正常标准饲喂就能满足生产需要。貉在繁殖时期饲料中要补给一定量质量好的酵母，每天每千克体重 6μg。

（九）叶酸缺乏症　叶酸参与丝氨酸和甘氨酸的相互转化及核酸的合成，也与血液生成有关，动物体内叶酸缺乏，引起严重贫血，消化失调和被毛形成缺损为特征的疾病。

1. 病因　长期饲喂鱼粉，或溶剂法提取的豆饼（饼类）及颗粒料时，易引起叶酸缺乏或不足。长期应用抗生素，可杀死胃肠道内正常微生物群，同样可以引起叶酸不足。

2. 临床症状　当叶酸缺乏时，临床主要表现为衰弱、腹泻、可视黏膜苍白。红血细胞减少，血红蛋白降低。被毛蓬松，部分褪色表现被毛褪色和脱毛，脱毛开始于耳间，并逐渐扩展到头、前肢、躯干、背部直至尾部。育成貉叶酸缺乏时，生长明显受阻。

3. 防治措施 对妊娠和哺乳期的母貉，必须在日粮内给予叶酸含量高的饲料，如动物肝脏、酵母、绿色蔬菜，节制抗生素的使用。当贫血和肝脏疾病时，可内服叶酸，每天剂量为0.5～0.6mg，到完全治愈为止。同维生素B_{12}、维生素C合用最有效。叶酸每千克体重每天给量不能超过2mg。

（十）泛酸缺乏症 泛酸是辅酶A的辅基，参与体内酰基的转化。防止皮肤及黏膜的病变及生殖系统的紊乱。动物体内缺乏泛酸，会引起被毛褪色、皮肤脱屑及神经系统机能破坏为主要症状的一种疾病。

1. 临床症状 本病突然出现，经过很快。早期症状是生长缓慢，长期则导致昏迷，脉搏频数，呼吸加快，呕吐和痉挛。被毛脱色，最初耳间发现脱毛，后扩延整个头、前肢及躯干，至9月份呈灰色外观。针毛褪色，毛皮呈褐色镶边，以后从尾部开始脱落、变稀。

2. 防治措施 注射泛酸钙，每天1次，每次5mg，连用7天。日粮中补充肝、豆浆、乳制品及干酵母和新鲜的蔬菜。每天补充泛酸钙1.0～1.5mg，妊娠期增加到5～10mg。禁止饲喂变质的动物饲料和过量的谷物性饲料。长期以干饲料喂貉时，必须补充泛酸钙。脂肪量过高的肉类及其下杂，在加工时应除去过多的脂肪。

（十一）维生素H缺乏症 维生素H（生物素）缺乏症是由于维生素H缺乏而引起的貉发生皮炎，被毛脱落，表皮角质化，被毛卷曲及被毛折断现象为主要特征的疾病。

1. 发病原因

（1）饲料发生酸败 生物素广泛分布于大豆、豌豆、奶汁和蛋黄中，动物肠道内细菌亦可合成，一般情况下不会发生缺乏或很少发生缺乏。但由于饲料发生酸败，其中的生物素被破坏，特别是饲料被链球菌污染时更易发生缺乏，因为链球菌中存在着抗生物素蛋白，可抑制生物素的利用。

（2）日粮中长期添加药物　当日粮中长期添加药物或长期服用磺胺类药物及其他抗生素时，可引起生物素缺乏，这是因为肠道内菌群被破坏而失去了自身合成的能力。

（3）饲料中存在拮抗物　因长期给貉饲喂生鸡蛋或淡水鱼，经常引起本病的发生，这是因为其中存在着与生物素拮抗的物质，它能与生物素结合而抑制其活性。

2. 临床症状　貉生物素缺乏时，主要表现表皮角质化，被毛卷曲、脱色和剪毛样外观，皮肤色素减少，开始从背部、胸部呈整片脱毛，向前直达第5胸椎，剪毛面积占体表总面积的2/5以上，甚至有的全身裸露。换毛季节表现换毛不全和拖延，再生新毛困难，被毛脱色，有的常咬毛尖和尾尖。患貉空怀率增高，所产仔貉脚掌水肿，被毛变色。

3. 防治措施　对病貉治疗可注射生物素，每次0.5mg，每隔1天注射1次，直至症状消失为止。配种期、妊娠期及仔貉育成期，不要喂给生鸡蛋、生淡水鱼和带有氧化脂肪的饲料，不要经常投喂抗菌药物，日粮中增加肝和酵母的含量，并要适当补充生物素制剂。

二、佝 偻 病

佝偻病是幼龄动物钙磷缺乏或代谢障碍，引起成骨过程延迟，骨盐沉积不足，骨质钙化不良，未钙化的骨基质增多，长骨可呈现软化变形的病症。

（一）病因　饲料中钙、磷、维生素D缺乏，钙、磷比例不当，饲料中含脂肪酸或镁、铁等金属离子过多，影响钙磷吸收，肝、肾病变，甲状旁腺素分泌减少，胃肠疾病或伴有蠕动加快时，影响钙、磷吸收及体内钙、磷排出过多时，均可引起貉钙磷代谢障碍性疾病。阳光照射不足时，维生素D_3的前体转化困难，同样也可导致本病的发生。貉生长发育强烈，特别是仔貉生长发育期、母貉妊娠期、泌乳期，对矿物质钙、磷含量降低，骨骼中贮存磷酸钙的能力减弱，破坏骨的正常形成功能，导致佝偻病。

（二）临床症状 佝偻病常发生在生长发育较快的仔貉，最明显表现是：肢体变形，两前肢肘外向呈 O 形腿，有的病貉肘关节着地。最先发生于前肢骨，接着是后肢骨和躯干骨变形。在肋骨和软骨结合处变形肿大呈念珠状。仔貉佝偻病形态特征表现为头大，腿短弯曲，腹部增大、下垂。有的仔貉不能用脚掌走路和站立，而用肘关节移行。由于肌肉松弛、关节疼痛、步态拘谨，多用后肢负重，呈现跛行。定期发生腹泻。病貉抵抗力下降，易感冒或感染传染病。患佝偻病的幼貉，发育落后，体型短小。如不及时治疗，以后可转成纤维素性骨营养不良。

（三）剖检变化 尸体消瘦，躯体一般比较小，骨软化和畸形。各关节的骨骺肥厚，颅骨比较薄，管状骨骨体变弯，骨密质比健康骨疏松，色泽比较暗，肋骨与软肋骨结合处变大，呈念珠状，用刀很容易切割。

（四）诊断 根据临床症状和病理剖检变化，可以作出初步诊断，辅助诊断可用 X 线透视和照相。

（五）治疗 必须给予维生素 D，常用维生素 D 油剂或鱼肝油，每天剂量：貉为 1 500～2 000IU，持续两周，以后转为预防量。同时应增加日照时间，日粮内投予新鲜碎骨或骨粉。

（六）预防

1. 主要措施是日粮中加入维生素 D 每千克体重 40～50IU；饲料内骨粉不足时，补骨粉。

2. 母貉妊娠期、泌乳期需要维生素的最低标准是每千克体重 100IU，应予补足。

3. 当貉饲养于遮阴棚舍或笼内而日粮内钙磷不足时，补加维生素 D 特别重要。

4. 必须注意日粮内钙、磷的合理比例（1～2∶1）。

三、貉缺硒病

缺硒病的死亡率很高，给养貉业的发展带来了很大的威胁，影响毛皮质量和养貉的积极性。

（一）病因　发生缺硒病的主要原因是饲养管理粗放、饲料单一和长期不补硒，而使幼貉患缺硒病；另外，母貉的饲料单一，长期缺乏青绿饲料或饲料中缺乏硒和维生素E；母乳中缺乏硒和维生素E也会引起仔貉发生该病。幼貉缺硒多发生在5～9月份，2～4月龄的断乳幼貉在夏季多雨、高温或营养不良时发病率较高。

（二）临床症状

1. 成貉　貉缺硒病的症状主要以心力衰竭、呼吸困难、消化系统紊乱、运动障碍及神经症状为主要特征，在临床上可分为急性与慢性两种类型。

急性型：病程短促，常在无任何明显症状情况下突然死亡。剖检见骨骼肌与心肌纤维变性，心肌呈鱼肉样或煮肉状。

慢性型：精神沉郁，食欲减退，眼结膜有轻重不同的炎症和角膜、结膜浑浊现象，心跳加快，无力，心律不齐。轻者，喜卧，不愿行走，运动时后肢不灵活，步态蹒跚；重者，四肢颤抖，后肢软弱无力，不能支持体重，迫其行走时，左右摇晃，步态不稳，常呈一侧或两侧后肢拖曳前进；特别严重时，后躯完全麻痹，不能行走，呈犬坐姿势，呼吸困难，间歇性呻吟，伴有抽风，食欲废绝。

2. 仔貉　患病仔貉除上述症状：身体虚弱，粪便中带有白、灰或黄痢，有时还带有鱼肉状乳白色脓汁；爪红、水肿，嘴、鼻充血，四肢及尾端有痂皮。严重者叫声无力，呼吸急促，牙关紧闭，角弓反张。

（三）病理变化　主要病理部位骨骼肌、心肌和肝脏；其次是肾脏和脑。骨骼肌色浅，呈煮肉状，以肩胛、胸背、腰及臀部肌肉变化最为明显，可见到白色或淡黄色条纹及斑块状稍浑浊的坏死灶，心肌扩大，变薄，心内膜肌肉层呈灰白色条纹及斑块；肝脏肿大，切面有槟榔样花纹，肾脏充血，肾实质有充血点和灰色的斑状病灶；肌营养不良，皮下脂肪色黄，胃肠黏膜充血；淋巴结肿胀，切面多汁；肺水肿。

（四）诊断

1. 根据地方缺硒的病史，看养貉场是否处在缺硒地带。

2. 根据临床表现，看病貉是否有突发性运动障碍及心力衰竭，如呈突发性运动障碍及心力衰竭，可以初步诊断为缺硒病。

3. 根据病理变化：主要是骨骼肌和心肌呈白色或淡黄色条纹及斑块状浑浊的坏死灶；其次是肝脏和肾脏实质性的变化。

4. 进行治疗性诊断：用补硒和补充维生素 E 的办法进行治疗，效果非常明显。用其他药物则无效。

5. 有条件者可进行含硒化验：血硒低于 0.05mg/kg，毛硒低于 0.13mg/kg，可判断为缺硒症。

（五）治疗　发现患此病要及时治疗。

1. 成貉　0.1%亚硒酸钠液，每只一次肌注 2ml，同时口服维生素 E 5mg。一周后再进行一次，即愈。

2. 仔貉　首先将患病仔貉安置于温暖的地方，然后再进行药物治疗。每只肌肉注射 0.1%亚硒酸钠液 0.3～0.5ml，同时将 1～2mg 维生素 E 溶于牛奶中灌服，第二天便见效。一周后再进行一次，即愈。

（六）预防　主要补充硒制剂和维生素 E，日粮中硒的含量需达到 0.1～0.15mg/kg，维生素 E 10～20mg/kg；其次是冬春、配种、怀孕、产仔、分窝季节，尤其在繁育季节，每月都要增补一次硒和维生素 E，增至日粮含量的 1 倍即可。若喂熟食时，需待食温降至 50℃以下方可添加硒和维生素 E，以防两药高温受热被破坏。

根据实际情况，急补可行肌肉注射，缓补可在饲料中添加补给。

四、食毛症

食毛症是笼养貉的常见病，一年四季均可发生，主要症状是貉经常撕咬自己身上的毛（多数咬尾巴），患貉被毛蓬乱、食欲不振、消化不良、便秘及贫血等，严重时影响正常发育，毛皮质量下降，如不及时采取治疗措施，可导致貉极度消瘦，抗病力低下，最终因并发症或被毛团阻塞肠道而死亡，给养殖户造成极大的经济损失。

（一）病因 本病主要是由于某些营养物质缺乏而引起的一种营养代谢病，病因尚未明了。一般认为导致本病的发生主要有：日粮中含硫氨基酸（蛋氨酸和胱氨酸）不足；饲料中长期缺乏某些微量元素，如铜、钴、镁、钠、钙等；外界环境因素的影响；机体本身代谢紊乱、软骨症、胃肠炎、寄生虫病等。

（二）临床症状 有时突然发生，经过一夜，将后躯被毛全部咬断，或者间断的啃咬；严重者除头颈咬不到的地方外，都可被啃咬掉，毛被残缺不全，尾巴呈毛刷状或棒状，全身裸露。如果无其他继发病，精神状态没有明显异常，食欲正常，当继发感冒、外伤感染出现全身症状，或由于食毛引起胃肠毛团阻塞等症状。

（三）诊断 从临床症状即可作出诊断。

（四）防治措施

1. 加强科学饲养管理，喂料做到定时、定量，日粮构成保持相对稳定，注意补充含硫量高的动植物蛋白饲料，如骨粉、羽毛粉、蚕蛹粉、豆饼等。

2. 要保持貉舍安静，搞好笼舍及舍内环境的卫生，夏天防潮，冬天保温，通风、透光性良好，尽量减少外界因素造成的应激，为貉健康生长创造良好的外界环境条件。

3. 每天定时对貉群进行巡视，一旦发现食毛等异常情况及时采取措施。

4. 补充富含铜、钴、钙等矿物质饲料，并给予足够的各种维生素。病情严重时可每 50kg 饲料添加维生素 B_1 和维生素 B_6 各 25g，连用 5～7 天。

5. 一旦发现貉便秘、消化不良、食后有腹痛或呕吐现象，应及时采取措施进行对症治疗。如处理不及时，很可能继发食毛症。治疗便秘可用温肥皂水灌肠，也可灌服蓖麻油、液体石蜡、硫酸铜等。同时，多喂些易消化饲料。

6. 每年春季驱虫 1 次，可口服左旋咪唑 50～70mg，也可使用阿维菌素或通灭，按照说明书使用剂量进行肌肉注射或口服。

五、貉“白鼻子”病

“白鼻子”病是 2001 年前后在中国东北地区发现的貉的一种新发疾病，其主要的临床症状为鼻镜变白，脚垫增厚、开裂，爪子延长，被毛颜色变浅，生长发育受阻，表现有明显的贫血症状。该病可使患兽无法达到体成熟，所产皮张质量低劣，给貉养殖业造成巨大损失。

（一）病因 经调查与临床诊疗，以及多年对貉等毛皮动物的饲养管理实践发现，利用新鲜饲料配制的日粮饲养貉很少发生“白鼻子”病，本病多发于利用商品配合料养貉的养殖场。

1. 水溶性维生素缺乏 比如维生素 B_2、维生素 H、泛酸等维生素缺乏都可引起毛皮动物皮炎变化、毛被脱色和生长迟缓、脱毛等共同变化。维生素 B_2、维生素 H、泛酸、叶酸、维生素 B_{12}、维生素 B_6 等维生素在动物体内以不同形式参与蛋白质、碳水化合物和脂肪代谢，若缺乏，对机体健康和生长发育乃至繁殖等多方面都会产生重大影响，长时间饲喂干饲料容易导致维生素的缺失或不足，这就是以干饲料饲喂貉容易出现各种特殊代谢病的主要原因。当与蛋白质代谢有关的多种水溶性维生素缺乏时，貉对蛋白质代谢障碍比较敏感的毛被会首先表现异常，比如脱换推迟、生长停止、掉毛等。由于毛被中的色素是在一定条件下由酪氨酸氧化而成，与蛋白质代谢有关的维生素缺乏势必会影响色素的形成，从而使毛被褪色变浅，影响鼻端等部位色素沉着，加之贫血，最初由于色素沉着逐渐减少、皮肤中血管逐渐显露而表现为红鼻病，以后随着色素逐渐褪去、贫血逐渐加剧表现为白鼻病。

2. 蛋白质不全面　蛋白质不全面是引起“白鼻子”病的又一因素。由于毛发、皮肤上的色素来源于酪氨酸的氧化，当饲喂的商品配合料中酪氨酸长时间缺乏，加之相应的维生素缺乏时必然会影响色素形成，从而使毛被褪色，出现红鼻、白鼻端现象。

3. 饲料中抗生素的添加　“白鼻子”病的发生，与无计划大剂量或经常投药有关，经常性无计划投药可破坏毛皮动物消化道中的正常微生物群系，使酶制剂和生长因子的种类和数量大大减少，干扰了正常的消化吸收，导致维生素和微量元素不能充分地吸收和利用，出现缺乏症。另外，微生物群系的破坏，可能对毛皮动物大肠中部分维生素的合成产生影响，使缺乏症进一步加剧，成为“白鼻子”病的一个诱因。

4. 天气炎热饲料中维生素容易被破坏　“白鼻子”病幼貉高发，除与幼貉断奶而来源于母乳的维生素减少、生长发育处于旺盛阶段对维生素等需要量大、消化道机能还不完善有关外，还与幼貉断奶后天气炎热有关。幼貉断奶后的生长发育旺期正处于7～8月，天气炎热，饲料中的维生素容易被破坏，单一饲喂商品配合料维生素很难得到保证，这是一个不可忽视的因素。在炎热的夏季，为尽量减少维生素的破坏，日粮中要注意适当加大维生素E的添加量。

(二) 临床症状　患“白鼻子”病幼貉比例较大，起初表现为鼻端无毛区（鼻镜）原来的黑色或褐色逐渐出现红点，以后红点逐渐增多变为红斑（此时习惯称为红鼻病），再后变成白点，最后整个鼻端变成白色，即是人们俗称的“白鼻病”。以后脚垫部发白、增厚、开裂，个别的发生溃疡；趾爪部表现为爪长得很长并弯曲，趾爪发干无润滑感，呈深红色或暗红色，影响站立。四肢表现为肌肉干瘪、萎缩，紧贴腿骨，发育不良，直立困难；肢部被毛短而稀少，不断脱落，被毛干燥易断，粗糙无光泽。被毛表现为褪色，颜色变浅，被毛出现斑块状脱落，有食毛症状，毛被参差不齐像剪过一样，毛被生长迟缓，有皮炎症状。

仔貉阶段起初发育基本正常，断奶后的幼貉阶段症状比较明显，表现为冬毛生长以前幼貉生长停止，甚至出现渐行性消瘦，严重的可能因营养不良而死亡。

成年貉患此病除以上症状外，在繁殖方面还表现为漏配、胚胎吸收、流产、死胎、烂胎等现象；产出的仔貉表现为皮肤不是正常的黑灰色，而是灰白色、粉白色或粉红色生命力很差，常在出生后几天内陆续死亡。

（三）防制措施

1. 注意水溶性维生素补加，减少维生素破坏 要尽量保证饲料新鲜，采取减少饲料贮存时间，尽量加快喂饲速度等综合措施，以减少维生素破坏。貉配合料生产厂家要特别注意水溶性维生素的有效添加，并尽量减少在加工和运输过程中的破坏。

2. 补加新鲜优质动物性饲料，使蛋白质更全面 饲喂完全配合的颗粒饲料养貉，不仅维生素容易缺乏，由于其蛋白质主要来源于各种油饼类及鱼粉、蚕蛹粉等干饲料，貉对干饲料消化率较低，也容易造成某种氨基酸缺乏或不足，从而对其生长发育及健康产生不同程度的影响，乃至出现一些疾病。因此，建议以完全配合的颗粒饲料养貉的养貉场，有必要在日粮中添加一定比例新鲜的动物性饲料，以保证饲料的营养全面。

3. 补加酵母与蔬菜 酵母中含有维生素 B_1、维生素 B_2、泛酸、维生素 H、维生素 B_6 等，每天每只幼貉育成期补加 5g、泌乳期母貉 14g、恢复期 5～8.5g、妊娠期 7.8～10.4g、配种期 7.8g、冬毛生长期和准备配种期 13.6g。蔬菜中不但含有维生素 B_1、维生素 C 等多种水溶性维生素，同时蔬菜中含有的少量纤维素还有利于促进貉胃肠蠕动，对维持其正常的消化机能有着不可忽视的作用。不同时期每天每只可补加蔬菜100～150g（喂配合干饲料在蔬菜不足时可酌情少加）。

4. 严禁无目的的添加抗生素　在养殖过程中，无论治疗与预防疾病，使用抗生素都要做到有计划，严格按照用药规程用药，杜绝长期无计划、无明确目的和针对性用药，以避免貉消化道中微生物群系遭受破坏，干扰维生素和微量元素正常的吸收和利用，影响微生物对维生素的合成，导致营养缺乏症和代谢疾病。商品配合饲料生产厂家，在生产商品料时也要对该问题予以特别关注，在幼貉饲料的生产中更应引起高度重视，否则往往事与愿违，不但疾病得不到有效预防，还可能使养貉场貉病变得更为复杂化；因此，建议商品饲料生产厂家，对于添加了抗生素的貉料最好做出标识，以便养貉场生产中能根据实际需要加以选择，以提高养貉效果。

5. 确保饲料新鲜优质　养貉生产中保证饲料新鲜优质十分重要，新鲜饲料中各种营养能够有所保证，而氧化变质的饲料维生素容易遭受破坏，脂肪容易氧化酸败，使貉出现由多种维生素缺乏症引起的“白鼻子”病及黄脂肪病。生产中购买商品配合料要尽量减少中间环节，尽量缩短商品料从生产到饲喂的时间；在实际饲喂操作过程中，喂饲速度要快，做到快配料、快喂饲，以及少剩料、新料剩料不混配等原则。

六、黄脂肪病

黄脂肪病又称脂肪组织炎、肝脂肪变性、肝脂肪营养不良。我国各地貉场时有发生，给貉饲养业带来相当大的经济损失。

（一）病因　本病的发生因饲料内脂肪酸败，而又未加抗氧化剂的情况下发生。硒及维生素E或维生素B缺乏，可促进本病的发生和发展。貉常饲喂畜、禽肉或鱼等动物性饲料，若畜禽屠宰后于常温下放置过久，或利用死亡时间较长的畜禽肉作饲料，含脂肪较多的动物性饲料贮藏温度偏高或贮存时间过长，则其中的脂肪发生酸败。鱼类等含不饱和脂肪酸较多的饲料，更易氧化腐败。管理不当，如夏季或笼内不经常清理，貉吃了变质的饲料，也是本病常见的原因。

（二）临床症状 本病一年四季均可发生，但以炎热季节多见，多发生于生长迅速、体质肥胖的幼貉，急性型有时无先兆症状而突然死亡，或见腹泻，粪便呈绿色或灰褐色，混有气泡和血液，最后变成煤焦油样粪便，食欲废绝，饮欲增加，可视黏膜轻度黄染。慢性型：食欲大减，生长停滞，体重减轻，被毛蓬乱无光，病至后期，出现腹泻，粪便黑褐色并混有血液，步态不稳。

（三）剖检变化 急性时尸体营养良好，慢性病例尸体消瘦。皮下组织胶样浸润，皮下脂肪变性发硬，呈黄色。实质器官有脂肪沉积，为黄褐色。肝肿胀，质地脆弱，呈灰黄色，切面干燥无光泽，弥漫性肝脂肪变性，肾增大，呈灰黄色，切面平展。

（四）诊断 根据临床症状、剖检变化及饲养状况，可以诊断本病。

（五）防制措施 本病无特殊治疗方法，为预防继发感染，可肌注青霉素10万～20万IU。在饲料中补充维生素E和氯化胆碱能预防该病的发生，特别是长期饲喂贮存过久或已氧化变质的鱼类更应大剂量补充维生素E和氯化胆碱，如已确诊貉发生了黄脂肪病，应立即停喂变质的鱼、肉类，更换新鲜的动物性饲料，同时对病貉注射维生素E每千克体重10mg，维生素B_1，每次25～50mg。对消化系统有炎症的，可选用庆大霉素、诺氟沙星控制肠炎。

第七节 貉常见中毒病及其防治

一、肉毒梭菌毒素中毒

（一）病因 本病是由于貉采食被肉毒梭菌毒素污染过的饲

料、饮水后而引发的一种中毒性疾病，肉毒梭菌毒素可分为A、B、Cα、Cβ、D、E、F、G 8种类型，引起貉中毒的毒素是C型毒素。毒素主要作用于神经、肌肉结合点，引起机体由下而上的麻痹，肉毒梭菌毒素有很强的毒力，能使多种动物致病，人也可以感染发病。

（二）临床症状 本病的潜伏期为数小时至10天。临床上可分为以下几种类型：

1. 最急性型 病貉卧地，不能站立，表现为痉挛、昏迷、全身麻痹，经数分钟或十几分钟死亡。中后期病程拖长，数小时至数天死亡，死亡率近100%。

2. 急性型 较多见。病貉首先表现动作不协调，行走摇晃，随后出现全身性麻痹。首先是后躯麻痹，站立困难，常侧卧，有的舌脱出口外，下颌麻痹而下垂，吞咽困难，不能采食和饮水，流涎，呼吸困难，脉搏频数而微弱，排粪失禁，有腹痛。病貉意识基本正常，体温多无变化，死前体温下降，最后心脏麻痹，窒息而死。

3. 慢性型 舌和喉头轻度麻痹，肌肉松弛无力，步态不稳，容易卧倒，起立困难，肠音减弱，粪便干燥，病程可持续10天左右。

（三）诊断 该病可通过调查发病原因和发病过程，观察到的症状，以及尸检无明显变化作出初步诊断。确诊必须检查饲料和体内有无毒素存在。

（四）防治措施 该病发病急，病程短，很难治疗，所以应做好预防接种和预防工作。

注意做好环境卫生工作，动物尸体、残骸要及时清除。饲料应确保低温贮存，不要堆放过厚，防止发霉变质。加工调配好的饲料要及时饲喂，不要存放过久。不可用病死的动物和腐败的肉喂貉，失鲜和可疑饲料要经煮熟后再喂，肉毒梭菌毒素加热80℃、30min或100℃、10min即可失去活性。用C型内毒梭菌疫苗，每次每头貉 1ml，免疫期为 3 年。

治疗时，可注射多价 C 型肉毒梭菌抗毒素，以中和消化道和血液中游离的毒素，但对已与神经、肌肉结合点结合的毒素无解毒作用。也可用中药疗法：黄花 60g、当归 6g、川芎 3g、赤芍 5g、红花 3g、桃仁 3g、地龙 3g、桂枝 3g、牛藤 3g、加皮 3g、煎汤内服。

二、食盐中毒

食盐是动物体内不可缺少的矿物质成分。日粮中有适量食盐，可增进食欲，改善消化，保证机体水盐代谢平衡。但摄入食盐过多，特别是饮水不足时，则发生中毒。

（一）病因 由于计算错误或不检斤，日粮内加入食盐过多或饲料调制不均，个别貉摄入过量食盐而中毒，饲喂咸鱼，如浸泡时间过短或盐分过高，会引起大批貉中毒，特别在摄入食盐过多，又缺乏饮水的情况下，更易发生中毒。日粮中钙、镁不足时，貉对食盐的敏感性增强。炎热季节，动物体液减少，对食盐的耐受性降低。

（二）临床症状 貉食盐中毒，可见兴奋不安，从口鼻流出少量泡沫状唾液，主要表现为急性胃肠炎症状，呕吐，腹泻，全身衰弱。有的运动失调，排尿失禁，继而四肢麻痹。

（三）剖检变化 口角流涎，口内有少量食物及黏液。肌肉暗红色，干燥。主要变化是胃肠黏膜充血和肥厚，肺、肾及脑血管扩张。个别病例，心内膜、心肌、肾及肠黏膜有点状出血。

（四）治疗 如有发病，应立即停止饲喂含食盐的饲料，加强饮水，但有限制地、间隔短时间地给予少量饮水，及时内服牛奶、绿豆浆等，肌肉注射 10％安钠咖 0.05～0.1ml，皮下注射 25％葡萄糖溶液 15～20ml。病情严重者，可皮下注射 10％～20％樟脑油 0.5～1ml。

（五）预防 为了预防食盐中毒，要严格掌握貉饲料中的食盐含量和标准，加盐要准确，喂海鱼和淡水鱼，加盐要区别对待，特别是含盐量高的鱼粉或咸鱼，脱盐要彻底，饲料搅拌要均匀。

三、霉菌中毒

主要是给貉饲喂发霉的玉米或玉米面而引起的中毒。

（一）病因 玉米等谷物饲料及干饲料霉变，霉菌毒素超标，多为黄曲霉、镰刀菌等。

（二）临床症状 急性病貉精神萎靡，食欲减退或废绝，步态蹒跚，黏膜苍白、黄染，体温正常，粪便干燥，有时带血，尿呈茶色。有时出现神经症状，抽搐，抓挠笼子，在笼子里转圈，并发出尖叫声，常在 2 天内死亡；慢性病例食欲不振，被毛粗乱、消瘦、拱背卷腹，粪便干燥。1 周后出现神经症状，兴奋，狂躁，驱赶时抓咬笼壁，步履失去平衡性，常在2周左右死亡。

（三）剖检变化 急性病貉以贫血和出血为主要特征，胸腹腔、浆膜表面多见淤血斑点。肝肿大、有出血点、变脆。心内膜和心外膜多见明显出血，全身肌肉多见出血；慢性病例，肝胆管增生硬化，肝黄色，脂肪变性，表面有粟粒大至绿豆粒大的坏死灶。胸腹腔内见有积液。肾脏苍白色、肿胀。

（四）诊断 在同一时间内，多数貉发病或死亡，就应注意检查饲料的质量，特别是谷物性饲料（玉米为主）。玉米粉碎后堆放，不及时散热容易引起玉米霉变。结合流行病学、临床症状、病理变化等特征，进行综合性诊断。

要检查饲料有无发霉情况，并采样送化验室单位进行霉菌分离与鉴定。进行有毒物质的毒性和毒力动物试验等，作出最后诊断。

（五）治疗

1. 更换饲料原料，应立即停喂有毒饲料，撤出尚有剩食的饲盆（碗）。饲料中加喂蔗糖或葡萄糖、绿豆水解毒，静脉或腹腔注射等渗葡萄糖注射液；

2. 强心利尿，樟脑油 0.2～1ml，肌注。

3. 10%葡萄糖溶液 20ml、维生素 C 1～5ml、维生素 K 1～4ml，肌注，1 天 1 次。

4. 为预防并发症可肌肉注射青霉素 10 万～40 万 IU，1 天 2 次。

四、亚硝酸盐中毒

蔬菜中合有硝酸盐和少量的亚硝酸盐。在贮存或调制不当时，硝酸盐可变为亚硝酸盐，亚硝酸盐能使血红蛋白变为高铁血红蛋白，妨碍呼吸机能，故可引起貉中毒。

（一）病因 蔬菜堆放、浸泡、焖煮不当致使蔬菜中硝酸盐转变为亚硝酸盐。

（二）临床症状 病貉表现出典型的缺氧状态，呼吸困难，肌肉颤抖，四肢无力，步态不稳，皮肤青色，黏膜发绀，脉搏增数、微弱。此外，还表现为流涎、口吐白沫、呕吐、腹泻。个别貉也有不显任何症状而突然死亡的。

（三）剖检变化 血液呈黑红色或咖啡色，似酱油样，凝固不良。全身血管扩张，心肌点状出血，胃肠黏膜充血，气管黏膜点状出血，肝脏淤血肿大。

（四）预防 本病应以预防为主，煮熟的青菜不宜保存过长时间，堆放发热的青绿饲料或腐烂的菜不要喂貉。

（五）治疗

1. 更换饲料原料，增喂清水、牛奶或糖水。

2. 1%美兰水溶液、维生素 C 每千克体重 1ml，肌注，1 天 1 次；或 0.1%亚甲蓝每千克体重 0.1～0.2ml，同时配合维生素 C 一起静脉注射。

五、有机磷农药中毒

有机磷农药，是我国目前应用最广泛的一类高效杀虫剂，其种类很多，并不断得到更新，常用的有以下几类：膦酸酯类（敌敌畏、久效磷、三甲苯磷、毒虫畏和杀虫畏等）、硫代膦酸酯类（对硫磷、蝇毒磷、皮蝇磷、马拉硫磷和乐果等）、膦酸脂和硫代磷酸类（敌百虫、苯硫磷等）。上述这些有机磷农药，除用作农药杀虫剂外，还常用于动物体灭虱、除蚊蝇，驱除体表和胃肠道寄生虫及作为灭鼠剂，引起动物中毒的，主要有敌敌畏、敌百虫、对硫磷、乐果、马拉硫磷和蝇毒磷等。

（一）病因　有机磷农药可经消化道、呼吸道或皮肤进入动物体内而引起中毒。常见原因有采食、误食喷洒过有机磷农药不久的蔬菜；用装过有机磷农药的容器作饲槽或装运动物及改作小室笼舍；用药不当，如用有机磷农药治疗体表寄生虫，涂布面积过大，或驱除胃肠道寄生虫时用量过大等。

（二）临床症状　貉急性中毒时，呼吸困难、打喷嚏、气喘不安、流涎、有泪、排便频繁、黏膜发绀、瞳孔缩小，对外界刺激反应增强，个别肌群痉挛收缩或震颤、运动失调等，最后昏迷而死。

（三）剖检变化　经消化道急性中毒者，胃肠内容物具有有机磷农药的特殊气味，胃肠黏膜充血、出血、肿大，并多半呈暗红色，黏膜层易剥脱，肺充血、肿大，气管内常有白色泡沫存在。肝、脾肿大，肾脏混浊肿胀，被膜不易剥离，切面为淡红褐色。

（四）诊断　本病的诊断，主要根据是否接触有机磷农药的病史，有无以胆碱能神经兴奋效应为基础的临床表现，如流涎、瞳孔缩小、肌肉痉挛、呼吸困难等，进行综合分析。

（五）防制措施　有机磷农药中毒的治疗原则是，首先实施特效解毒，然后尽快除去尚未吸收的毒物。经皮肤沾染中毒的用1%肥皂水或4%碳酸氢钠溶液洗刷，经消化道中毒的，可用2%～3%的碳酸氢钠或食盐水洗胃，并灌服活性炭。但需注意，敌百虫中毒不能用碱水洗胃和洗涮皮肤，因为敌百虫在碱性环境内可转变成毒性更强的敌敌畏。实施特效解毒，根据有机磷中毒的发病机理，应用胆碱酯酶复活剂和乙酰胆碱拮抗剂进行特效解毒，可收到良好的效果。胆碱酯酶复活剂有解磷定、氯磷定、双解磷、双复磷等。解磷定和氯磷定的用量一般为每千克体重15～30mg，以生理盐水配成2.5%～5%溶液，缓慢静脉注射，以后每隔2～3h，注射一次，剂量减半。视症状缓解情况，可在24～48h内重复注射。双解磷和双复磷的剂量为解磷定的一半，用法相同。常用的乙酰胆碱拮抗剂是硫酸阿托品。由于有机磷农药中毒的机体，对阿托品的耐受力常成倍增加，又系竞争性对抗剂，因此必须超量应用，达到阿托品化，方可取得确实疗效。硫酸阿托品的一次用量，貉0.03～0.08mg，皮下或肌肉注射，临床实践表明，阿托品与胆碱酯酶配合应用，疗效更好。

预防措施是认真保管好农药，喷洒过农药的田地，7天之内蔬菜不得喂兽，按规定的用量，应用有机磷杀虫剂治疗动物寄生虫病和灭蝇等。

六、毒鱼中毒

（一）病因 鱼类饲料腐败变质后产生组胺，可引起中毒。某些鱼及鱼卵有毒，如繁殖期的青海鳇鱼、台巴鱼、鲭鱼肝脏、鲈鱼卵等也能引起貉中毒。

（二）临床症状 鱼中毒主要发生在仔貉和母貉中，而老龄貉和公貉则很少发病。症状表现为神经系统机能障碍，呼吸和运动中枢麻痹，造成四肢麻痹无力、支撑困难、喜卧、头下垂、拒食、可视黏膜发绀，并有肠炎症状，排黑色血便或血尿，体温不高，后期痉挛昏迷，尿湿，后肢瘫痪，心跳加快，体温下降，多因麻痹而死亡。

（三）预防措施

1. 饲料的调制要严格实行兽医卫生监督，不喂发霉变质饲料。

2. 调制饲料的鱼类一定要新鲜可靠，所用鱼产品的质量要可靠。不用不新鲜鱼类和可疑鱼产品调制饲料。

(四) 治疗

1. 发现貉有中毒症状，应立即停喂变质饲料。

2. 投给绿豆水、糖水、牛乳、鸡蛋等滋补性饲料，解毒并增强营养。

3. 中毒严重时，要强心补液，肌内注射维生素 E（醋酸生育酚注射液）1ml、青霉素 20 万 IU，每天 2 次。

七、棉酚中毒

棉酚分游离棉酚和结合棉酚，前者有毒，后者对动物没有毒害。生产中一般采取热作用过程，使部分游离的棉酚变成结合棉酚。但如果处理不当，就会有部分棉酚以游离态的形式存在于棉籽饼粕和棉油中，摄食游离棉酚过量或摄食时间过长，即会导致棉酚中毒。

(一) 病因 棉酚毒素能损害血红蛋白中铁的作用而导致溶血。冬春季节，饲料中维生素、钙和蛋白质缺乏，貉在一个相对较长的时间段内采食含游离棉酚超标的棉籽饼后，由于棉籽油酚在体内比较稳定，不易破坏，而且排泄很慢，造成棉酚在机体内蓄积，导致血管性、神经性和嗜细胞性毒物对组织发生刺激作用，引起组织发炎，血管壁的通透性增强，血浆和血细胞渗到外围组织，使受害组织发生浆液性浸润和出血性炎症。

(二) 临床症状 主要发生在食欲旺盛的妊娠母貉和幼龄貉，妊娠母貉中毒易发生流产和死胎。病貉体温正常，食欲不振或异食，饮欲增加，有呕吐现象，眼结膜充血、潮红，怕光流泪，有眼眦；有腹痛症状，粪便由干燥逐步变为稀软，并混有黏液或血液，尿呈淡红色。后期四肢水肿或麻痹，行走无力，全身痉挛，呼吸困难，心力衰竭而死。好娠母貉阴道流煤焦油样黏液，排出腐烂、残缺、发育不全的死胎或体质弱小的胎儿，有的胎儿被吸收。流产母貉精神不振，食欲减退，轻度发烧、间有便血、抽搐，有的在产仔时突然死亡。

（三）病理变化 死前常发生严重贫血。尸体全身水肿，体腔、肺和心脏积满淡红色半透明液体，血液凝固不良。胸腹部皮下胶样浸润，全身淋巴结肿大；心外膜有点状出血，心肌变软；肺充血、水肿，气管和支气管内充满泡沫，间质增厚；肝、肾退行性病变，肝脏肿大、淤血，质地脆弱，有散在坏死灶，胆囊充满胆汁，黏膜有出血点；肾脏充血，被膜有出血点；膀胱空虚，膀胱壁水肿、增厚、黏膜充血、出血；胃、肠黏膜出血或有坏死灶。

（四）诊断 根据临床症状和病理剖检变化和发病貉场饲喂棉籽饼可以初步诊断为棉酚中毒，确诊需要实验室检验。

1. 无菌采取病死貉肝、脾、肾、淋巴结等病料分别接种于血琼脂培养基和麦康凯琼脂培养基，37℃温箱培养，看有无致病菌。

2. 采取病貉血液进行实验室常规检查，红细胞和血红蛋白减少，白细胞总数增加，中性粒细胞显著增多，核左移，单核细胞和淋巴细胞显著减少。

3. 采取病貉尿液进行实验室常规检查，检出大量血细胞，呈明显的血尿和血红蛋白尿，尿中蛋白质高达8%。尿沉渣中可见肾上皮细胞及各种管型。

4. 计算棉籽饼中游离棉酚的含量，是否高于国家小于等于1 200mg/kg的标准。

（五）防治方法 发现病兽立即停喂含棉籽饼的配合饲料，多喂鲜牛奶、豆浆等，重症病例用0.1%高锰酸钾溶液反复洗胃。

皮下注射10%葡萄糖10～20ml、维生素C 10～20mg；内服硫酸亚铁2～3g阻止渗出，强心，补充营养，增强肝脏解毒功能；棉籽饼类饲料应限量、限期饲喂，要选用经过去毒处理的棉籽饼。同时注意不要用含棉籽饼的配合饲料和以棉籽饼为主要饲料的畜禽副产品，长期饲喂貉。

第八节　貉普通病的诊断与防治

一、外科病

（一）咬伤

1. 病因　笼养貉的咬伤主要发生在配种期和仔貉分窝前期，由于同笼内的貉相互撕咬而致伤。也偶见于邻笼貉之间的咬伤。

2. 症状　临床上被咬伤的貉很容易发现。如局部掉毛、出血、化脓等。严重者有发热、食欲减退、精神萎靡等表现。

3. 治疗　对于新鲜创可涂以碘酊，然后用酒精脱碘，再撒布消炎粉或涂土霉素软膏。对于污染创和化脓创，要先用3%双氧水或生理盐水清洗，并切除坏死组织，撒上消炎粉。对皮肤，肌肉已撕裂者，应予以缝合。

当貉出现全身症状时（如发热、拒食等），应肌肉注射青霉素20万～30万IU、复合维生素B 0.5～1ml，每天1～2次。

（二）骨折

1. 病因　貉的骨折并不多见，但有时也会因为笼网眼的尺寸不合适，或捕捉不当等原因而发生骨折，而且多数是四肢骨的骨折。

2. 症状　当发现貉行走姿势异常时（如三条腿走路、跳跃等），就应认真观察和触摸不能着地的腿，看腿骨是否有明显的折断现象和局部剧烈疼痛反应。开放性骨折表现为皮肤撕裂，骨茬露出，流血，临床上很易发现。

3. 治疗

（1）轻微的骨折　一般通过精心饲养可以自愈。也可以在饲料中加入1份炒熟的老黄瓜籽和3份去齿猪下颌骨的煅炭化粉末，成貉每只每次可加入25g，仔貉酌减。

（2）严重的骨折　如果是非开放性的，可以用夹板或石膏固定；如果开放、流血，则应先清洗消毒，撒上消炎粉或青霉素粉，缝合裂口后再固定夹板或石膏。同时都应肌肉注射青霉素20万～40万IU，每天1～2次。

（三）脓肿

1. 病因　这是一种由于组织器官内形成空洞与脓腔并蓄有脓汁的局限性炎症过程。机械外伤和维生素B_{12}、维生素B_2的缺乏，可使貉体抵抗力下降，化脓性链球菌、葡萄球菌感染而发病。

2. 症状　脓肿常发生在皮下的结缔组织、筋膜下层及表层肌肉组织中，初期局部肿胀无明显界限，只是稍高出皮肤表面，触诊坚实并有剧热的疼痛反应。后期局部软化，有波动感。由于脓汁溶解表层的脓肿膜和皮肤，脓肿可自溃排脓。但临床上常因皮肤溃口过小，脓汁不易排尽，因而长期不易自愈。

3. 治疗　脓肿初期，可用消炎、止痛及促进炎症产物消散吸收的方法，在局部肿胀处涂擦樟脑软膏或醋酸铅散（处方：醋酸铅100.0、明矾50.0、樟脑20.0、薄荷10.0、白陶土82.0）。后期脓肿成熟，但常不能自行消散吸收，只有当脓肿自溃排脓或手术排脓后才能治愈。常用的手术方法有：

（1）抽出法　用注射器将脓腔内的脓汁抽出，然后用生理盐水或0.1%高锰酸钾水反复冲洗脓腔，最后向腔内注入青霉素溶液。

（2）切开法　脓肿出现波动后，即可切开。切口选在波动明显且容易排出内容物的部位。用3%双氧水或0.1%高锰酸钾水冲洗脓腔，最后在脓腔内加入消炎粉或青霉素粉，缝合切口，必要的可以放入纱布条做引流。同时肌肉注射青霉素20万～40万IU。

（四）脱肛

1. 病因　该病多发于幼龄貉，主要是由于消化不良和重度腹泻而继发引起的。

2. 症状　病貉多数营养不良，体弱，消瘦，而且多数长期腹泻，排便时从肛门内脱出肠管，很易被发现。如不及时治疗，脱出的肠管与笼网摩擦，以及肛门括约肌钳闭而发生充血、出血和水肿导致，使垂脱的肠管不易还纳。

3. 治疗　病初可用0.1%高锰酸钾温水洗脱出的肠管（水温在40～44℃为宜），然后用手或试管压迫直肠黏膜，徐徐还纳肠管。同时要改善饲养管理，控制腹泻。对反复脱出的患貉，应在肛门口实行烟包缝合，8～9天拆除缝线。

二、泌尿生殖系统疾病

（一）乳房炎　貉乳房炎是貉产仔期常见病。一般为1～2个乳房发病。病貉长时间不进小室，当仔貉吮乳触及患乳房，貉疼痛而弃仔，甚至咬伤仔貉，或冻饿而死。

1. 病因　本病主要是由于乳房外伤、细菌侵入、机体抵抗力降低及乳汁长时间滞留而引起的。如仔貉过多，乳汁不足时常咬伤母貉的乳腺造成感染。仔貉过少时或仔貉吮力不强，可导致乳汁长时间积留在乳腺中，造成淤滞性乳房炎。引起该病的细菌主要是葡萄球菌、链球菌。

2. 症状　患貉乳房红肿、发热，硬结触摸时有疼痛反应。有的可见明显伤痕。该病一般开始是浆液性的，而后转为化脓性的，最后由于结缔组织增生而成为纤维素性乳房炎。貉乳房感染化脓后，有的破溃，流出红黄色脓汁，这时病貉拒绝哺乳，食欲减退，徘徊不安。仔貉在笼内乱爬，并有“吱吱”的叫声。

3. 治疗

（1）用0.25%奴佛卡因稀释青霉素或链霉素，在乳房患部进行多点封闭注射，一般可获得满意效果，必要时隔2～3天可再次注射。

（2）对乳腺红肿的患貉，可挤出乳汁后按摩。初期冷敷，后期热敷，并肌肉注射青霉素、链霉素。

(3) 局部化脓的貉，要切开排脓，并用0.1%雷夫奴尔冲洗，脓腔内注入青霉素、链霉素。也可同时配合肌肉注射抗生素治疗。

(4) 对患病时间长而又拒食的貉，要皮下多点注射5%～10%的葡萄糖20～30ml，维生素C 0.5～1ml，每天1次。

4. 预防 临产前及产仔期加强母貉的饲养管理，保证窝室和垫草的干燥、卫生；勤观察哺乳动态，发现问题并根据问题性质（缺乳或过多）及时采取措施。

（二）流产

1. 病因 流产是由于胎儿或母体的生理过程发生扰乱，或它们之间的正常关系受到破坏，而使妊娠中断。其发病原因很多，如创伤、中毒、错误的饲养管理、传染病、寄生虫病等，都能引起流产。对笼养貉来说，主要的原因是饲养管理不当，如饲料变质霉烂，缺乏某些维生素和矿物质等。

2. 病状 早期流产的一般没有什么明显的症状。在妊娠前期，部分或全部的死胎被吸收，有的能引起子宫内膜炎。中、后期流产的母貉，表现为食欲减退，阴道内流出红褐色污物或早产的胎儿。

3. 治疗 对流产的母貉可肌肉注射抗生素（如青霉素、链霉素等）和磺胺类药物。如果已引起子宫内膜炎，可用0.02%～0.05%高锰酸钾或0.05%呋喃西林消毒液反复冲洗子宫，冲洗之后根据情况往子宫内注入抗菌防腐药液，或者直接放入抗生素制剂（如青霉素20万～30万IU）。

（三）难产

1. 病因 常因母貉的子宫收缩无力、产道狭窄和胎处异位、肥大等原因、引起产力性难产、产道性难产和胎儿性难产。前两种是由于母体异常引起的，后一种是由于胎儿异常引起的，但一般的病貉几个原因都存在。

2. 症状 多数母貉超出预产期，并表现出烦躁不安，发出异常的叫声。在窝室和运动场之间来回奔走，有努责、排便等分娩动作，有的从阴道流出褐红色血污。患貉还有舔外阴部等表现。出现分娩后，貉开始拒食，后期衰竭、萎靡，子宫阵缩无力，母貉往往钻进窝室内蜷缩于垫草上不动，乃至昏迷、死亡。

3. 诊断　根据母貉产期已到，并具备临产表现，又不见有胎儿产出，阴道有血污或湿润等，可以确诊。一般产程超过6h，就视为难产。

4. 治疗　首先应用催产素5万IU肌肉注射，以加强子宫的收缩能力，促进胎儿娩出。如果在15min后仍不见效果，要进行人工助产：先用消毒液洗外阴部，然后用甘油做阴道润滑剂，用手伸入产道，将胎儿拉出。在施行助产、催产无效的情况下，应进行剖腹产手术。

（1）术前准备　准备一个手术台（用桌子也可以）。手术器械和药品包括手术刀一把、手术剪一把、止血钳4把、镊子2把，以及纱布、药棉、缝合针、4号缝合线、碘酊棉球、酒精棉球、来苏儿水等。手术时将母貉保定在手术台（或办公桌）上。

（2）手术部位的确定与消毒　确定手术部位方法有两种：一种是在左（右）侧腰部，一般可在最后肋骨至腹股沟与腰椎至腹部中线之间做切口；另一种是在腹中线做切口。但后一种方法的切口在腹底部，受重力影响，有不易愈合和易感染的缺点，所以一般不采用。下面介绍前一种的具体方法：在貉腰部选好切口位置后，剪毛，用2%～3%来苏儿水或肥皂水清洗后，擦干术部，再用5%碘酊消毒，用75%的酒精脱碘后，在术部盖上纱布。

（3）剖腹取胎　在术部做长8cm的切口（尽量做到一次切开皮肤），然后用刀柄钝性剥离皮下组织，露出腹肌，用刀柄穿透腹肌，再以钝性撕开法扩创，露出腹膜，用剪子剪开腹膜后，轻轻拉出有胎儿的子宫角，在创口缘与拉出的子宫周围充填纱布，避免污染腹腔，剪开子宫逐个取出胎儿，及时撕开胎衣，剪断脐带；如果有卡在产道里的胎儿，应从产道外口将胎儿送入子宫后，再取出。

（4）子宫的切除或还纳　一般认为，切除子宫后可减轻母貉的炎症过程，并发症少，有利于貉的痊愈。具体方法是：在子宫颈口处将子宫体及两侧子宫动脉双重结扎，在靠近输卵管处，分别将两子宫角尖端及子宫动脉一起双重结扎，并在离结扎线 1cm 处剪断子宫体及两个子宫角。断端涂 4%的碘酊，然后送回腹腔。还有一种方法是用 35～39℃的生理盐水冲洗子宫，排出洗液后，将子宫切口先全层连续缝合，然后做内翻缝合。清洗拉出的子宫体后，将其还纳腹腔。最后连续缝合腹膜、肌肉，皮肤结节缝合。整理创缘，涂上碘酊消毒，还可涂上磺胺软膏。

手术一般不用麻醉。也有人主张用盐酸普鲁卡因做菱形封闭麻醉，用量是 20ml 左右。

（5）术后护理　术后将母貉放在温暖、清洁、安静的笼舍里，并喂给全价饲料。肌肉注射青霉素 20 万～30 万 IU，每天 1～2 次。对食欲不佳的貉，可肌注维生素 B 0.5～1ml。对产后流血的，可肌注麦角，每次 0.2～0.3ml，每隔 4～6h 注射一次，不仅可止住子宫出血，并能加速了宫恢复。伤口处应经常涂擦 4%的碘酊，以防感染。

（四）尿湿症　为貉常见症状之一，病貉多表现营养不良，可视黏膜苍白，尿频，尿液淋漓，尿道口周围毛绒被尿液浸湿；病重者几乎全身浸湿，病程长者尿液浸坏皮肤，出现皮肤红肿、糜烂和溃疡，被毛脱落，皮肤坏死，即“尿湿症”。近年来，随着貉饲养量的迅速增长，貉“尿湿症”引起了广大养殖户的关注，也带来了不小的损失。

1. 病因

（1）超量投喂维生素 D 一些养殖户认为补充维生素类会均衡狐貉生长发育所需营养，投喂鱼肝油、维生素 D 丸等会促进母兽发情，提高产仔率等，因而造成盲目饲喂，最终维生素 D 超过个体生长所需。过多的维生素 D 会使动物出现恶心、呕吐、腹泻、多尿；血及尿中钙、磷浓度增高，钙沉积在肺、肾等，最终导致肾功能减退而出现“尿湿症”。

（2）由于胃肠疾病引起胃肠功能紊乱，使血中钙磷浓度增高，从而导致貉“尿湿症”。

（3）其他疾病引起的貉泌尿系统疾病，如尿道炎、膀胱炎、肾盂肾炎等均可导致不同程度的“尿湿症”。

2. 预防

（1）补喂维生素 D 要适量正确估算鱼肝油等维生素 D 含量，有计划分阶段投喂。如配种前一个月左右隔日添加。

（2）注意观察，如早期发现貉排尿异常，不可忽视，要请兽医人员对症治疗。

3. 治疗

（1）适当增加乳、蛋、酵母和鱼肝油的给量，减少日粮中脂肪含量，不喂含酸败脂肪的饲料，增加糖类饲料量，供给充足饮水。

（2）醋酸溶液，每天每只貉饲喂 5～10ml，连续 7～10 天；或氯化铵制剂，每天每只貉饲喂 1～3ml，连续 7～10 天。

（3）重者可投给乌洛托品解毒利尿，同时用青霉素 10 万 IU 和维生素 E 注射液 1ml，维生素 B_1 注射液 0.5ml，分别一次肌注，连用 2～3 天。

三、呼吸系统疾病

（一）感冒　感冒是机体受寒，引起的病理生理防御适应性反应，是全身反应的局部表现，是导致很多疾病的基础，是貉常见多发病。

1. 病因　秋末冬初或寒冷季节的气温骤变；饲养管理不当，粪尿污染，垫草潮湿，小室保温不良或受贼风侵袭，饮水不当，毛被浸湿受寒，长途运输等应激因素，均可引起本病发生。当貉抵抗力不佳时，突然受到寒冷，或致敏物刺激皮肤、黏膜、毛细血管收缩、血液循环障碍、发炎、黏膜柱状上皮细胞发生应激反应，变成杯状细胞分泌出液体，以冲洗黏膜炎症产物。同时体温调节中枢也发生相应的变化，体温升高，所以在临床上出现流鼻涕、流泪和发烧的现象。

2. 临床症状 感冒在临床上的表现是上呼吸道发生感染。由于被侵害的部位不同，临床上可出现急性鼻炎、急性咽喉炎和急性气管炎。病貉精神沉郁，不愿活动，食欲减退或废绝，体温升高，鼻镜干燥，结膜潮红，耳尖和四肢末梢发凉，有的从鼻孔中流出浆液性鼻汁，咳嗽，呼吸浅表加快，有的出现呕吐，病程长者卧于一角，蜷缩成团。

3. 治疗

（1）肌注安痛定或氨基比林 1～2ml，青霉素 20 万～30 万 IU，每天 2 次。

（2）对有呕吐现象的病貉可同时肌肉注射爱茂尔 1～2ml。

4. 预防

（1）及时查找原因，改善饲养管理条件，喂给易消化、富有营养的新鲜饲料。

（2）加强笼舍小室卫生，防止潮湿。

（3）气温骤变时，注意小室的保暖，防止贼风侵袭。

（二）肺炎 肺炎系肺实质器官的炎症，并伴有肺泡内炎性渗出物的渗出，从而引起呼吸机能障碍的一种疾病。本病对貉危害极大，尤其是对生后或断乳后不久的仔貉，成貉患病较少。

1. 病因 可分为原发性和继发性两种：

（1）原发性 多因饲养管理不当，气温骤变，毛被浸湿，贼风侵袭，长途运输等。致使貉受多种病原微生物（如肺炎球菌、链球菌、葡萄球菌）等侵害而发病，吸入污秽或含有刺激性气体及药物误投和食物误咽等，亦可引起本病发生。

（2）继发性 多继发某些传染病（犬瘟热、巴氏杆菌病）等伴发特有的肺炎。在上述因素的作用下，机体抵抗力下降，寄生在呼吸道的常在细菌开始大量繁殖，并引起局部炎症反应，逐步的扩大到肺组织，损害个别或全部肺叶。

2. 临床症状 病貉精神萎靡不振，被毛蓬乱，不愿活动，体温升高1～2℃，可视黏膜潮红或发绀，鼻镜干燥，有时鼻腔流出黏液性脓性鼻汁、结痂、龟裂、呼吸困难、呈腹式呼吸，食欲减退或废绝，并伴有阵发性轻咳。仔貉肺炎症状不明显，多呈急性经过，表现精神萎靡，触摸耳尖、鼻端、四肢末梢发凉，有尖叫声，呼吸困难，有时咳嗽，食欲下降，常卧于小室一角，蜷缩成团。病程可持续3～10天，病程长者逐渐消瘦，重者数日内死亡。

3. 剖检变化 肺的病变部位变硬，呈暗红色或浅灰色，用剪子剪一块放入水中不漂浮。有时在肺表面可看到小坏死灶，气管黏膜充血、水肿，在气管内有大量的炎性渗出物。

4. 诊断 根据临床症状和剖检变化可作出初步诊断，但对仔貉发病诊断较困难，因为往往呈急性经过，必须进行实验室诊断，排除传染病，才能最后确诊。

5. 治疗

（1）通常用青霉素每千克体重（5万～8万IU）和安痛定（2ml）肌肉注射，每天2次。

（2）肌肉注射复方新诺明注射液0.5ml。

（3）对轻病貉日服土霉素1片（含25万IU）加增效磺胺片1片，仔貉减半，连服3～5天，也可收到满意的效果。同时进行对症疗法：强心、补液，用葡萄糖加维生素C 2～5ml，皮下分点或腹腔内注射。

6. 预防

（1）对有食欲的病貉要加强营养，给予易消化的全价饲料（如肉、鲜肝、蛋、乳等），促使加快康复。

（2）产仔前笼箱要消毒，垫以清洁、柔软、干燥的垫草，防止窝箱潮湿。

(3) 天气骤变时，要加强保温，增加垫草，防止感冒。

(4) 及时查找病因，采取相应的补救措施。

(三) 貉急性鼻卡他 急性鼻卡他是鼻黏膜的急性表层炎症，可分为原发性和继发性两种。

1. 病因 原发性急性鼻卡他是单纯的由于感冒所引起的疾病。多发生在秋末、冬季和春初，尤其幼貉易发。其他原因，例如粉尘、烟雾、花粉、真菌、农药、氨等异味刺激，机械损伤也能引起发病。继发性鼻卡他则伴随其他疾病而发生，例如犬瘟热、鼻疽等。

2. 症状 发病初期，鼻黏膜充血，干燥。数天以后发生水肿，带有光泽，流出浆液性、黏液性或脓性鼻液。幼貉频发喷嚏、摆头，并以前肢摩擦鼻端。

3. 治疗 通常采用局部吸入疗法，用水蒸气、1%～2%碳酸氢钠、1%克辽林溶液或1%石炭酸溶液等，进行蒸汽吸入，或用收敛药溶液清洗鼻腔也有效。

(四) 急性支气管炎 多限于支气管、气管和喉头黏膜发炎，实际上还属上呼吸道炎症。

1. 病因

(1) 内因 幼貉体质衰弱、营养不良。

(2) 感冒 由于寒冷潮湿的外界环境、气候突变、浓雾天气的影响，寒冷空气直接刺激支气管黏膜，使黏液分泌量增加，导致绒毛上皮细胞麻痹，促使支气管内常在细菌繁殖。

(3) 有害气体的刺激 氯气、氨气、烟雾、真菌、尘埃、花粉等。

(4) 传染性疾病，如犬瘟热。

(5) 继发症。

2. 症状 急性支气管炎，发高热，病貉高度沉郁，脉搏频数，食欲减退，频频发咳。开始时干咳，后变为湿性咳嗽。当微细支气管发炎时，其咳嗽从开始就呈干性弱咳。鼻孔流出水样液体、黏液或脓性鼻液。

3. 治疗 改善饲养管理，喂给新鲜易消化的全价饲料，注意通风，保持安静。

药物疗法：肌肉注射青霉素，15 万～25 万 IU。分泌物过多时，口服氯化铵 0.1～0.5g。

（五）慢性支气管炎

1. 病因 同急性支气管炎，通常多由急性支气管炎转化而成，或由于心脏病和肺病而引起。

2. 症状 与急性支气管炎相似，其主要症状为咳嗽，咳嗽时流出多量的黏液。发生支气管扩张或肺气肿时，呈现呼吸困难。后期营养不良，多发生卡他性肺炎。

3. 治疗 治疗本病需要较长时间，疗法同治疗急性气管炎一样。宜用兴奋性祛痰药，即使用松节油、松馏油、克疗林、氯化铵等药物也有效。

四、消化系统疾病

（一）胃肠炎 胃肠炎为胃黏膜的急性卡他炎症，以蠕动和分泌障碍为主要特征的常见多发病。主要是由于胃肠黏膜受到长期的异常刺激（主要有饲料配比不适宜、食物变化频繁、天气频繁变化、胃肠中有害微生物的破坏作用、长时间的轻微腹泻等因素），而导致胃肠黏膜层异常、炎症为主要特征的疾病。

1. 卡他性肠炎

（1）病因 主要是饲养管理失调。一是喂了质量不好的饲料，或饲料中脂肪含量过高，蔬菜的比例过大；二是卫生条件差，笼箱污秽，饮食具不洁；三是饲料突变或过量；四是因饲料中异物（沙子、泥土、玻璃碎片、铁片、胶皮）等被其误食所造成。

（2）症状 病貉精神沉郁，食欲减退或拒食，个别病貉出现呕吐，排不成型的液状便，含有未消化的饲料，呈里急后重现象，后期排出灰白色蛋清样便，有的排绿色、黄色、白色黏稠胶冻样便，肛门、尾根被稀便污染。病程长时，病貉不愿活动，喜饮水，弓腰卷腹、被毛蓬乱、体躯消瘦，排出稀便有恶臭味。

（3）治疗

①土霉素 0.1～0.25g、维生素 B_1 5～10mg、胃蛋白酶 1～2g，混合调蜜灌服。

②矽碳银 0.2～0.5g、龙胆末 0.1～0.2g、磺胺脒 0.2～0.5g，多维糖粉 0.5～1g 混合调蜜一次灌服。

③当脱水和衰竭时，可皮下多点注射10％葡萄糖 10～20ml、维生素 C 10ml，也可灌肠补液，每天 1～2 次。

2. 出血性肠炎

（1）病因　多继发于传染病或食物中毒，卡他性胃肠炎未能及时治疗也能发展为出血性胃肠炎。它是一种胃肠黏膜或肠道内伴发出血的胃肠黏膜炎症，常突然发病，治疗不及时常导致大批死亡。其症状与卡他性胃肠炎不同之处是粪便内混有肠黏膜、黏液或血，常呈煤焦油样，急性多在 1～2 天内死亡。

（2）症状　病貉全身症状明显，精神萎靡不振，喜卧于小室内，不愿活动，步态不稳，体躯摇晃。初期体温升高，鼻镜干燥，口渴，拒食，排出黄绿色带有假膜的血便，有时粪便呈煤焦油状，后期体温下降、惊厥、痉挛死亡。

（3）剖检变化　卡他性胃肠炎黏膜肿胀、充血，有胶冻状黏液。出血性胃肠炎胃肠黏膜水肿、充血、有点状或条状出血，有时在胃黏膜上可发现有溃疡灶；肝脏肿大，质脆易碎，胆囊肿大，病程稍长，则尸体消瘦，皮下无脂肪，口腔黏膜苍白，肠壁菲薄，黏膜溶解或脱落，肠系膜淋巴结肿大。

（4）治疗　基本与卡他性胃肠炎相同。

①庆大霉素 2 万～4 万 IU 肌肉注射。

②病程稍长、长时间拒食、营养不良、脱水的可进行皮下多点补液。

③还可应用超霉素 2ml 后海穴注射。

④土霉素片 2 片一次口服。为防止感染可肌肉注射青霉素 30 万～40 万 IU。

（5）预防

①禁喂发霉变质饲料和不易消化的饲料。

②防止饲料变质，饲料中的异物要剔除。

③定期或不定期地在饲料内加入抗生素类药物，做到防患于未然。保持笼舍清洁、干燥，饮食具经常刷洗、消毒。

（二）仔貉胃肠炎

1. 病因 当仔貉会采食时，饲喂不新鲜、不易消化的饲料，以及母貉叼入小室的饲料或食盆剩食，时间较久，已腐败变质，仔貉吃后引起发病。粪便堆积小室内未及时清理，仔貉误食也可引起本病的发生。

2. 症状 病貉常发出微弱的叫声，腹围稍膨胀、腹泻，排泄物呈灰色或灰白色，个别有呕吐现象，有时排出未消化的饲料。病程稍长的发育缓慢、消瘦，呈贫血状态，被毛蓬松无光泽。

3. 剖检变化 貉体消瘦，可视黏膜苍白，皮下无脂肪；胃肠道黏膜水肿并附有黏液，有时附有血；肝脏呈土黄色，质脆易碎，胆囊肿大，胆汁充盈。

4. 治疗

（1）稀盐酸 2ml，含糖胃蛋白酶 10g，与水 100ml 混合，一天内服 3 次，每次每只 0.5ml。

（2）土霉素 0.05～0.1g，维生素 B_1 0.2～0.5mg。混合一次内服。

（3）黄连素 1～2ml 肌肉注射。

（4）症程稍长的，可应用 10% 葡萄糖 20ml，维生素 C 5ml，分点皮下注射。

5. 预防

（1）仔貉断乳时，应给予新鲜易消化的饲料，离乳的仔貉应强弱分开，防止抢食造成饥饱不均。

（2）笼舍、小室要经常打扫，保持清洁干燥。

（3）定期或不定期在饲料内投入饲用土霉素和抗生素类，对预防本病能起到良好作用。

（三）仔貉消化不良

1. 病因 一般消化不良多发生于1周龄内的仔貉。

（1）用低质或不全价的饲料饲喂泌乳母貉。

（2）母貉患胃肠道疾病和乳腺疾病，造成乳汁污染、变质，仔貉食后引起本病。

（3）小室不洁，垫草不足，窝箱潮湿，乳房被污染，也是引起本病的主要因素。

2. 症状 病貉被毛蓬乱无光泽，逐渐消瘦，发育停滞，呈贫血状态，粪便呈灰白色或灰黄色液状，含有气泡和未消化的乳块。尾部和肛门周围被粪便污染。

3. 剖检变化 貉体消瘦，皮下无脂肪，胃内有未消化的饲料残渣和乳块，肠管内有大量黄、白色液状内容物，胃肠黏膜肿胀，肝肿大呈土黄色。

4. 治疗

（1）小儿消食片 1 片，维生素 B_1 5mg，含糖胃蛋白酶 1g，混合一次内服。

（2）食母生片，麦芽粉 0.5g，混合一次内服。

（3）土霉素，用蜜调制后内服。

（4）病程长、营饲不良、脱水者可进行皮下点注射补液。

5. 预防

（1）调整母貉饲料。

（2）经常保持产箱和笼舍卫生做到勤检查、勤清扫、勤换垫草。

（3）防止母貉胃肠疾病和乳房炎。

（四）仔貉营养不良 新生仔貉和同窝或同期出生的仔貉相

比较，出现发育不良，体躯小，重量低，精神迟钝等现象，均称为营养不良。

1. 病因

（1）对妊娠母貉饲养管理不当，引起母貉体质衰弱，造成仔貉营养不良。

（2）妊娠期饲料品质欠佳，特别是妊娠后期，给予不全价的饲料，影响胎儿发育产出弱仔。

（3）母貉发育不全，生殖器官疾病，精液品质不好，近亲交配，以及母貉患病，均可能造成仔貉营养不良。

（4）仔貉患胃肠炎虽经医治，但使其发育受阻。

2. 临床症状　病貉衰竭无力，不活泼，叫声微弱，可视黏膜苍白，皮肤弹力减弱，皮下脂肪少，皮肤出现皱褶。营养不良的仔貉多伴发维生素缺乏症，易由此继发消化道和呼吸道疾病，引起双重感染。

3. 剖检变化　皮下脂肪少，实质器官萎缩，心脏容积变小、重量减轻，心肌纤维脆弱，横纹肌呈现弛缓现象，呈贫血状态。

4. 防治措施

（1）注意选种、选配，避免近亲繁殖。

（2）加强妊娠期饲养管理，给予全价易消化的饲料，特别是妊娠后期更为重要。

（3）发现营养不良的仔貉，应及时人工补喂牛奶、奶粉、多维葡萄糖粉或代养。

（4）仔貉患胃肠道疾病时要及时诊断和治疗，防止患病时间过长造成发育受阻，从而引起营养不良。

五、神经系统疾病

（一）仔貉脑室积水（脑水肿）　脑水肿又称大头病，是一种遗传病。

1. 症状　仔貉生后头大，后脑突出类似鹅卵，用手触摸时，感到十分柔软并有波动感。切开肿胀部位，流出大量液体，并形成空洞。仔貉精神沉郁，吸吮能力减弱，呈渐进性消瘦。

2. 预防 此病无治疗方法。在预防上应防止近亲繁殖，患病仔貉、同窝仔貉及其双亲应在年终一律淘汰取皮。

（二）中暑 中暑是由于机体过热和阳光强热辐射，引起中枢神经紊乱、血液和呼吸系统机能失调，同时伴有脑和脑膜充血的综合症，发现过迟，未采取有效措施，会造成死亡。

1. 病因 本病多发生在7～8月份，也偶见于6月下旬的气温过高时。

（1）阳光长时间的剧烈暴晒，引起全身性过热反应。

（2）饲养在低矮或隔热不良的棚舍内（如铁瓦盖或油毡纸盖）。

（3）运输过程中天气闷热，车内及笼舍通风不良。

（4）饮水不足或完全失水。

2. 症状 本病能引起颅内血管扩张，脑与脑膜充血，脑水肿，甚至脑内溢水。有时因体温过高而引起高度神经麻痹，血液循环障碍，患貉出现体温升高，可视黏膜呈树枝状充血，鼻镜干燥，有剧渴感。病初挺直卧于小室或运动场上，后躯麻痹，张口垂舌，剧喘，并发生刺耳的尖叫声。随之，精神萎靡不振，头部震颤，体躯摇晃，有的口吐白沫、呕吐，前腹部返渐膨胀，最后昏迷不醒，全身痉挛死亡。往往有50%的病貉死于中暑后2～3天，也有的病貉死前食欲很好。

3. 剖检变化 脑与脑膜充血，严重的脑实质出血。肺水肿和充血，胃肠充满气体，肝淤血、肿大、呈紫色，其他无异常。

4. 治疗 迅速把病貉移至阴凉和空气流通的场所，供给饮水。为使体温降低，可用冷水灌肠，也可把患病貉四肢先放到冷水中，然后逐渐地向全身各部浇冷水，效果较好。

（1）增强心脏功能，肌肉注射强尔心或尼可刹米0.3～0.5ml。

（2）皮下多点注射葡萄糖盐水20～30ml。

（3）可灌服藿香正气水，每次每只10ml，仔貉减半。

5. 预防

（1）炎热季节应注意笼舍和小室遮阴与通风。

（2）中午时应将小室盖打开，保持通风良好。

（3）防止阳光长时间暴晒。

（4）供给大量清洁饮水，必要时在笼舍内放置大水盆，供其水浴。当温度过高时，应向运动场地面喷洒凉水散热。

（三）自咬症　自咬症是貉多见的慢性疫病，病貉咬自己躯体的某一部位，多数是咬尾巴，造成皮张破损。本病在貉饲养场时有发生。

1. 病原　本病病原目前还研究得不够充分。有人认为是营养代谢病，有遗传病之说，有些学者认为是外寄生虫病，有些研究者已从患病动物的脏器中分离到病毒。

2. 流行特点　本病没有明显的季节性，但成年兽在春季性兴奋期和产仔期发作，幼兽多在8～10月份发作。自咬病的发病率与饲料中动物性饲料的比例成正相关。动物性饲料比例高的年份发病率高。病兽是主要传染来源，一般认为本病不表现接触传染。

3. 临床症状　患病貉表现极度不安、狂躁、厌食，甚至拒食，应激性过高，口中发出嘶嘶声，反复发作，疯狂地啃咬自己的尾、爪及后躯各部。发作时常呈旋转式运动，并发出刺耳的尖叫声，多数咬断尾毛和后躯部被毛或咬伤尾、后肢内侧及腹部，更甚者咬断尾部，病貉多因并发败血症等疾病或衰竭死亡，少数即使未死，体况也极差。该病多在幼貉及青年貉中发生，所以病貉不仅极度消瘦，而且因为骨骼发育不良，体型较小。病貉多在冬季来临前死亡，其毛皮尚未成熟，质量低劣。只有少数能活到冬毛生长期，却因皮毛伤处多，毛皮质量太差、影响等级，根本卖不上价。

4. 剖检变化　自咬症死亡的尸体，一般比较消瘦，自咬部位有咬伤、结痂，被毛残缺不全。内脏器官无明显变化，慢性病例胃黏膜有溃疡。

5. 诊断 自咬症的诊断从外观，咬破肢体，流血感染，衰竭等发病症状即可确诊。另外，自咬症可结合貉的应激性，观察其对外界刺激的反应，如反应过激或凶猛异常，则很有可能是自咬症的潜在者，也可以说该貉基本可被认定为有自咬症，进行早期诊断。另外，本病的发生也有其自身规律，加以重视和掌握，可以为早期诊断提供帮助：(1) 本病的发生与空气相对湿度成正比，降水量大的年份及一年内空气湿度大的月份较为多发；(2) 本病的发生与年龄也有关系，即老龄貉基本不发病，幼龄貉发病率高，对本病有易感性；(3) 本病的发病率公貉比母貉高，说明公貉比母貉易感。

6. 治疗 目前尚无特异的治疗方法，常采用对症疗法。如在兴奋发作时可肌肉注射盐酸氯丙嗪和维生素 B，剂量分别为 0.5ml 和 1ml。局部咬伤部位，可涂碘酊或撒布少量高锰酸钾粉。为防止继发细菌感染，可肌肉注射青霉素和链霉素。加强饲养管理，保证饲料质量及各种营养物质的适宜搭配。防止饲料中维生素和无机盐的供给不足，保持饲料的新鲜、稳定。对病貉要隔离治疗，到打皮时，扑杀所有患过本病的病貉。对病貉、可疑貉住过的笼子要彻底消毒。

7. 预防

(1) 经常搞好貉场卫生消毒工作，用石灰水或来苏儿水等喷淋场地、笼具。

(2) 按成熟经验配制日粮，做到营养全价，各种元素及维生素投放量准确，同时保证饲料不过期、不变质。

(3) 貉场应减少或杜绝外人参观、惊扰，保持环境安静，减轻或避免不当刺激对貉的影响。

(4) 严把选种关，对自咬貉及其亲代和同窝貉，乃至有血缘关系的，一率淘汰不做种用。

（5）病貉用过的笼舍用石灰水消毒最好用火焚烧，貉尸及其垫草做无害化处理。

（6）如条件允许应加大貉的笼舍便于其运动。做到以上几点基本能预防本病的暴发，降低发病率，为治疗本病打下基础。

第九章　貉的福利与高效生产

第一节　动物福利的概念和基本要求

随着畜牧业的快速发展和人民生活水平的不断提高，“动物福利”制度也在世界范围内迅速发展起来，动物福利条款已写入了世界贸易组织的规则中。但是，我国的动物福利立法和制度化工作还相对落后，对动物福利的认识程度还不高，这一问题亟待解决。

一、动物福利的概念

所谓动物福利，简单地说，就是让动物在无任何疾病、无行为异常、无心理紧张压抑和痛苦的康乐状态下生存和生长发育。动物福利的基本原则是，让动物享有不受饥渴的自由、生活舒适的自由、不受痛苦伤害的自由、生活无恐惧和悲伤感的自由和正常表达天性的自由。因此，动物福利是动物与其生存环境相协调一致的精神和生理完全健康的一种生存状态。在生理福利方面，包括良好的健康、合理的饲养和安全的畜舍环境；在心理方面，包括安乐、无紧张恐惧和枯燥压抑等。综合生理和心理两方面的要求，动物福利要求无营养不良（日粮应在数量和质量满足营养需要）、生存环境无不适感（如房舍不应过冷或过热）、无伤害和疾病（如将饲养方式和设施对动物的损伤和带来的疾病风险降至最低）、无拘束地自由表现其正常行为（如给动物提供充足的空间、合理的设施和同类动物伙伴），以及无恐惧感和应激反应（如避免强烈的光、声、电刺激等）。总之，从人类对待动物的立场而言，动物福利就是善待活着的动物，减少动物死亡的痛苦。

所以，动物福利的内容包括动物饲养、运输、拍卖和屠宰等全过程，与畜牧生产过程中所有人员有关。

二、动物福利的基本要求

一个好环境、好生活和好心情，有利于提高毛皮动物生产水平和产品质量。而我们的饲养环境、饲养设施和饲料条件相对比较还是落后的，很难满足动物的生存需要和福利要求，很多养殖户对善待动物和提高动物福利的观念意识还很淡薄，在动物的处死方法上还存在着一些不仁道、不安全的行为，必须尽快加以扭转，否则后果不堪设想。在爱护善待动物，提高动物福利方面应做到以下几点：

1. 动物创造一个适宜的生存环境和必要的活动空间。
2. 要供给充足的食物和清洁的饮水。
3. 采取仁道安全的处死方法。
4. 要禁止噪声、恐吓、击打等妨碍动物身心健康及各种虐待毛皮动物和侵害毛皮动物福利的行为。

三、动物福利对貉的重要意义

良好的动物福利可促进毛皮生产。很多人认为提高动物福利会增加生产成本，这也是人们反对动物福利的主要原因之一。其实，多数情况并非如此。因为基本的动物福利都有助于改善动物的健康状况，而动物的健康同动物生产性能有着直接的联系。在干净、舒适的环境中，给予合理的管理措施，毛皮动物能充分发挥生产性能，保持和改善毛皮动物的健康状况，给经营者带来更高的收入。

第二节　貉生产中的福利问题

动物福利并不是越高越好，而应该在动物的生产性能和成本投资之间寻求平衡。但是就目前我国动物福利方面还处于初始阶段来看，如果不能得到实质性地提高，必将会限制我国野生动物饲养业的发展速度和水平。任何行业的发展都需要外部条件，创造外部条件的基础就是自身的行为操守符合潜在的支持者的观念。加强动物福利不是刻意去迎合外国人的观念，也不是去屈服于国际压力，而是为了行业更好地、健康地发展下去而必须采取的有效措施。

貉的养殖对福利的重视程度不高，主要体现在饲养管理、运输和屠宰三个方面。

一、饲养管理

饲养密度大，卫生条件差，不及时清理粪便，不及时给笼舍消毒，貉的疾病频发且难以控制，甚至出现每年连发疾病的现象。笼舍简陋，为了节约成本，很多笼舍不设窝箱，动物不能很好的休息和避寒；笼的空间过于狭窄，减少了活动空间，运动量少，健康状况差。虽然每个笼内安装了水盒，但是水盒太小，貉喜欢玩水，尤其是在炎热的夏季，时常发生缺水的现象，造成热应激，甚至出现中暑而导致死亡；冬季水盒中的水结冰了，貉不能正常饮水。饲料不全价，营养物质不均衡，不能满足貉生长发育需要，造成生长缓慢，甚至停滞，容易发病，生产出来的毛皮质量低，经济效益低。

二、运　输

引种时路途遥远，时间过长，没有供给饮水和饮食，不进行必要的遮盖和避光，动物的密度过大和拥挤，动物的应激大，引起动物心理上的恐惧和身体不适。

三、屠　宰

屠宰的动物福利是使貉在很短的时间内失去知觉，减少貉在屠宰中的痛苦，从而提高福利水平。目前，屠宰貉的最好福利方法是 CO_2 窒息法、电击法和注射药物法，均能使貉在最短的时间内无痛苦的死亡。但在实际生产中，有些小的养殖户，为了降低成本，使用比较残忍的方法屠宰，例如用棍棒直击头部，现场非常血腥，还有的采用摔死的方法屠宰貉，在未完全死亡的情况下，对貉进行取皮，甚至取皮后的动物仍然呼吸。这些方法都违反了动物福利的原则。

第三节　貉安全生存环境的建设

建设以动物为中心的安全生存环境是实施动物福利的基础，也是貉养殖生态工程的重要组成部分。建立动物安全生存环境的关键是要设计出一个能体现动物福利原则的生态貉养殖场，其主要内容包括貉场地选择与分区设计、貉生存环境的调控设计和生产废弃物处理与利用的设计。

一、场地选择与分区设计

选择貉养殖场的场址，要根据饲养方式、生产规模和集约化程度等基本特点，对地形、地势、土质、水源及交通、电力和物资供应等条件进行全面考核。安全型养貉场的场地，应具备良好的小气候，并能有效控制貉舍空气循环；便于严格执行各项卫生防疫制度和措施；近水源，且电力资源便利；远离学校或居民区，远离交通要道或工业污染区，但交通便利。一个安全型的貉养殖场，要进行统一合理的分区规划，以确保各区生产和建筑的合理布局。一般来说，貉养殖场可分为生产区、管理区和病畜处置区。分区规划的主要原则是：尽量节约用地，建筑物少占或不占可耕地；合理利用地形地势解决挡风防寒、通风防热、采光、全面考虑貉粪（尿）和污水的处理与循环利用；按地势和主风向，合理安排各区位置，以建立最佳联系方式和卫生防疫制度。

二、貉舍环境条件的调控

貉舍的环境条件主要有温度与湿度、光照、通风与空气质量等。貉对每一个环境因子都有一个适应范围，这个范围的上限是最大耐受量。在耐受限度内，有一个最适合于该动物生存的区域，称为最适范围。实施动物福利原则，就是要通过各种方法对每一环境因子进行调控，使动物生存在最适宜环境范围内。在所有环境因子中，温度和光照是主导因子，对动物的安全而自由地活动起重要作用。安全型貉舍设计，就是要针对主导因子，采用各种方法进行尽可能最佳的调控，为动物创造一个最适宜的生存环境，获取尽可能高的生产率和尽可能低的死亡率。

三、貉生存环境的调控

从动物福利的角度出发，在设计笼舍时，起码要充分保证每群或每只（头）貉有一个最低的生存和自由活动空间。人工养殖条件下，貉的活动空间受到限制，活动的自主性降低，直接影响貉的生理状态，导致生产性能的降低。实施动物福利可以在一定程度上满足貉天性的需要，提高其生产性能，从而提高养殖的效益。

四、废弃物处理与利用

貉生产的废弃物有粪（尿）、污水和产品加工的副产品等。处理好废弃物，不但能减少对貉生存的危害，而且有利于环境保护。从动物福利的角度出发，废弃物处理的原则是禁止人为地抛弃废弃物，不让废弃物污染土壤、河道和养貉场周围环境，采取多种科学方式加以适当处理，实行综合利用，化害为利，以确保貉安全健康生长。为此，首先要应用生物和生态净化技术处理貉粪便。其次，开展畜粪综合利用技术处理畜禽粪便。最后，采用电液爆粪污处理设备，用在粪液中放电的方式直接处理粪污，快速杀灭蝇蛆和病原微生物，生产出无害化的粪肥。

在我国，动物福利是一个新的课题。国外的许多有关动物福利的立法还鲜为人知，甚至不被国人所接受。但是，注重动物福利是畜牧业发展的一个趋势，应当引起高度重视。按照国际通行标准，对貉养殖场舍建设、饲养管理、卫生防疫、处死及取皮加工方法、档案管理、动物福利和技术服务等各个方面提出了一系列规范管理要求，积极促进貉养殖条件和技术的提高与改进。

参 考 文 献

仇学军，毕金淼，华树芳．1997. 实用养貉技术［M］. 北京：金盾出版社．
高文玉，王春强．2007. 貉白鼻子综合征病因分析与防制．中国畜牧兽医．(4).
侯志军，魏韬，邢明伟．2010. "白鼻子病"貉血清、被毛微量元素铜、锌、铁、硒测定方法的建立及应用［J］. 中国兽医学报（5).
华丽．2002. 养貉场的建设及引种［J］. 农村养殖技术（12).
华树芳．2000. 貉各生物学时期的饲养管理［J］. 特种经济动植物（3).
李光玉，杨福合．2008. 怎样办好家庭养貉场［M］. 北京：科学技术文献出版社．
李晓坤．1988. 貉皮的品质检验及常见的伤残缺陷［J］. 经济动物学报，(3).
刘恕．1999. 毛皮兽养殖及兽皮加工技术［M］. 北京：中国盲文出版社．
刘晓颖，陈立志．2010. 貉的饲养与疾病防治［M］. 北京：中国农业出版社．
钱国成，魏海军，刘晓颖．2006. 新编毛皮动物疾病防治［M］. 北京：金盾出版社．
佟熠人，钱国成．1990. 中国毛皮兽饲养技术大全［M］. 北京：中国农业科技出版社．
邢廷铣．2004. 动物福利与我国畜牧业的持续发展［J］. 饲料工业（5).
闫新华，王长凤，郑君．2007. 貉腹泻病新的病原—组织滴虫感染［J］. 特种经济动植物（8).
杨嘉实．1999. 特产经济动物饲料配方［M］. 北京：中国农业出版社．
杨淑慧．2008. 中国野生动物养殖业可持续发展策略研究［C］. 东北林业大学博士论文（6).
张振兴．1986. 经济动物疾病防治手册［M］. 南京：南京农业大学出版社．

图书在版编目（CIP）数据

貉高效养殖新技术 / 刘晓颖，李光玉主编. —北京
：中国农业出版社，2010.11（2014.8 重印）
ISBN 978-7-109-15102-4

Ⅰ. ①貉… Ⅱ. ①刘…②李… Ⅲ. ①貉-饲养管理
Ⅳ. ①S865.2

中国版本图书馆 CIP 数据核字（2010）第 206748 号

中国农业出版社出版
（北京市朝阳区农展馆北路 2 号）
（邮政编码 100125）
责任编辑 王玉英

中国农业出版社印刷厂印刷 新华书店北京发行所发行
2011 年 3 月第 1 版 2014 年 8 月北京第 2 次印刷

开本：850mm×1168mm 1/32 印张：9
字数：220 千字 印数：5 001～7 500 册
定价：30.00 元